高等
物理化学实验

赵炜 石美 主编

化学工业出版社

·北京·

《高等物理化学实验》共编排了 51 个实验，内容涉及热力学、动力学、表面与胶体、电化学、分子的结构与性质、催化、多孔材料和纳米材料等物理化学课程的重要知识点，反映了物理化学学科重大进展、前沿和交叉领域，将比较多的实验基本理论和基本技能融入一个实验中，具有综合性、启发性、研究性和创新性的特点，旨在使学生在深刻理解物理化学理论精髓的基础上，具有整体设计能力和从知识技能向科研转化的能力。

本书可作为高等院校化学、化工及相关专业的高年级本科生和研究生的实验课教材，也可用于大学生开放实验、创新实验的训练和研究生综合实验技能的培训，还可供以上相关专业的教学和科研工作人员参考。

图书在版编目（CIP）数据

高等物理化学实验/赵炜，石美主编. —北京：化学工业出版社，2020.6（2022.8重印）
ISBN 978-7-122-36448-7

Ⅰ.①高… Ⅱ.①赵…②石… Ⅲ.①物理化学-化学实验-高等学校-教材 Ⅳ.①O64-33

中国版本图书馆 CIP 数据核字（2020）第 043430 号

责任编辑：李 琰 宋林青　　　　　　　　　　装帧设计：关 飞
责任校对：宋 夏

出版发行：化学工业出版社（北京市东城区青年湖南街 13 号 邮政编码 100011）
印　　装：北京七彩京通数码快印有限公司
787mm×1092mm 1/16 印张 11½ 字数 290 千字 2022 年 8 月北京第 1 版第 2 次印刷

购书咨询：010-64518888　　　　　　　　　　售后服务：010-64518899
网　　址：http://www.cip.com.cn
凡购买本书，如有缺损质量问题，本社销售中心负责调换。

定　　价：36.00 元

高等物理化学实验是建立在无机化学实验、分析化学实验、有机化学实验、物理化学实验和仪器分析实验等基础上的一门综合性和研究性比较强的化学实验课程，本课程将为化学、化工及相关专业的本科生和研究生日后学习、深造和工作奠定重要基础。

《高等物理化学实验》在内容编排上力求使学生在掌握物理化学基础知识的前提下，得到创新意识、实践能力和科学素养等方面的协调发展，充分吸收了物理化学学科前沿领域和现代实验技术发展的国内外最新研究成果（包括高校实验教学改革成果），将物理化学的新技术、新现象、新材料和新应用融入教材中，以实现从"面向方法实验"到"面向研究目标或面向解决问题实验"，从"基本技能训练"到"科学研究训练"的根本转变。

本教材具有以下特点。

1. 注重反映学科的前沿领域和现代科学技术的发展，使学生了解和学习学科的新知识和先进的研究方法以及现代实验技术。

2. 结合科研实践，实现科研成果直接为教学服务。

3. 加入了利用数据软件处理实验数据的内容，以培养学生处理数据、表达结果及对结果进行评价的能力。

4. 加入了分子模拟和量子计算的实验内容，可使学生掌握 ChemOffice 化学工具软件包、Gaussian 和 GaussView 等量子化学计算软件的使用方法，开拓学生的视野，培养学生创新能力。

5. 加强研究性、设计性实验内容，增加启发性。

本书由赵炜、石美主编，王仃凯、崔明昱、付水源、郭甜甜、关尹双和刘开帅参与了部分内容的编写。在编写过程中参阅了国内外有关教材和研究成果，并引用了相关内容，在此表示感谢。

由于编者水平有限，疏漏和不足之处在所难免，敬请广大读者批评指正。

编者

2019 年 12 月

目录

第三章　设计性实验 / 166

第一章
实验室的安全防护

实验室的安全防护是培养学生良好的实验素质，保证实验顺利进行，确保实验者和国家财产安全的重要问题。实验者进入实验室必须严格遵守各项规章制度，掌握必要的安全防护知识和预防措施。

一、一般安全

1. 实验人员应熟悉实验室环境。熟悉水、电、气阀门以及安全通道的位置，牢记急救电话。熟悉各类灭火和应急设备的位置和使用方法。

2. 实验室内禁止吸烟、饮食、睡觉、使用明火电器，禁止放置与实验无关的物品。严禁打闹、追逐，严禁穿露趾鞋、短裤进入实验室。

3. 实验人员必须遵守实验室的各项规定，严格执行操作规程，做好各类记录，了解实验室潜在的实验风险和应急方式，采取必要的安全防护措施。

4. 开展实验时要密切关注实验进展情况，不得擅自离岗，进行危险实验时至少2人在场。严禁将实验室内任何物品私自带出实验室。实验中发生异常情况，应及时向指导教师报告并及时进行安全处理。

二、实验室防火自救的基本常识

1. 灭火基础知识

冷却法：对一般可燃物火灾，用水喷射、浇洒即可将火熄灭。

窒息法：用二氧化碳、氮气、灭火毯、石棉布、砂子等不燃烧或难燃烧的物质覆盖在燃烧物上，即可将火熄灭。

隔离法：将可燃物附近易燃烧的东西撤到远离火源地方。

抑制法（化学中断法）：用卤代烷化学灭火剂喷射、覆盖火焰，通过抑制燃烧的化学反应过程，使燃烧中断，达到灭火目的。

2. 火灾初起的紧急处理

发现火灾立即呼叫周围人员，积极组织灭火。若火势较小，立即报告所在楼宇物管和学校保卫处。若火势较大，应拨打"119"报警。拨打"119"火警电话要情绪镇定，说清发生火灾的单位名称、地址、起火楼宇和实验室房间号，起火物品，火势大小，有无易爆、易燃、有毒物质，是否有人被困，报警人信息（姓名、电话等）。接警人员说消防人员已经出警，方可挂断电话，并且派人在校门口等候，引导消防车迅速准确到达起火地点。

3. 消防器材使用方法

实验人员要了解实验使用药品的特性，及时做好防护措施。要了解消火栓、各类灭火器、砂箱、灭火毯等灭火器材的使用方法。

（1）消火栓

打开箱门，拉出水带，理直水带。水带一头接消火栓接口，一头接消防水枪。打开消火栓上的水阀开关。用箱内小榔头击碎消防箱内上端的按钮玻璃，按下启泵按钮，按钮上端的指示灯亮，说明消防泵已启动，消防水可不停地喷射灭火。出水前，要确保关闭火场电源。

（2）常用灭火器

干粉灭火器：主要针对各种易燃、可燃液体及带电设备的初起火灾；不宜扑灭精密机械设备、精密仪器、旋转电动机的火灾。

二氧化碳灭火器：主要用于各种易燃、可燃液体火灾，扑救仪器仪表、图书档案和低压电器设备等初起火灾。

操作要领：将灭火器提到距离燃烧物 3～5m 处，放下灭火器，拉开保险插销→用力握下手压柄喷射→握住皮管，将喷嘴对准火焰根部。

4. 火场自救与逃生常识

（1）安全出口要牢记，应对实验室逃生路径做到了如指掌，留心疏散通道、安全出口及楼梯方位等，以便关键时刻能尽快逃离现场。

（2）防烟堵火是关键，当火势尚未蔓延到房间内时，紧闭门窗、堵塞孔隙，防止烟火窜入。若发现门、墙发热，说明大火逼近，这时千万不要开窗、开门。要用水浸湿衣物等堵住门窗缝隙，并泼水降温。

（3）做好防护防烟熏，逃生时经过充满烟雾的路线，要防止烟雾中毒、预防窒息。为了防止火场浓烟吸入，可采用浸湿衣物、口罩蒙鼻、俯身行走、伏地爬行撤离的办法。

（4）生命安全最重要，发生火灾时，应尽快撤离，不要把宝贵的逃生时间浪费在寻找、搬离贵重物品上。已经逃离险境的人员，切莫重返火灾点。

（5）突遇火灾，面对浓烟和烈火，一定保持镇静，尽快撤离险地。不要在逃生时大喊大叫。逃生时应从高楼层处向低楼层处逃生。若无法向下逃生，可退至楼顶，等待救援。

（6）发生火情勿乘电梯逃生，火灾发生后，要根据情况选择进入相对较为安全的楼梯通道。千万不要乘电梯逃生。

（7）被烟火围困暂时无法逃离，应尽量待在实验室窗口等易于被人发现和能避免烟火近身的地方，及时发出有效的求救信号，引起救援者的注意。

（8）当身上衣服着火时，千万不可奔跑和拍打，应立即撕脱衣服或就地打滚，压灭火苗。

（9）如果安全通道无法安全通过，救援人员不能及时赶到，可以迅速利用身边的衣物等自制简易救生绳，从实验室窗台沿绳缓滑到下面楼层或地面安全逃生，切勿直接跳楼逃生。不得已跳楼（一般 3 层以下）逃生时应尽量往救生气垫中部跳或选择有草地的地方跳。如果徒手跳楼逃生，一定要扒窗台使身体自然下垂跳下，尽量降低垂直距离。

三、用电安全

1. 实验室内的电器设备的安装和使用管理，应符合安全用电管理规定，大功率实验设备用电应使用专线，谨防因超负荷用电着火。

2. 实验室内应使用空气开关并配备必要的漏电保护器；电器设备和大型仪器需接地良好，对电线老化等隐患要定期检查并及时排除。

3. 熔断装置所用的熔丝应与线路允许的容量相匹配，严禁用其他导线替代。

4. 定期检查电线、插头和插座，发现损坏，立即更换。

5. 严禁在电源插座附近堆放易燃物品，严禁在一个电源插座上通过接转头连接过多的电器。

6. 不得私拉乱接电线，墙上电源未经允许，不得拆装和改线。

7. 实验前先连接线路，检查用电设备，确认仪器设备状态完好后，方可接通电源。实验结束后，先关闭仪器设备，再切断电源，最后拆除线路。

8. 严禁带电插接电源，严禁带电清洁电器设备，严禁手上有水或潮湿接触电器设备。

9. 电器设备安装应具有良好的散热环境，远离热源和可燃物品，确保设备接地可靠。

10. 高压大电流的电器危险场所应设立警示标志，高电压实验应注意保持一定的安全距离。

发生电器火灾时，首先应切断电源，尽快拉闸断电后进行灭火。扑灭电器火灾时，要用绝缘性能好的灭火剂如干粉灭火器、二氧化碳灭火器或干燥砂子，严禁使用导电灭火剂（如水、泡沫灭火器等）扑救。

四、化学品存放和使用安全

1. 一般原则

（1）存放化学品的场所应保持整洁、通风、隔热、安全，远离热源、火源、电源和水源，避免阳光直射。

（2）实验室不得存放大桶试剂和大量试剂，严禁囤积大量的易燃易爆品及强氧化剂，禁止把实验室当作仓库使用。

（3）化学品应密封、分类、合理存放，不得将不相容的、相互作用会发生剧烈反应的化学品混放。

（4）所有化学品和配制试剂都应贴有明显标签。配制的试剂、反应产物等应标贴有名称、浓度或纯度、责任人、日期等信息。发现异常应及时检查验证，不准盲目使用。

（5）实验室应建立并及时更新化学品台账，及时清理无标签和废旧的化学品，消除安全隐患。

2. 危险品分类存放要求

（1）易制毒、易制爆化学品分类存放、专人保管，做好领取、使用、处置记录。其中第一类易制毒品实行"五双"管理制度。易制爆化学品配备专用储存柜，具有防盗功能，实行双人双锁保管制度。

（2）剧毒品配备专门的保险柜并固定，实行双人双锁保管制度；对于具有高挥发性、低闪点的剧毒品应存放在具有防爆功能的冰箱内，并配备双锁；配备监控与报警装置；剧毒品使用时须有两人同时在场；剧毒品处置建有规范流程。

（3）对于化学性质或防火、灭火方法相互抵触的危险化学品，不得在同一储存室（柜）内存放。

（4）易爆品应与易燃品、氧化剂隔离存放，最好保存在防爆试剂柜、防爆冰箱或经过防爆改造的冰箱内。

（5）腐蚀品应放在专用防腐蚀试剂柜的下层；或下垫防腐蚀托盘，置于普通试剂柜的下层。

（6）还原剂、有机物等不能与氧化剂、硫酸、硝酸混放。

（7）强酸（尤其是硫酸）不能与强氧化剂的盐类（如高锰酸钾、氯酸钾等）混放；遇酸可产生有害气体的盐类（如氰化钾、硫化钠、亚硝酸钠、氯化钠、亚硫酸钠等）不能与酸混放。

（8）易产生有毒气体或刺激气味的化学品应存放在配有通风吸收装置的通风药品柜内。

3. 化学品使用

（1）进行实验之前应先阅读使用化学品的安全技术说明书，了解化学品特性、影响因素与正确处理事故的方法，采取必要的防护措施。

（2）实验人员应佩戴防护眼镜，穿着适合的实验工作服，长衣长裤，不得穿短裤短裙以及露趾凉鞋。

（3）严格按实验规程进行操作，在能够达到实验目的和效果的前提下，尽量减少药品用量，或者用危险性低的药品替代危险性高的药品。

（4）使用化学品时，不可直接接触药品、品尝药品味道、把鼻子凑到容器口嗅闻药品的气味。

（5）严禁在开口容器或密闭体系中用明火加热有机溶剂，不得在普通冰箱中存放易燃有机物。

（6）使用剧毒化学品、爆炸性物品或强挥发性、刺激性、恶臭化学品时，应在通风良好的条件下进行。

（7）不得一起研磨可引起燃爆事故的性质不相容物，如氧化剂与易燃物。

（8）易制毒化学品只能用于合法用途，严禁用于制造毒品，不挪作他用，不私自转让给其他单位或个人。

（9）为加强流向监控，使用剧毒化学品、易制毒化学品、爆炸品、易制爆化学品应逐次记录备查。

（10）禁止个人在互联网上发布危险化学品信息。

五、气体钢瓶的安全防护

1. 需确保采购的气体钢瓶质量可靠，标识准确、完好，专瓶专用，不得擅自更改气体钢瓶的钢印和颜色标记。

2. 气体钢瓶存放地严禁明火，保持通风和干燥，避免阳光直射。对涉及有毒、易燃易爆气体的场所应配备必要的气体泄漏检测报警装置。

3. 气体钢瓶须远离热源、火源、易燃易爆和腐蚀物品，实行分类隔离存放，不得混放，不得存放在走廊和公共场所。严禁氧气与乙炔气、油脂类、易燃物品混存，阀门口绝对不许沾染油污、油脂。

4. 空瓶内应保留一定的剩余压力，与实瓶应分开放置，并有明显标识。

5. 气体钢瓶需直立放置，并妥善固定，防止跌倒。做好气体钢瓶和气体管路标识，有多种气体或多条管路时，需制定详细的供气管路图。

6. 开启钢瓶时，先开总阀，后开减压阀。关闭钢瓶时，先关总阀，放尽余气后，再关减压阀，切不可只关减压阀，不关总阀。

7. 使用前后，应检查气体管道、接头、开关及器具是否有泄漏，确认盛装气体类型，并做好可能造成的突发事件的应急准备。

8. 移动气体钢瓶使用手推车，切勿拖拉、滚动或滑动气体钢瓶。严禁敲击、碰撞气体钢瓶。

9. 若发现气体泄漏，应立即采取关闭气源、开窗通风、疏散人员等应急措施。切忌在易燃易爆气体泄漏时开关电源。

10. 不得使用过期、未经检验和不合格的气瓶。

第二章

综合性实验

实验 1
电动势的温度系数及化学反应热力学函数测定

一、实验目的

1. 掌握用电动势测定化学反应热力学函数的原理和方法。

2. 测定化学电池在不同温度下的电动势，计算电池反应热力学函数 ΔG、ΔS、ΔH 和 K_{sp}。

二、实验原理

电池除可用作电源外，还可以用来研究构成电池的化学反应的热力学函数。由电化学原理可知，在等温、等压及可逆的条件下，电池对环境所做的最大非膨胀功就是该电池反应的吉布斯（Gibbs）自由能变化 ΔG：

$$\Delta G = W_f = -zFE \tag{1}$$

由 $dG = -SdT + Vdp$ 及式(1) 可得

$$\Delta S = -\left(\frac{\partial \Delta G}{\partial T}\right)_p = zF\left(\frac{\partial E}{\partial T}\right)_p \tag{2}$$

根据吉布斯-亥姆霍兹（Gibbs-Helmholtz）公式有

$$\Delta H = \Delta G + T\Delta S = -zFE + zFT\left(\frac{\partial E}{\partial T}\right)_p = zF\left[T\left(\frac{\partial E}{\partial T}\right)_p - E\right] \tag{3}$$

由上述各式可见，只要在恒压下（通常情况下，大气压力的变化很小，可视为常数）测定出电池的电池势及其温度系数，就可求得该电池反应的热力学函数的变化值 ΔG、ΔS 和 ΔH 等。

若电池反应中各物质的活度均为 1，或电动势与电解质溶液浓度无关，则所得热力学函数即为其标准态数据。若温度为 298.15 K，所得即 $E^{\ominus}$、$\Delta G^{\ominus}_{298.15}$、$\Delta S^{\ominus}_{298.15}$ 和 $\Delta H^{\ominus}_{298.15}$。如本实验所用电池：$Ag(s) | AgCl(s) | KCl(a_s) | Hg_2Cl_2(s) | Hg(l)$，在放电时，其负极电极反应为

$$Ag(s) + Cl^-(a_{Cl^-}) \longrightarrow AgCl(s) + e^-$$

其电极电势为

$$\varphi = \varphi^{\ominus}_{AgCl,Cl^-/Ag} - \frac{RT}{F}\ln\frac{1}{a_{Cl^-}} \tag{4}$$

写在右边的是电池的正极，其反应为

$$\frac{1}{2}Hg_2Cl_2(s) + e^- \longrightarrow Hg(l) + Cl^-(a_{Cl^-})$$

其正极的电极电势反应为

$$\varphi = \varphi^{\ominus}_{Hg_2Cl_2,Cl^-/Hg} - \frac{RT}{F}\ln a_{Cl^-} \tag{5}$$

电池的总反应为

$$\frac{1}{2}Hg_2Cl_2(s) + Ag(s) \longrightarrow Hg(l) + AgCl(s)$$

其电动势为

$$E = \varphi_+ - \varphi_- = \varphi^{\ominus}_{Hg_2Cl_2,Cl^-/Hg} - \varphi^{\ominus}_{AgCl,Cl^-/Ag} = E^{\ominus} \tag{6}$$

由上列可知，若在 298.15K 下测定该电池的电动势 $E^{\ominus}$，即可得到 $\Delta G^{\ominus}$、$\Delta S^{\ominus}$ 和 $\Delta H^{\ominus}$，从而可得反应的平衡常数 $K^{\ominus} = zFE^{\ominus}/(RT)$。

若将甘汞电池换成金属银电极，组成如下电池：

$$Ag(s) | AgCl(s) | KCl(a_{Cl^-}) \| AgNO_3(a_{Ag^+}) | Ag(s)$$

其电池反应为

$$Ag(a_{Ag^+}) + Cl^-(a_{Cl^-}) \Longequal AgCl(s)$$

其电动势为

$$E = \varphi^{\ominus}_{Ag^+/Ag} - \varphi^{\ominus}_{AgCl,Cl^-/Ag} - \frac{RT}{F}\ln\frac{1}{a_{Ag^+}a_{Cl^-}} = E^{\ominus} - \frac{RT}{F}\ln\frac{1}{a_{Ag^+}a_{Cl^-}} \tag{7}$$

因为

$$\Delta G^{\ominus} = -zFE^{\ominus} = -RT\ln K^{\ominus} = RT\ln K_{sp} \tag{8}$$

所以

$$E = \frac{RT}{F}\ln\frac{1}{K_{sp}} \tag{9}$$

对强电解质稀溶液，当浓度小于 $0.01mol \cdot kg^{-1}$ 时，有 $\gamma_{Ag^+} \approx \gamma_{AgNO_3}$，$\gamma_{Cl^-} \approx \gamma_{KCl}$，测定已知电解质溶液活度的电池电动势，则可由式(9) 得到 AgCl 的溶度积常数 $K_{sp} = 1/K^{\ominus}$；也可由式(7) 和 $lg\gamma_i = -Az_i^2\sqrt{I}$ 得到：

$$E = E^{\ominus} - \frac{2ART}{Flge}(\sqrt{m_{Ag^+}} + \sqrt{m_{Cl^-}}) + \frac{RT}{F}\ln\left[\frac{m_{Ag^+}m_{Cl^-}}{(m^{\ominus})^2}\right] \tag{10}$$

若总是保持每组 KCl 和 $AgNO_3$ 稀溶液的浓度相同，即 $m_{Ag^+} = m_{Cl^-} = m$，则

$$E - \frac{2RT}{F}\ln\frac{m}{m^{\ominus}} \approx E^{\ominus} - \frac{2ART}{Flge}\sqrt{m} = E^{\ominus} - B\sqrt{m} \tag{11}$$

测定一系列浓度相等且分别为 $0.01mol \cdot kg^{-1}$、$0.005mol \cdot kg^{-1}$、$0.002mol \cdot kg^{-1}$、$0.001mol \cdot kg^{-1}$ 和 $0.0005mol \cdot kg^{-1}$ 的 KCl 和 $AgNO_3$ 稀溶液组成的电池的电动势，以 $E - \frac{2RT}{F}\ln\frac{m}{m^{\ominus}}$ 对 $\sqrt{m}$ 作图，外推至 $m \to 0$，即可得到电池的标准电动势 $E^{\ominus}$，再由式(8) 得

到 AgCl 的溶度积常数 K_{sp}。

三、仪器与试剂

1. 仪器

电化学工作站，恒温水浴，Ag-AgCl 电极，甘汞电极，Ag-AgNO₃ 电极，玻璃电极管，温度计（1/10℃）。

2. 试剂

饱和 KNO_3 溶液，饱和 KCl 溶液，镀银电镀溶液，KCl（$0.1mol \cdot kg^{-1}$），$AgNO_3$（$0.1mol \cdot kg^{-1}$）。

四、实验步骤

1. 测量电动势的温度系数。将 Ag-AgCl 电极和甘汞电极同时插入盛有饱和 KCl 溶液的可以恒温的玻璃电极管中组成电池：

$$Ag(s) | AgCl(s) | KCl(a_s) | Hg_2Cl_2(s) | Hg(l)$$

将整个可恒温的电池置入指定温度的恒温槽中恒温，20min 后用电位差计或电化学工作站测量其电动势，记录电动势及对应温度，每隔 5min 测量一次，共测 6 个数据。

依次调恒温槽温度为 20℃、23℃、26℃、29℃、32℃、35℃、40℃、45℃ 和 50℃，分别测定电池在指定温度下的电动势。

2. 测难溶盐的溶度积常数 K_{sp}。向银电极和 Ag-AgCl 电极中分别注入浓度为 $0.0001mol \cdot kg^{-1}$ 的 $AgNO_3$ 和 KCl 溶液，同时插入盛有饱和溶液的可恒温的玻璃电极管中组成电池：

$$Ag(s) | AgCl(s) | KCl(a_{Cl^-}) \| AgNO_3(a_{Ag^+}) | Ag(s)$$

将电池置入指定温度（25℃ 或 35℃）的恒温槽中恒温，20min 后用电化学工作站测量其电动势，记录电动势，每隔 5min 测量一次，共测 6 个数据。

分别将 Ag-AgCl 电极和银电极中的电解质溶液小心地吸出，从稀到浓依次分别换用浓度为 $0.0005mol \cdot kg^{-1}$、$0.001mol \cdot kg^{-1}$、$0.0025mol \cdot kg^{-1}$、$0.005mol \cdot kg^{-1}$、$0.01mol \cdot kg^{-1}$、$0.05mol \cdot kg^{-1}$ 和 $0.1mol \cdot kg^{-1}$ 的 KCl 和 $AgNO_3$，分别测定电池在指定温度下的电动势。

五、结果与讨论

1. 根据所测不同指定温度下的电池 $Ag(s) | AgCl(s) | KCl(a_s) | Hg_2Cl_2(s) | Hg(l)$ 的电动势，绘制 E-T 曲线，并利用多项式：$E = a_0 + a_1 T + a_2 T^2 + a_3 T^3 + a_4 T^4$ 进行多元线性最小二乘法拟合，求出多项式的各个系数，根据此函数分别求温度为 23℃、25℃ 和 35℃ 下的电动势 E 和温度系数 $(\partial E/\partial T)_p$。

2. 分别用式（1）、式（2）和式（3）求出温度为 23℃、25℃ 和 35℃ 下电池反应的热力学函数 ΔG、ΔS 和 ΔH。

3. 根据不同电解质溶液的电池 $Ag(s) | AgCl(s) | KCl(a_{Cl^-}) \| AgNO_3(a_{Ag^+}) | Ag(s)$ 的电动势，绘制 $E - \dfrac{2RT}{F} \ln \dfrac{m}{m^\ominus} - \sqrt{m}$ 图，外推至 $m \to 0$，所得截距即 $E^\ominus$，再根据式（8）即可求出 AgCl 的溶度积常数 K_{sp}。

六、思考题

1. 如何用所测电池的电动势求电池反应的平衡常数？

2. 试设计一个电池测量水的离子积 K_w。

实验 2
聚合物的热力学研究

一、实验目的

1. 掌握微量量热计的使用方法。
2. 了解微量量热计的原理和应用。
3. 了解热动力学方法在一些特殊反应中的应用。

二、实验原理

热动力学是利用量热手段研究动力学问题的一个物理化学分支，也是量热学在化学领域的一个重要应用。它主要通过自动量热计连续、准确地检测和记录一个化学反应的热谱曲线，并结合有关热动力学方程，为化学反应过程提供重要的热力学和动力学数据。由于热动力学使量热学从传统的"静态"研究发展到"动态"研究领域，而且它又有不受反应体系的溶剂性质、光谱学性质和电学性质限制的特点，因此，热动力学方法已在包括物理化学、生物化学（如酶促反应、生物振荡反应、细胞的新陈代谢、细菌的生长及抑制过程）、材料化学（如金属腐蚀、聚合物聚合过程、水泥固化过程等）、药物化学和化学工程等领域展示出日益广阔的应用前景。

目前的量热计一般为热导式量热计，其输入函数 Ω（放热速率）与输出函数 Δ（温差电信号）之间可用 Tian's 方程描述：

$$\Omega = K\Delta + \Lambda \frac{\mathrm{d}\Delta}{\mathrm{d}t} \tag{1}$$

式中　K——热量常数，是一个单位为 1 的量；

　　　Λ——热容常数，s。

Tian's 方程是热谱曲线的微分方程式，从 $0 \sim t$ 的时间范围内进行积分，便有

$$Q_t = \int_0^t \Omega \mathrm{d}t = \int_0^t K\Delta \, \mathrm{d}t + \Lambda \int_0^\Delta \mathrm{d}\Delta = Ka + \Lambda\Delta \tag{2}$$

式中　Q_t——化学反应在时刻 t 前的热效应，若为恒压体系，则为 $\Delta_r H_t$；

　　　a——反应在时刻 t 前的峰面积；

　　　Δ——经校正后的 t 时热谱峰（谷）的大小。

反应结束后，$\Delta = 0$，则有

$$Q_\infty = KA \tag{3}$$

式中　Q_∞——反应过程的总热效应，若为恒压，则为 $\Delta_r H_\infty$；

　　　A——热谱曲线的总面积。

从 $0 \sim t$ 的时间范围内积分，可得

$$Q_t = -\left(\frac{\partial H}{\partial \xi}\right)_{T,p} \xi_t \tag{4}$$

对反应的全过程进行积分，则有

$$Q_\infty = -\left(\frac{\partial H}{\partial \xi}\right)_{T,p} \xi_\infty \tag{5}$$

可见在容积不变的反应体系中

$$\frac{Q_t}{Q_\infty} = \frac{\xi_t}{\xi_\infty} = \frac{c_0 - c}{c_0} \tag{6}$$

式中　c_0——反应物初始物质的量浓度；

　　　c——t 时刻反应物剩余浓度。

将式（2）代入式（6）中可得

$$\frac{Ka + \Lambda\Delta}{Q_\infty} = \frac{Q_{前} + \Lambda\Delta}{Q_\infty} = 1 - \frac{c}{c_0} \tag{7}$$

式中　$Q_{前}$——热谱曲线中 t 时刻的热效应，可由热谱曲线上直接得到。当 $\Lambda\Delta = 0$ 时，$Q_{前} = Q_t$。
下面对式（7）进行讨论。

$$Q_{前} + \Lambda\Delta < Q_\infty \text{ 或 } \Lambda\Delta < (Q_\infty - Q_{前}) = Q_{后}$$

若 Λ 为常数，$\Lambda\mathrm{d}\Delta < \mathrm{d}Q_{后}$ 或 $\Lambda < \dfrac{\mathrm{d}Q_{后}/\mathrm{d}t}{\mathrm{d}\Delta/\mathrm{d}t}$；

若 $\Lambda > 0$，$\dfrac{\mathrm{d}Q_{后}/\mathrm{d}t}{\mathrm{d}\Delta/\mathrm{d}t} > 0$。

从热谱曲线上看，最大峰高前的热谱曲线由于 $\dfrac{\mathrm{d}Q_{后}/\mathrm{d}t}{\mathrm{d}\Delta/\mathrm{d}t} < 0$ 而不符合条件。因此，求反应速率常数时，应取最大峰高后的时间段。

若不考虑产物的抑制与促进作用对反应速率的影响，则用于求动力学参数的反应时间范围应介于最大峰高时间 t_m 和反应结束时间 t_e 之间，即 $t_m < t < t_e$。值得注意的是，由于仪器的时间滞后，t_e 应小于热谱曲线回到基线时的时间 t_∞。

式（7）结合几种常见的不可逆反应的动力学方程，可得到以 $F(t) = \dfrac{Q_{后} - \Delta}{Q_\infty} = \dfrac{c}{c_0}$ 表示的热动力学方程。如表1所示，在 $F(t)$ 的表达式中，Q_∞、$Q_{前}$、Δ，t 均可从热谱曲线上得到。因此，只要知道热容常数 Λ，则可求得各种不可逆反应的速率常数。若测定各不同温度下的 k 值，可进一步求得表观活化能 E_a。

表1　几种常见的不可逆反应的动力学方程

反应级数		热动力学方程
零级反应		$F(t) = 1 - \dfrac{k_0 t}{c_0}$
一级反应		$F(t) = \exp(-k_1 t)$
二级反应	等浓度	$F(t) = \dfrac{1}{1 + c_0 k_2 t}$
	不等浓度	$\ln\left[1 + \dfrac{(b-a)}{aF(t)}\right] = \ln\left(\dfrac{b}{a}\right) + (b-a)k_2 t$
N 级反应$(n \neq 1)$		$F(t) = [1 + c_0^{(n-1)}(n-1)k_n t]^{\frac{1}{1-n}}$

求 Λ 的方法：在恒功率热谱曲线上，当稳态峰高出现后，以恒功率法求 Λ。这时热容常数与稳态峰高 Δ 及断开恒功率源的热效应 Q_e 关系为：

$$\Lambda = \frac{Q_e}{\Delta_0} \tag{8}$$

当 $c=0$ 时，反应结束，则有 $Q'_后 = \Lambda\Delta$ 或 $\Lambda = \dfrac{Q'_后}{\Delta}$。原则上从反应结束到热谱曲线回到基线的热谱曲线段内，取不同时间的 $Q_后$ 对 Δ 作图应为直线，其直线斜率应为 Λ。

求得 Λ 值后，在介于最大峰高时间 t_m 和反应时间 t_e 之间的热谱曲线段内，取一组 $\{Q'_后, \Delta\}$ 值，代入 $\dfrac{c}{c_0} = \dfrac{Q_后 - \Lambda\Delta}{Q_\infty}$ 可得 $\dfrac{c}{c_0}$ 值。最后利用各不同反应级数的动力学方程，可求得 k 值。改变温度，可求得活化能 E_a 值。

本实验以引发剂过硫酸钠作用后的苯胺聚合反应为研究体系，测定了两个温度的速率常数及 E_a 值。

应该注意的是，在式（2）中，Δ 是一个与时间有关的量。由于 $\Lambda\Delta$ 应为对热滞后的校正，因此，$\Delta(t)$ 的值不是在某一时刻的热谱曲线峰高，而是反应结束后热谱曲线往前外推至任意时刻时与热谱峰高相交点处的峰高值。具体求法见图1。

若更严格处理，则应采用如式（9）～式（11）所示的双参数的 Tian 方程：

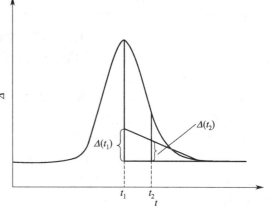

图 1　$\Delta(t)$ 的求值图

$$\Omega = K\Delta_t + (\Delta_1 + \Delta_2)\frac{\mathrm{d}\Delta}{\mathrm{d}t} + \frac{K}{\Lambda_1\Lambda_2}\frac{\mathrm{d}^2\Delta_t}{\mathrm{d}t^2} \tag{9}$$

$$Q_t = Q_前 + (\Lambda_1 + \Lambda_2)\Delta_t + \frac{K}{\Lambda_1\Lambda_2}\frac{\mathrm{d}\Delta_t}{\mathrm{d}t}$$

$$= Q_前 + \left[(\Lambda_1 + \Lambda_2) + \frac{K}{\Lambda_1\Lambda_2}\frac{\mathrm{d}\ln\Delta_t}{\mathrm{d}t}\right] \tag{10}$$

$$\frac{x}{c_0} = \frac{Q_后 - (\Lambda_1 + \Lambda_2)\Delta_t - \dfrac{K}{\Lambda_1\Lambda_2}\dfrac{\mathrm{d}\ln\Delta_t}{\mathrm{d}t}\Delta_t}{Q_\infty} \tag{11}$$

三、仪器与试剂

1. 仪器

Thermometric（3114/3236）TAM Air 等温量热仪，电子天平，搅拌装置，常压蒸馏装置（三颈烧瓶），玻璃器皿。

2. 试剂

苯胺（99.5%，A.R.），过硫酸钠（95%，C.P.），过硫酸铵（95%，C.P.），盐酸（$1\mathrm{mol} \cdot \mathrm{L}^{-1}$），高纯氮气。

四、实验步骤

1. 相关溶液的配制

用减量法称取 460mg 过硫酸铵（或过硫酸钠）配制成 50mL $9.2\mathrm{mg} \cdot \mathrm{mL}^{-1}$ 的过硫酸铵（或过硫酸钠）溶液。

2. 苯胺的蒸馏

搭建事先烘干过的蒸馏装置，加入适量的苯胺和沸石，在中慢速氮气流中进行蒸馏（注意先通气 10～15min，再开始加热），收集 65～75℃的馏分，若时间允许可进行二次蒸馏，收集相同温度下的馏分。将新蒸的苯胺置于三角烧瓶中，用聚四氟乙烯密封，置于暗处备用。

3. 绘制 25℃和 35℃的苯胺聚合反应的热谱图

用 1mL 注射器准确移取 0.45mL 新蒸苯胺于安瓿瓶内，用 10mL 移液管准确移取 10mL 的 $1mol \cdot L^{-1}$ HCl(aq) 于安瓿瓶内，另取 1mL 注射器吸取 0.5mL 的 $9.2mg \cdot mL^{-1}$ 过硫酸铵（或过硫酸钠）溶液作为引发剂，用真空油脂密封针尖（务必封住，否则引发剂渗漏，干扰基线走平）。安装搅拌器，用脱脂棉轻轻擦拭安瓿瓶外壁，避免其表面有水滴损坏仪器，将其放入样品通道，并启动搅拌器。

另取一洁净安瓿瓶用 10mL 移液管取 10.00mL 的 $1mol \cdot L^{-1}$ HCl(aq) 加盖密封，用脱脂棉轻拭外壁，放入参比通道。

启动 Pico recorder 软件，打开相应温度下的标定文件（25℃和 30℃），记录基线走势，待基线平稳后（波动在±0.005mW），选择 New Data，新建 *.plw 文件。重新记录基线，待基线稳定约 8～10min 后，将引发剂注入，记录热谱曲线。待工作曲线再次稳定平缓 8～10min 后停止记录，分别测试在 25℃和 30℃下的苯胺聚合的热谱曲线。

4. 结束实验

实验结束后，取出样品及参比，清洗相关仪器及玻璃器皿。

五、结果与讨论

1. 按式（12）计算 25℃和 30℃下苯胺聚合反应的速率常数（聚合反应近似为一级反应）。

2. 利用求出的速率常数，代入 $\ln[k(T_1)/k(T_2)] = \dfrac{E_a}{R}[(1/T_2) - (1/T_1)]$，即可求得聚合反应的活化能 E_a。

3. 对于 1 中的多次作图和积分可以借助 Origin 软件完成。

六、注意事项

1. 在升温测试前务必导入对应温度的标定文件（*.pls），等体系基线平稳运行后再开始新一轮测试。

2. 由于量热仪为恒温装置，易受室内温度扰动，因而应保持室内温度恒定在测量温度附近。

3. 将样品放入通道时，务必将其放置于通道底部恒温铝块上，并保持良好接触。

4. 搅拌器的搅拌头应用聚四氟乙烯密封。

5. 苯胺有剧毒，在使用时应十分小心！

6. 在积分求 Q_∞ 时，若反应前后基线不一致，需对基线进行校正后再积分。

七、思考题

1. 在作图公式中，为什么 Δ 不是 t 时刻的热谱峰高，而是校正后的热谱峰高？

2. 热动力学方程能否用于快反应的动力学试验？为什么？

实验 3
金属离子铸型高分子微球的合成和吸附热力学

一、实验目的

1. 了解金属离子铸型高分子微球的合成方法。
2. 测定微球吸附容量、吸附等温线和吸附热。

二、实验原理

高分子微球的合成方法有乳液聚合和悬浮聚合两种。采用无皂乳液聚合方法合成的微球表面洁净，带有多种功能基团，离子均匀呈规则圆球状，可广泛应用于光学仪器矫正、临床医学和环保领域。以金属离子为模板，使金属离子与功能单体结合，进行单交联聚合，最后将聚合物中的金属离子洗脱，得到金属离子铸型的高分子微球，由于洗脱金属离子后的微球中留下许多金属离子铸型结构（即具有模板金属离子大小和空间成键结构的孔穴），因此这种金属离子铸型的高分子微球对模板离子的吸附选择性与未铸型的高分子微球相比大大提高。

铸型高分子微球的合成方法：按比例称取苯乙烯（St）、丙烯酸丁酯（BA）和甲基丙烯酸（MAA）以及水，加入三口烧瓶中，在 pH=2.2 条件下以 $K_2S_2O_8$ 为引发剂，在搅拌和通入氮气保护下，以水浴加热 70℃后恒温 7h，得到乳状溶液后冷却至室温，加入交联剂二乙烯苯（DVB）、丙烯酸丁酯（BA）和少量水，调节乳液的 pH 为 5.0，在 50mL 的反应瓶中，加入 8mL 乳液和 40mL 0.01mol·L^{-1} 的 Cu^{2+}（或 Zn^{2+}、Co^{2+}、Ni^{2+}）溶液，使金属离子与羧基在油水界面处充分络合后，将反应瓶在室温下用 Co$^{60}\gamma$ 射线（20Gy）照射 50h，或使用 $K_2S_2O_8$-NaHSO$_3$ 氧化还原引发剂在 70℃加热 7h 进行界面模板聚合，混合物经离心分离（1000r·min^{-1}），以稀盐酸洗脱金属离子，真空干燥，制得金属离子铸型微球。

将高分子微球用于吸附 Cu^{2+}（或 Zn^{2+}、Co^{2+}、Ni^{2+}）离子溶液，根据吸附前后离子的浓度计算吸附容量 Q 和分配系数 K_d：

$$Q = \frac{c_0 - c_e}{m} V$$

$$K_d = \frac{Q}{c_e} \tag{1}$$

式中，c_0、c_e 分别为吸附前后金属离子的质量浓度，$\mu g/mL$；V 为金属离子溶液的体积，mL；m 为微球产物的质量，μg。

根据热力学公式：

$$\lg K_d = -\frac{\Delta H}{2.303RT} + C \tag{2}$$

$\lg K_d$ 对 $\frac{1}{T}$ 作图为一直线，可求出吸附反应热 ΔH。

三、仪器与试剂

1. 仪器

恒温水浴1套，冰箱1台，电动搅拌器1台，原子吸收分光光度计1套，恒温水浴振荡器1套，高速离心机1套，1.5mL塑料管20个。

2. 试剂

苯乙烯（St），丙烯酸丁酯（BA），甲基丙烯酸（MAA），$K_2S_2O_8$，$NaHSO_3$，$NiCl_2$，$CoCl_2$，$NaOH$，$CuCl_2$，$ZnCl_2$，HCl，二乙烯苯（DVB）。除DVB为工业纯外，其余均为分析纯。在氮气保护下减压蒸馏后置于冰箱内保存。

四、实验步骤

1. 按实验原理中的合成方法合成高分子铸型微球。

2. 吸附容量的测定：取4个1.5mL的塑料管，每个称取0.05g微球产物，分别加入1mL $5.0×10^{-4}$ mol·L^{-1}的$NiCl_2$、$CoCl_2$、$CuCl_2$、$ZnCl_2$的金属离子溶液，密封，振动分散，在恒温振荡器上控制温度（20.0±0.2）℃，振荡18h后，用高速离心分离器分离30～60min，取上层溶液，采用原子吸收分光光度计测定吸附后Ni^{2+}、Co^{2+}、Cu^{2+}、Zn^{2+}的离子浓度。

3. 吸附等温线测定：分别称取0.5g微球产物，加入10mL $5.0×10^{-4}$ mol·L^{-1}的$NiCl_2$、$CoCl_2$、$CuCl_2$、ZnCl溶液中，在恒温振荡器上，分别控制温度为20℃、25℃和30℃条件下，在不同时间间隔取样分析（间隔1h左右），采用原子吸收分光光度计测定金属离子的浓度。

五、结果与讨论

1. 计算不同金属离子铸型高分子微球对金属离子的吸附率 E。按下式计算

$$E = \frac{c_0 - c_e}{c_0} × 100\% \tag{3}$$

式中，c_0、c_e 分别为吸附前后金属离子质量浓度，$\mu g·mL^{-1}$。

2. 按式(1)计算金属离子铸型高分子微球的吸附容量 Q。

3. 以 Q 对 c_e 作图。

吸附量 $Q/\mu g·g^{-1}$	吸附浓度/mol·mL^{-1}		
	20℃	30℃	40℃

4. 计算不同温度下 K_d 值，列表计算吸附反应热 ΔH。

$\lg K_d$			
$(1/T)×10^3$			

六、思考题

1. 无皂乳液聚合中功能单体的种类对铸型离子影响很大，是否可选用不同种类的功能单体，如—SO_3H、—OH 等基团的单体？

2. 是否可选择其他种类金属离子铸型合成，如 Fe^{3+}、Fe^{2+} 等？

实验 4
简单离子晶体的晶格能与水化热测定与计算

一、实验目的

1. 通过测定简单离子晶体（NaCl、KCl 或 KBr）的积分溶解热、微分溶解热与溶质浓度关系的方法，插值外推至无限稀释溶液的积分溶解热数值。

2. 通过理论计算获得离子晶体的晶格能数值，设计 Born-Harber 循环过程，计算出离子晶体的水合热。

3. 理解离子晶体如何在没有外界做功的情况下，自动地在溶剂中解离为独立离子，该过程即溶剂化过程。

4. 学生应仔细阅读附录及相关资料，能够独立完成有关电磁学的单位换算和能量计算，并了解 Born-Harber 循环的热力学原理，学会文献数据查阅方法。

二、实验原理

晶格能是 1mol 自由的气体离子在热力学零度下变成晶体的生成热。晶格能由正、负离子间的吸引能和排斥能组成，根据理论推导，离子晶体的摩尔晶格能可以表示为：

$$U_0 = -\frac{N A z_1 z_2 e^2}{r_0}\left(1-\frac{1}{n}\right) \tag{1}$$

式中，所有物理量均用厘米·克·秒制表示，N 为阿伏伽德罗常数；z_1 与 z_2 为离子电荷；e 是电子电荷，用电荷的高斯单位 e.s.u. 表示，e.s.u. 与电荷单位库仑（C）之间的关系是

$$1 e.s.u. = 1 cm^{3/2} \cdot g^{1/2} \cdot s^{-1} = (10/\xi)C = 3.33564 \times 10^{-10}C \tag{2}$$

式中，$\xi = 2.99792458 \times 10^{10} cm \cdot s^{-1}$，为高斯单位表示的光速；$r_0$ 是正、负离子在晶格中的平衡距离，单位是 cm；U_0 计算结果的单位是尔格（erg），$1 erg = 10^{-7} J$；A 是马德隆（Madelung）常数，常见晶体类型的 A 值列于表 1 中。

表 1 常见晶体类型的马德隆常数

晶体类型	配位数	A
NaCl(面心立方)	6	1.74756
CsCl(简单立方)	8	1.76267
ZnS(闪锌矿)	4	1.63806
ZnS(纤维锌矿)	4	1.641
CaF_2(氟石)	8 或 4	5.03878
TiO_2(金红石)	6 或 3	4.816
TiO_2(锐钛矿)	6 或 3	4.800
Cu_2O(赤铜矿)	4 或 2	4.11552

式(2)中的 n 是离子晶体的结构参数，可以从晶体的压缩系数 β 计算

$$n = 1 + \frac{18r_0^4}{Az_2e_2\beta} \tag{3}$$

式中，各物理量单位均用厘米·克·秒制表示，同式(1)。β 的单位取 $cm^2 \cdot dyn^{-1}$，$1dyn = 10^{-5}N$。n 的值约为 10。

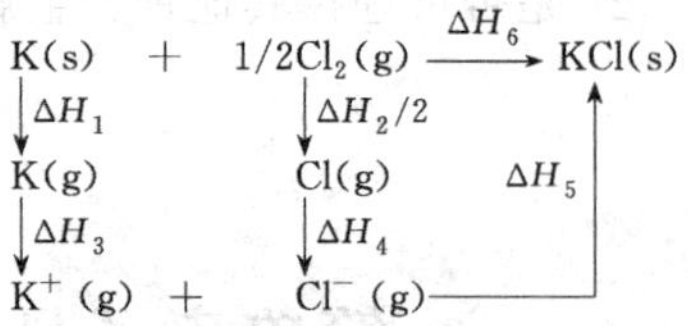

晶格能也可以通过设计 Born-Harber 循环，利用热力学和结构化学数据进行计算。以 KCl 为例，设计 Born-Harber 循环如图 1 所示，其中 ΔH_1 是金属钾的汽化焓；ΔH_2 是氯气分子的解离能；ΔH_3 是钾原子的电离能；ΔH_4 是氯原子的电子亲和能；ΔH_5 是 KCl 晶体的晶格能（即 U_0）；ΔH_6 是固体 KCl 的生成焓。由于

图 1　计算 KCl 晶格能的 Born-Harber 循环

$$\Delta H_6 = \Delta H_1 + \Delta H_2 + \Delta H_3 + \Delta H_4 + \Delta H_5 \tag{4}$$

据此可以计算出 KCl 晶体的晶格能 ΔH_5。

对于碱金属卤化物晶体盐类，摩尔晶格能 U_0 的值约为 $-1000 \sim -600kJ \cdot mol^{-1}$，其中 LiF 的 U_0 绝对值最大（$-1024kJ \cdot mol^{-1}$），CsI 最小（$-602kJ \cdot mol^{-1}$）。由此可见，盐的晶格能是非常大的，即自由气体离子化合成晶体时，就有大量的热放出；反之，若在溶剂中把盐的晶体拆散为自由离子，也需要从环境吸收大量的能量。但是实际情况并不是这样的，在合适的溶剂中，盐会自动地溶解为独立离子，无需外界做功。这说明在盐类的溶解过程中，有一个特殊的过程发生，释放出与晶格能差不多的热量，用来拆散晶格，这个过程称为溶剂化，溶剂化过程释放大量的热，抵消了盐的晶格能，使得盐自动溶解。溶剂化过程释放的热量称为溶剂化热，若溶剂为水，也称为水合热 ΔH_{hydro}。

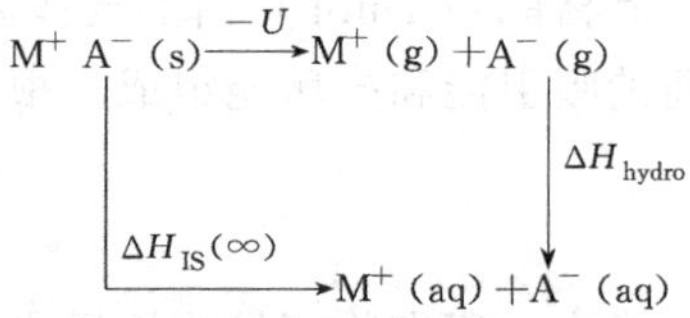

考虑 1mol 离子晶体 $M^+A^-(s)$ 溶解于大量的溶剂中，形成无限稀释的溶液（由此可以避免离子间的相互作用），可以通过实验测定浓度无限稀释时的积分溶解热 $\Delta H_{IS}(\infty)$，方法是测定几个不同浓度溶液的积分溶解热，作溶解热对浓度的曲线，并外推至浓度为 0。可以把上述溶解过程分为两步：①离子晶体 $M^+A^-(s)$ 变为气体离子 $M^+(g)$ 和 $A^-(g)$，能量变化为晶格能的负值 $-U$；

图 2　离子晶体溶解热、水合热与晶格能关系

②气体离子溶入溶剂中，能量变化为正、负离子的溶剂化热之和，即溶剂化热（或水合热）ΔH_{hydro}。将这两步变化过程设计成 Born-Harber 循环（见图 2），这两部分的能量变化之和就是离子晶体的溶解热

$$\Delta H_{IS}(\infty) = -U + \Delta H_{hydro} \tag{5}$$

该式中的晶格能 U 采用的温度是实验温度，而晶格能 U_0 定义中采用的是热力学温度，两者之间的差别可以用基尔霍夫公式进行修正，但是差值很小，可以忽略，因此有

$$\Delta H_{IS}(\infty) = -U_0 + \Delta H_{hydro} \tag{6}$$

三、仪器与试剂

1. 仪器

SWC-RJ 溶解热（一体化）测定装置（南京桑力电子设备厂，包括杜瓦瓶、电加热器、Pt-100 温度传感器、电磁搅拌器、SWC-IID 数字温度温差仪、数据采集接口，"溶解热

2.50"软件），电子天平（精度 0.0001g），台秤（精度 0.1g），研钵 1 只，干燥器 1 只，小漏斗 1 只，小毛刷 1 把。

2. 试剂

氯化钾（A.R.），氯化钠（A.R.），溴化钾（A.R.），去离子水。

四、实验步骤

1. 将 6 个称量瓶编号。

2. 将氯化钾进行研磨，在 110℃烘干，放入干燥器中备用。

3. 分别称量约 0.5g、1.0g、1.0g、1.0g、1.5g 和 1.5g 氯化钾，放入 6 个称量瓶中。称量方法：首先用 0.1g 精度的台秤，在每个称量瓶中加入需要量的氯化钾；然后在 0.0001g 精度的电子天平上，分别称量每份样品（氯化钾＋称量瓶）的精确质量；称好后放入干燥器中备用。在将氯化钾加入水中时，不必将氯化钾完全加入，称量瓶中残留的少量氯化钾通过后面的称量予以去除。

也可以用称量纸直接称量，并做好编号标记，注意将较大的氯化钾颗粒剔除，以免堵塞加料漏斗管口，影响实验结果。

4. 使用 0.1g 精度台秤称量 216.2g（12.0mol）去离子水放入杜瓦瓶内，放入磁力搅拌磁子，拧紧瓶盖，将杜瓦瓶置于搅拌器固定架上（注意加热器的电热丝部分是否全部位于液面以下）。

5. 用电源线将仪器后面板的电源插座与～220 V 电源连接，用配置的加热功率输出线将加热线引出端与正、负极接线柱连接（红-红、蓝-蓝），串行口与计算机连接，Pt-100 温度传感器接入仪器后面板传感器接口中。

6. 将温度传感器擦干置于空气中，将 O 形圈套入传感器，调节 O 形圈使传感器浸入蒸馏水中约 100mm，把传感器探头插入杜瓦瓶内（注意：不要与瓶内壁相接触）。

7. 打开电源开关，仪器处于待机状态，待机指示灯亮。启动计算机，启动"溶解热 2.50"软件，选择"数据采集及计算"窗口，如果默认的坐标系不能满足绘图要求，点击"设置-设置坐标系"重新设置合适的坐标系，否则绘制的图形不能完整地显示在绘图区。在此窗口的坐标系中纵轴为温差，横轴为时间。

8. 根据自己的计算机选择串行口。在"设置-串行口"中选择 COM1（串行口 1，默认口）或 COM2（串行口 2）。

9. 按下"状态转换"键，使仪器处于测试状态（即工作状态，工作指示灯亮）。调节加热功率调节"旋钮，使功率 $P＝1.0$W 左右。调节"调速"旋钮使搅拌磁子为实验所需要的转速。观察水温的测量值，控制加热时间，使得水温最终高于环境温度 0.5℃左右（因加热器开始加热时有滞后性，故当水温超过室温 0.4℃后，即可按下"状态转换"键，使仪器处于待机状态，停止加热）。

10. 观察水温的变化，当在 1min 内水温波动低于 0.02℃时，即可开始测量。点击"操作-开始绘图"，软件开始绘制曲线，仪器自动清零并开始通电加热，立刻打开杜瓦瓶的加料口，插入小漏斗，按编号加入第一份样品，盖好加料口塞。在数据记录表格中填写所需数据，观察温差的变化或软件界面显示的曲线，等温差值回到零时，加入第二份样品，依此类推，加完所有的样品。

注意：手工绘制曲线图时，每加一份样品前仪器必须清零，加料时同步记录计时时间。

11. 最后一份样品的温差值回到零后，实验完毕，先停止软件绘图，点击"操作-停止绘图"命令。保存实验数据和实验曲线。

12. 实验结束，按"状态转换"键，使仪器处于"待机状态"。将"加热功率调节"旋钮和"调速"旋钮左旋到底，关闭电源开关，拆去实验装置，关闭计算机。清理台面和清扫实验室。

五、结果与讨论

1. 启动"溶解热2.50"软件，在"数据采集及计算"窗口打开保存的实验数据，输入每组样品的质量、分子量、水的质量、电流和电压值（或功率值），注意顺序不能搞错，否则结果不正确。

2. 点击"操作-计算 Q、n 值"命令，软件自动计算出时间、积分溶解热（软件显示为 Q）和摩尔比值（软件显示为 n）。

3. 按照室温下水的密度数据，将上述摩尔比值换算为 KCl 的摩尔浓度 c。以积分溶解热对 KCl 摩尔浓度作图，外推至浓度为 0，获得无限稀释浓度时的积分溶解热数据 $\Delta H_{IS}(\infty)$。

4. 根据式(1)~式(3)计算 KCl 的晶格能，相关参数见表1和表2。

表 2　部分离子晶体参数

晶体	正负离子平衡间距 r_0/(10^{-10}/m)	晶体压缩系数/(10^{-11}/m² · N^{-1})
NaCl	2.820	4.17
KCl	3.147	5.75
KBr	3.298	6.76

5. 查阅物理化学数据手册，确定金属钾的汽化焓、氯气分子的解离能、钾原子的电离能、氯原子的电子亲和能和固体 KCl 的生成焓，根据式(4)计算 KCl 的晶格能。

6. 由计算得到的晶格能数据和实验测定的溶解热数据，根据式(6)计算 KCl 的水合热。文献值 25℃ 时 KCl 的晶格能、极限摩尔溶解热和水合热分别为：-169 kcal · mol^{-1}、4.4 kcal · mol^{-1} 和 -165 kcal · mol^{-1}。

六、思考题

1. 有人经实验测定，认为积分溶解热 ΔH_{IS} 与 $c^{1/2}$ 有线性关系。从你的实验结果能否得出该结论？

2. 由热力学和结构化学数据计算得到的晶格能数据与实验数据存在较大误差，试分析可能引起误差的原因。

附：关于电学公式中国际单位制与高斯单位制的换算问题

实验 5
混合熵的测定

一、实验目的

1. 采用可逆电动势测量方法测定 $K_3[Fe(CN)_6]/K_4[Fe(CN)_6]$ 二元体系的混合熵。

2. 明确熵和熵变是热力学问题的核心。

3. 通过巧妙的实验设计和理论计算，在可逆电池系统中测定两个组分混合过程的熵变，即混合熵。

4. 熟悉热力学基本原理，尤其是吉布斯自由能、化学势和可逆电池电动势等概念。

二、实验原理

1. 热力学原理

溶液中某组分 i 的化学势可以表示为：

$$\mu_i = \mu_i^*(T, p) + RT\ln a_i = \mu_i^*(T, p) + RT\ln(\gamma_i x_i) \tag{1}$$

式中，μ_i 是纯组分 i 在温度 T 和压力 p 时的化学势（摩尔吉布斯自由能）；a_i、γ_i 和 x_i 分别是该组分在溶液中的活度、活度系数和摩尔分数。

A、B 两组分混合过程的吉布斯自由能变化为

$$\Delta_{mix}G = (n_A\mu_A + n_B\mu_B) - (n_A\mu_A^* + n_B\mu_B^*) \tag{2}$$

式中，n_A 和 n_B 分别是 A 和 B 的物质的量。

式(2) 表示过程的始态为 n_A mol 纯 A 和 n_B mol 纯 B，终态为这两个组分的均相混合物。将式(2) 代入式(1) 中得到

$$\Delta_{mix}G = n_A RT\ln(\gamma_A x_A) + n_B RT\ln(\gamma_B x_B) \tag{3}$$

若溶液为理想溶液，$\gamma_A = \gamma_B = 1$，则

$$\Delta_{mix}G = n_A RT\ln x_A + n_B RT\ln x_B \tag{4}$$

理想溶液的混合焓为零，即 $\Delta_{mix}H = 0$，则混合熵为

$$\Delta_{mix}S = -\left(\frac{\partial G}{\partial T}\right)_p = -n_A R\ln x_A - n_B R\ln x_B \tag{5}$$

本实验采用电化学方法测量，混合的对象不是纯化合物，而是含有两种价态铁离子的水溶液：亚铁氰化钾 $K_4[Fe(CN)_6]$ 水溶液和铁氰化钾 $K_3[Fe(CN)_6]$ 水溶液，分别用符号 HCFe(Ⅱ) 和 HCFe(Ⅲ) 表示 [即 hexacyanoferrate(Ⅱ) 离子和 hexacyanoferrate(Ⅲ) 离子的缩写]。显然，不能用方程(1) 来表示混合物中各组分的化学势，因为此时标准态 $x_i = 1$ 表示是纯组分 i，而不是纯组分 i 的水溶液。为此，重新选择参考态 m_0（质量摩尔浓度），并将 HCFe(Ⅱ) 和 HCFe(Ⅲ) 的始态浓度以及混合溶液中铁氰根的总浓度 [HCFe(Ⅱ) 和 HCFe(Ⅲ) 离子浓度的总和] 均固定为 m_0，即研究图 1 所示的混合过程。

不考虑溶剂，在混合终态亚铁氰根 HCFe(Ⅱ) 的质量摩尔浓度为 $m_Ⅱ = m_0 x_Ⅱ$，铁氰根 HCFe(Ⅲ) 的质量摩尔浓度为 $m_Ⅲ = m_0 x_Ⅲ$，且 $x_Ⅱ + x_Ⅲ = 1$。混合前处于参考态浓度的两个组分的化学势分别为

$$\mu_Ⅱ = \mu_Ⅱ^0 + RT\ln(m_0\gamma_Ⅱ) \tag{6a}$$

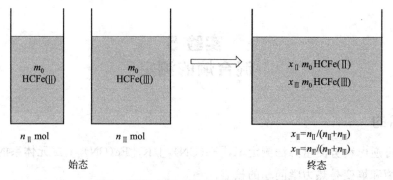

图 1　HCFe(II) /HCFe(III) 混合过程

$$\mu_{III}=\mu_{III}^0+RT\ln(m_0\gamma_{III}) \tag{6b}$$

式中，m_0 已消除了量纲；γ_{II} 和 γ_{III} 分别是 HCFe(II) 和 HCFe(III) 在参考态浓度 m_0 时的活度系数；μ_{II}^0 和 μ_{III}^0 分别是两个组分处于标准态（$1\,mol\cdot kg^{-1}$）时的化学势。两个溶液混合后，混合液中两个组分的化学势分别为

$$\mu_{II}'=\mu_{II}^0+RT\ln(m_{II}\gamma_{II}')=\mu_{II}^0+RT\ln(m_0 x_{II}\gamma_{II}') \tag{7a}$$

$$\mu_{III}'=\mu_{III}^0+RT\ln(m_{III}\gamma_{III}')=\mu_{III}^0+RT\ln(m_0 x_{III}\gamma_{III}') \tag{7b}$$

式中，γ_{II}' 和 γ_{III}' 分别是 HCFe(II) 和 HCFe(III) 在混合状态下的活度系数。

根据式(2) 可以得到上述两个溶液的混合吉布斯自由能为

$$\Delta_{mix}G=\left\{n_{II}\left[\ln x_{II}+\ln\frac{\gamma_{II}'}{\gamma_{II}}\right]+n_{III}\left[\ln x_{III}+\ln\frac{\gamma_{III}'}{\gamma_{III}}\right]\right\} \tag{8}$$

按照 Debye-Huckel 理论，常温下离子平均活度系数可以表示为

$$\lg\gamma_{\pm}=-0.5101|z_+z_-|\sqrt{I}，溶液的离子强度 I=\frac{1}{2}\sum_i m_i z_i^2。$$

由于始态溶液与终态溶液的铁氰根总浓度相等，可以认为离子强度也基本相等，因此以下关系基本成立

$$\frac{\gamma_{II}'}{\gamma_{II}}=\frac{\gamma_{III}'}{\gamma_{III}}$$

由此得到

$$\Delta_{mix}G=RT(n_{II}\ln x_{II}+n_{III}\ln x_{III}) \tag{9}$$

2. 电化学测量原理

从热力学原理上说，过程的吉布斯自由能变化等于最大有用功（可逆有用功），即 $\Delta G=W_{rev}'$。对于 HCFe(II) 和 HCFe(III) 的混合过程，可以设计如图 2 所示的电化学装置，始态为浓度均为 m_0 的 HCFe(II) 和 HCFe(III) 溶液分别置于多孔板两侧，终态为两种离子在多孔板两侧均达成平衡分布浓度 $m_0/2$，通过测定整个变化过程中该装置在负载上释放的总电功，即可得到 $\Delta_{mix}G$。

但是，该装置实际上是无法应用的，因为测定可逆电功意味着需要花费无限长的时间。为此，对上述实验方法进行如下的"静态法"测量改进。

(1) 首先将两个半电池完全隔开，两池中的溶液不会发生混合（图3）。

(2) 在两个半电池中分别放入 HCFe(II) 和 HCFe(III) 混合溶液，左、右池溶液的铁氰根总浓度均为 m_0，且左、右池中 HCFe(II) /HCFe(III) 值（摩尔比）恰为倒数（图3），即左右池溶液构成"共轭溶液"，用对消法测定该电池的零电流电动势。

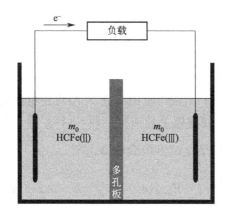

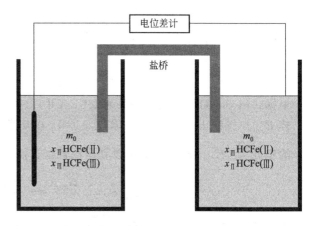

图2 混合过程动态测量的电化学测量装置　　　　图3 改进的静态法电化学测量装置

（3）保持 m_0 恒定不变，改变 HCFe(Ⅱ)/HCFe(Ⅲ) 的值，测定一系列共轭溶液组成电池的电动势，从 HCFe(Ⅱ)/HCFe(Ⅲ)→∞ 直至 HCFe(Ⅱ)/HCFe HCFe(Ⅲ)→1，相当于将图2所示的动态变化过程做成一系列静态画面，逐点测量，每一点都保持热力学可逆状态，电池电流趋近于零，电池内部化学反应（即混合过程）无限缓慢。

假定在恒温恒压条件下，在某个可逆电动势 E_{rev} 下电池迁移了 dn 电荷，则有

$$dG = \delta W_{rev} = -F E_{rev} dn \tag{10}$$

式中，$F = 96485C \cdot mol^{-1}$，为法拉第常数。

上述混合过程的吉布斯自由能变化应为式（10）的积分，即

$$\Delta_{mix} G = \int_{混合前}^{混合后} dG = \int_{混合前}^{混合后} -F E_{rev} dn \tag{11}$$

现在必须找出 E_{rev} 与 n，即与溶液组成的关系，才能计算上述积分。

若在图3左边池中始终保持 HCFe(Ⅱ)/HCFe(Ⅲ)>1，则左池为电池负极。混合过程相当于左池的 HCFe(Ⅲ) 浓度由 0 上升至 $0.5m_0$。假定溶剂水的质量为 m kg，则左池中 Fe(Ⅲ) 由浓度为 0 上升至浓度为 $m_Ⅲ$ 所需要输运的电荷数为

$$n = m m_Ⅲ$$

由于两池中 Fe(Ⅱ)、Fe(Ⅲ) 的浓度之和均为 m_0，所以在某个反应阶段左池中 Fe(Ⅲ) 的摩尔分数为

$$x_Ⅲ = m_Ⅲ / m_0$$

由此得到

$$n = m m_0 x_Ⅲ \Rightarrow dn = m m_0 dx_Ⅲ \tag{12}$$

上述结果对右池的 Fe(Ⅱ) 同样成立，即

$$dn = m m_0 dx_Ⅲ$$

由于两池中放置的是共轭溶液，因此可以写出通式

$$dn = m m_0 dx_i \tag{13}$$

式中，x_i 是任一池中任一铁氰根 HCFe 的摩尔分数。

将式（13）代入式（11），得到

$$\Delta_{\mathrm{mix}}G = -Fmm_0 \int_0^{0.5} E_{\mathrm{rev}} \mathrm{d}x_i \tag{14}$$

则摩尔混合吉布斯自由能可以表示为

$$\Delta_{\mathrm{mix}}G_m = \frac{\Delta_{\mathrm{mix}}G}{mm_0} = -F\int_0^{0.5} E_{\mathrm{rev}} \mathrm{d}x_i \tag{15}$$

根据式(15)，可以测定出一系列 HCFe(Ⅱ)/HCFe(Ⅲ) 溶液电池的组成 x_i 与可逆电池电动势 E_{rev}，绘制 E_{rev}-x_i 曲线，求出 $x_i = 0 \sim 0.5$ 范围内该曲线下的面积，即式(15) 等号右边的积分 $\int_0^{0.5} E_{\mathrm{rev}} \mathrm{d}x_i$，由此可以算出混合吉布斯自由能 $\Delta_{\mathrm{mix}}G$ 和混合熵 $\Delta_{\mathrm{mix}}S$

$$\Delta_{\mathrm{mix}}S = -\frac{\Delta_{\mathrm{mix}}G}{T} = \frac{-Fmm_0}{T}\int_0^{0.5} E_{\mathrm{rev}} \mathrm{d}x_i \tag{16a}$$

$$\Delta_{\mathrm{mix}}S_m = \frac{F}{T}\int_0^{0.5} E_{\mathrm{rev}} \mathrm{d}x_i \tag{16b}$$

3. 理论计算方法

由共轭 HCFe(Ⅱ)/HCFe(Ⅲ) 溶液组成的电池可以表示为

$$\mathrm{Pt} \,|\, \mathrm{Fe(Ⅲ)}(m_2), \mathrm{Fe(Ⅱ)}(m_1) \,||\, \mathrm{Fe(Ⅲ)}(m_1), \mathrm{Fe(Ⅱ)}(m_2) \,|\, \mathrm{Pt}$$

注意保持 $m_1 > m_2$。根据能斯特方程，各电极电势和电池电动势可以表示为

$$\varphi_+ = \varphi^\ominus - \frac{RT}{F}\ln\frac{\alpha_{Ⅱ}(m_2)}{\alpha_{Ⅲ}(m_1)}$$

$$\varphi_- = \varphi^\ominus - \frac{RT}{F}\ln\frac{\alpha_{Ⅱ}(m_1)}{\alpha_{Ⅲ}(m_2)}$$

$$E = \varphi_+ - \varphi_- = \frac{RT}{F}\ln\frac{\alpha_{Ⅱ}(m_1)\alpha_{Ⅲ}(m_1)}{\alpha_{Ⅱ}(m_2)\alpha_{Ⅲ}(m_2)}$$

将活度系数代入上面几个表达式得到

$$E = \frac{RT}{F}\ln\left(\frac{m_1^2}{m_2^2}\right) + \frac{RT}{F}\ln\frac{\gamma_{Ⅱ}(m_1)\gamma_{Ⅲ}(m_1)}{\gamma_{Ⅱ}(m_2)\gamma_{Ⅲ}(m_2)} \tag{17}$$

由于在两个半电池中的电解质溶液的离子强度近似相等，由此式(17)右边第二项中的对数项近似为零，故

$$E = \frac{2RT}{F}\ln\left(\frac{m_1}{m_2}\right) \tag{18}$$

令

$$m_1 = m_0 x_1, \quad m_2 = m_0 x_2, \quad \text{且 } x_1 + x_2 = 1$$

式(17)可以改写为

$$E = \frac{2RT}{F}\ln\left(\frac{1-x_2}{x_2}\right) \tag{19}$$

将式(19)代入式(14)、式(16)，则混合吉布斯自由能为

$$\Delta_{\mathrm{mix}}G = 2RTmm_0 \int_0^{0.5}\ln\left(\frac{1-x_2}{x_2}\right)\mathrm{d}x_2 \tag{20}$$

混合熵为

$$\Delta_{\mathrm{mix}}S = 2Rmm_0 \int_0^{0.5}\ln\left(\frac{1-x_2}{x_2}\right)\mathrm{d}x_2 \tag{21}$$

虽然式(19)右边的积分函数在积分下限处趋于无穷大,但是整个积分仍然是有限收敛的,可以证明

$$\Delta_{mix}G = -2RTmm_0\ln2 \tag{22}$$

$$\Delta_{mix}S = 2Rmm_0\ln2 \tag{23}$$

$$\Delta_{mix}G_m = -2RT\ln2 \tag{24}$$

$$\Delta_{mix}S_m = 2R\ln2 \tag{25}$$

可见结果与电解质的性质无关。式(22)～式(25)的理论计算结果能够与式(14)～式(16)的实验测得结果进行对照。

三、仪器与试剂

1. 仪器

SDC-Ⅱ数字电位差综合测试仪,双联电极管,恒温夹套,U形玻璃管(盐桥管),铂电极2支,1000mL棕色试剂瓶1只,1000mL白色试剂瓶1只,1000mL烧杯1只,玻棒若干,50mL容量瓶4只,0.5mL、1mL、5mL和10mL刻度移液管各2支,滴管4根,导线若干,洗耳球2只(所有玻璃仪器应预先洗净烘干)。

超级恒温槽,硅橡胶管(或乳胶管),电子天平,台秤,500mL、100mL烧杯各2只(盐桥制作用),滴管若干,玻璃棒若干,煤气灯,铁架,石棉网。

2. 试剂

$K_3[Fe(CN)_6]$(A.R.),$K_4[Fe(CN)_6]\cdot 3H_2O$(A.R.),氯化钾(A.R.),琼脂,稀硝酸(清洗电极用)。

四、实验步骤

1. 制作盐桥

将盛有1.5g琼脂和48.5mL蒸馏水的烧瓶放在水浴上加热(切勿直接加热),直到完全溶解,然后加入15～20g KCl(氯化钾溶解度数据:0℃时28g,10℃时31.2g,20℃时34.2g,30℃时37.2g,40℃时40.1g,请根据盐桥实际温度估算所需用量)充分搅拌,待KCl完全溶解后,趁热用滴管将此溶液装入盐桥管中,静置,待琼脂完全凝结后即可使用。

2. 配制 0.1000mol·kg⁻¹ K₃[Fe(CN)₆] 和 K₄[Fe(CN)₆] 水溶液

在电子天平上准确称19.7546g $K_3[Fe(CN)_6]$(0.0600mol),将$K_3[Fe(CN)_6]$固体溶于水中,配成$0.1000mol\cdot kg^{-1}$水溶液,溶液转入1000mL棕色试剂瓶中备用(注意:铁氯化钾会缓慢水解,该反应能被光催化,故$0.1000mol\cdot kg^{-1}$ $K_3[Fe(CN)_6]$溶液应现配现用,并避光保存)。

按同样的方法配制$0.1000mol\cdot kg^{-1}$ $K_4[Fe(CN)_6]$水溶液,注意称量水时应扣除$K_4[Fe(CN)_6]\cdot 3H_2O$中的结晶水的质量,溶液转入1000mL白色试剂瓶中备用。

3. 配制共轭溶液

每对共轭溶液现配现用,配制完成后立即测定,测完一组后再配下一组。配制用的50mL容量瓶要预先烘干,两组移液管和滴管不要互相沾污。

共需配制10对共轭溶液,Fe(Ⅱ)与Fe(Ⅲ)的比值从999:1直至52:48,共20瓶溶液。例如Fe(Ⅱ)/Fe(Ⅲ)=4/1的共轭溶液配制方法为:移取10mL $0.1000mol\cdot kg^{-1}$ $K_3[Fe(CN)_6]$溶液于50mL容量瓶中,用$0.1000mol\cdot kg^{-1}$ $K_4[Fe(CN)_6]$溶液稀释至刻度摇匀;移取10mL $0.1000mol\cdot kg^{-1}$ $K_4[Fe(CN)_6]$溶液于50mL容量瓶中,用

$0.1000 \text{mol} \cdot \text{kg}^{-1} K_3[Fe(CN)_6]$ 溶液稀释至刻度摇匀。

对于 50mL 容量瓶，建议配制溶液时的第一组分用量为：0.05mL、0.1mL、0.2mL、0.5mL、1mL、2mL、4mL、10mL、20mL 和 24mL。

4. 装配和测量浓差电池电动势

将电极管和铂电极用稀硝酸清洗一下，用纯水彻底清洗干净，再用少量待测共轭溶液润洗一下（两组电极管和电极用不同的溶液）。将共轭溶液分别放入两个电极管中，安装好铂电极和盐桥，电极管放入恒温夹套中恒温后（建议温度 30℃），按标准方法连接电位差计，做标准电路校正，然后测量电池电动势（注意电池正负极不要弄错），精度要达到 $\pm 0.1\text{mV}$。重复测定一次，将数据记录下来。用过的溶液倒入特定的带标签的废液桶中回收，不得倒入下水道中。

重复步骤 3、4，直至将全部共轭溶液测完。为了验证仪器可靠性和溶液配制准确性，若溶液有剩余，建议配制一个 Fe(Ⅱ)：Fe(Ⅲ)＝1：1 的溶液并测定其电动势，应为 $\pm 0.0\text{mV}$。

5. 清洗所用仪器（包括移液管、滴管），倒置阴干。

五、结果与讨论

文献值：30℃时，HCFe(Ⅱ) 和 HCFe(Ⅲ) 体系的混合吉布斯自由能为：$\Delta_{mix}G_m = -3420\text{J} \cdot \text{mol}^{-1}$ 或者 $\Delta_{mix}G_m = -3210 \text{J} \cdot \text{mol}^{-1}$（积分范围 $0.01 \sim 0.50$）。

建议使用 Origin 软件，也可使用 Excel 软件进行相关处理。

1. 以 Fe(Ⅲ) 在铁氰根总量中所占摩尔分数 x_1 为横坐标，先计算各共轭溶液的 x_1 值。例如，0.05mL Fe(Ⅲ) 与 49.95mL Fe(Ⅱ) 配成溶液的 $x_1 = 0.0500 \div 50.00 = 0.00100$，依此类推。将对应的 x_1-E_{rev} 填入软件数据表中，再加入一组数据：$x_1 = 0.5$，$E_{rev} = 0.0\text{V}$。

2. 以 x_1 为横坐标，E_{rev} 为纵坐标绘制实验曲线，用"Spline"或者"B-Spline"模式平滑之。观察实验数据是否合理，实验曲线应为平滑的下降曲线，由 $x_1 \to 0$ 时 $E_{rev} \to \infty$ 至 $x_1 \to 0.5$ 时 $E_{rev} \to 0$。

3. 计算 x_1-E_{rev} 曲线下的总面积

因 $x_1 \to 0$ 时，$E_{rev} \to 0$，故采用外推法：自 $x_1 = 0.5$，$E_{rev} = 0.0$ V 点开始，在 $x_1 = 0.0 \sim 0.5$ 范围不断取点 x 计算曲线下的面积 S，共取 10 点以上；以 S 为纵坐标，x 为横坐标，作 S-x 图，用二项式拟合曲线，求得在 y 轴上的截距，即为 x_1-E_{rev} 曲线下的总面积 S_{max}。

4. 根据式(14)～式(16)计算混合过程的吉布斯自由能 G 和混合熵 $\Delta_{mix}S$，及摩尔混合吉布斯自由能 $\Delta_{mix}G_m$ 和摩尔混合熵变 $\Delta_{mix}S_m$。

5. 用式(22)～式(25)计算混合过程吉布斯自由能和熵变的理论值，并与实验结果进行比较。

六、思考题

1. 如何由式(20)、式(21)推导出式(22)、式(23)。

2. 若两个电极管中均只含有一种铁氰根的溶液，比如左边只有 Fe(Ⅱ)，右边只有 Fe(Ⅲ)，能否进行电动势的测量？

3. 试对式(16a) 和式(16b) 分别做量纲分析，说明这两个方程的合理性。

4. 分析 HCFe(Ⅱ) 和 HCFe(Ⅲ) 共轭溶液的离子强度表达式，说明在系列共轭溶液中，离子强度的最大偏差是多少，对实验结果可能产生多大的影响。

实验 6
差热分析法测定 NaNO₃-KNO₃ 固液平衡相图

一、实验目的

1. 采用差热分析法（DTA）测定二元熔盐体系 $NaNO_3$-KNO_3 的液固平衡相图。
2. 了解复杂相变体系的特点和热分析图谱特征，观察固相相变过程。
3. 熟悉用 Origin 软件分析处理大量实验数据的方法。

二、实验原理

差热分析法用于相图的测定有许多优点，首先是样品用量少，传统的步冷曲线法样品用量一般为 10^{-2} g 数量级，差热分析法一般为毫克级；其次，温差曲线实际上是温度-时间曲线的变化率，因此更加灵敏，温度转折点也更加容易确定。与其他实验方法相比，差热分析曲线一点也不难理解和解释，甚至更加直观。图 1 中分别画出了某二元液固平衡体系的相图、某组分样品的步冷曲线和对应的降温过程的差热分析曲线，可以看出，由熔融液态 w 开始降温，直至 x 点开始析出固体 B，该阶段在步冷曲线上表现为随时间下降的温度，而在 DTA 曲线上，由于样品没有发生吸热或放热的物理化学变化过程，与参比物的温差保持基本恒定，故表现为一条水平基线；在 $x \to y$ 的降温阶段，体系为液固两相共存，随着温度的降低，固体 B 不断析出，液相中 A 组分浓度不断增大，直至达到低共熔点组成，在步冷曲线上，该降温过程表现为与 wx 段曲线斜率不同的另一段曲线 xy，理论上可以用 wxy 曲线的不连续点，即点 x 的温度代表该组成样品的相转变温度，但是实际上该点常常难以准确判断，而在 DTA 曲线上，伴随固体 B 的析出，放热过程导致其温度明显升高，与参比物之间的温差变大，呈现为突然向上的放热峰，随着温度降低，固体析出量相应减少，放热量随之降低，样品温度逐步向参比温度回归，整个二相共存段在 DTA 曲线上表现为一个宽大的不对称峰；在低共熔点 y，步冷曲线表现为一段水平线 yy'，比较容易判断，但是若样品组成比较接近纯物质，根据杠杆规则，此时残余低共熔体数量较少，yy' 水平段很短甚至无法维持，导致测量不准确，而在 DTA 曲线上，无论低共熔体数量多少，其析出过程均表现为一个比较尖锐的放热峰，非常容易判断 y 点的温度。

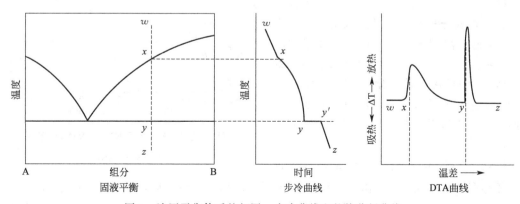

图 1　液固平衡体系的相图、步冷曲线和差热分析曲线

与步冷曲线法采用的降温测量法不同，DTA 的测定常常在程序升温条件下进行，尤其是液固相变过程的测量更是如此，这是因为降温过程往往存在比较严重的过冷现象，导致测出的相变温度偏差较大，而升温过程中的过热现象基本不存在，所测得的相转变温度比较接近真实值。对于复杂相变体系的液固平衡相图，步冷曲线法得到的信息往往模糊不清，细节无法判断，而 DTA 技术则能比较全面地研究各种相变过程。

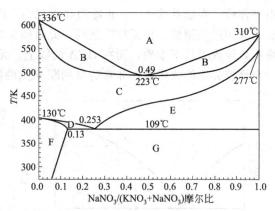

图 2 是一个假想的二元体系的液固平衡相图及其 DTA 曲线，该体系包含相合熔点和不相合熔点、固溶体、低共熔体以及液相反应，七个代表性组分在程序升温条件下的 DTA 曲线标示在相图之上，主要含义如下。

曲线 1：仅有单一的固溶体 α 的熔化过程，直至达到液相温度，熔化峰后半部陡峭的下降峰往往是体系完全进入液相的标志。

曲线 2：该组分恰为不相合熔点化合物 β，在 DTA 曲线上尖锐的吸热峰代表该化合物为固相 α 和液相，在该温度以上，样品继续以越来越快的速率熔化，直至完全液化。

曲线 3：该组分位于不相合熔点化合物靠近低共熔点一侧，第一个尖锐吸热峰对应于 β 相和 γ 相在低共熔点温度下的同时熔融过程，继续加热导致 β 相不断熔化，形成

图 2　假想二元体系液
固平衡相图及其 DTA 曲线

不对称熔化峰，直到不相合熔点温度时，β 相完全分解，然后是 α 相不断熔化直到液相温度。

曲线 4：加热一个低共熔点组成的样品得到一个尖锐的放热峰，与纯物质类似。

曲线 5：与曲线 4 类似，样品组成恰为相合熔点化合物 γ，得到一个尖锐的吸热峰。

曲线 6 和 7：有低共熔点混合物熔化的尖锐吸热峰，以及之后加热熔化剩余固相的不对称吸热峰。

图 2 中明显的吸热峰都对应有固相的熔化过程。有时候，二元体系也可能经历固相间的转化过程，比如图 2 中的曲线 1 若向右边再偏移一点，升温时体系就可能经历二固相 α+β 混合物→单一固相 α→固相 α+液相→完全熔融液相的转变过程，其中第一步就是固相间的相转变过程。一般来说，这种固相间的转变过程速率较慢，且热效应不大，即使 DTA 也无法明确测定。但是，如果固相转变过程涉及晶型转变，则会有明显的热效应，能够用 DTA 明确测定。KNO_3-$NaNO_3$ 二元熔盐体系就是这样一个涉及固相晶型转变的液固平衡体系，图 3 为该体系的液固平衡相图。

KNO_3-$NaNO_3$ 二元熔盐体系是一个涉

及固相晶型转变的液固平衡体系，图 3 中 A 区为熔融液态单相区，B 区为液固平衡二相区，C 区为 $NaNO_3$、KNO_3 三方晶系固体单相区，D 区为固溶体 α+$NaNO_3$、KNO_3 三方晶系

固体二相区，E 区为固体 $NaNO_3$＋$NaNO_3$、KNO_3 三方晶系固体二相区，F 区为 $NaNO_3$ 溶于 KNO_3 中形成的固溶体 α 单相区，G 区为固溶体 α＋$NaNO_3$ 固体二相区。纯净的 KNO_3 和 $NaNO_3$ 分别在 130℃和 277℃发生由斜方晶系向三方晶系的转变。形成二元熔盐体系后，其晶系转变温度降低至 109℃附近，随后的升温过程伴随有复杂的固相转变融合过程，在 223℃以上开始部分熔融，直至达到液相温度。

熔融盐用于盐浴已有很多年的历史，后来发现其还是非常优良的储热材料。众所周知，太阳能因其储量"无限性"、分布普遍性、利用清洁性、利用经济性等优势，正受到越来越多的关注，但是太阳能利用存在季节性差异、昼夜差异、地域差异等，为了实现能源利用上更好的供需时间匹配，国内外都积极开发新型的热能储能技术，其中相变材料储热技术研究相对成熟。相变材料在相变（固-液或固-固）过程中吸收（释放）大量热量而实现能量转换，其储能密度大、效率高、吸放热过程几乎在等温条件下进行，它能将太阳辐射能存储起来，在需要能量时再将其释放出来，这一特性解决了太阳能间歇性、波动性的特点。大多数硝酸盐的熔点在 300℃左右，其突出的优点是价格低、腐蚀性小及在 300℃以下不会分解。与其他熔盐（如碳酸盐、氯化盐、氟化盐）相比，硝酸盐具有很大的优势。

熔盐是一种低成本、长寿命、传热储热性能好的高温、高热通量和低运行压力的传热储热介质。采用熔盐作为光热发电的传热和储热介质，可显著提高光热发电系统的热效率、系统的可靠性和经济性，帮助光热发电站实现持续稳定运行。光热发电领域目前经商业化应用验证的成熟熔盐产品的成分组成为 60％硝酸钠和 40％的硝酸钾二元混合熔盐。

测定 KNO_3-$NaNO_3$ 二元熔盐体系的液固平衡相图，对于理解涉及固-固、液-固相间转化的规律，以及判断熔盐体系作为储热材料的使用条件，都具有重要的意义。

本实验采用 DTA 法测定 KNO_3-$NaNO_3$ 二元熔盐体系的液固平衡相图，并使用 Origin 软件对数据进行拟合与分析。

三、仪器与试剂

1. 仪器

ZCR-Ⅲ型差热分析仪，耳勺，小镊子，大镊子，称量纸，小烧杯。电子天平，$\phi 5mm\times 4mm$ 铝坩埚。

2. 试剂

KNO_3（A. R.），$NaNO_3$（A. R.），不同组成的 KNO_3-$NaNO_3$ 熔融体粉末，α-Al_2O_3 粉末。

四、实验步骤

全部测定任务合作完成，每实验小组至少测定 3 个不同组成的 KNO_3-$NaNO_3$ 熔融体样品，并至少测定一个纯物质（标定仪器用）。全体参加实验同学共同准备一张标准作图方格纸，将实验结果（用测量软件读图工具粗略读取）即时大略标示在坐标纸上，画出相图草图，若有样品测量数据明显偏离大多数实验数据的，应重新测量。草图也可以用计算机完成。

1. 取下差热电炉罩盖，露出炉管，观察坩埚托盘刚玉支架是否处于炉管中心，若有偏移应按说明书要求调整。

2. 旋松两只炉体固定螺栓，双手小心轻轻向上托取炉体，在此过程中应注意观察保证炉体不与坩埚托盘刚玉支架接触碰撞，至最高点后（右定位杆脱离定位孔）将炉体逆时针方向推移到底（逆时针方向旋转90°）。

3. 取 2 只 $\phi 5mm \times 4mm$ 铝坩埚，在试样坩埚中称取 20～30mg 样品，准确记录样品的质量数。在参比物坩埚中称取相近质量的 $\alpha\text{-}Al_2O_3$ 粉末，均轻轻压实。以面向差热炉正面为准，左边托盘放置试样坩埚，右边托盘放置参比物坩埚。然后反序操作放下炉体，依次盖上电炉罩盖，并旋紧炉体紧固螺栓，在此过程中仍应注意观察保证炉体不与坩埚托盘刚玉支架接触碰撞。

4. 本型号 ZCR 差热分析实验装置采用全电脑自动控制技术，全部操作均在实验软件操作界面上完成。打开差热分析仪电源，其他按键无须操作，差热分析仪上"定时""升温速率"和"温度显示"三个窗口中有一个会连续闪烁，表示仪器处于待机状态。

5. 点击打开"热分析实验系统"软件界面。

（1）选择通讯串口：点击"通信-通讯口-COM1"。

（2）实验参数设置：点击"仪器设置-控温参数设置"，在弹出窗口中填写报警时间（不报警填0）、升温速率和控制温度。参考温度选择"T_0"。

（3）数据记录参数设置：点击"画图设置-设置坐标系"，在弹出窗口中填写横坐标时间值范围和左纵坐标温度值范围。点击"画图设置-DTA 量程"，在弹出窗口中填写右纵坐标 DTA 值范围，若不确定可选择 $\pm 10\mu V$。实验中测量数据超出预先设置值时，软件会自动调整显示范围。

（4）开始测量：点击"画图设置-清屏"擦除前次实验曲线。点击"仪器设置-开始控温"，仪器进入程序升温阶段，此时差热分析仪上待机状态下连续闪烁的窗口停止闪烁，表示仪器进入控温状态。电脑自动记录和显示温度"T_0"和 DTA 讯号随时间变化的曲线。

（5）测量结束：程序升温段结束后，仪器自动进入恒温阶段，恒温温度即终止温度。点击"仪器设置-停止控温"，关闭电炉加热电源。保存实验数据，如需导出实验数据至其他数据处理软件，可将实验数据另行保存为 Excel 格式。

（6）数据读取：点击"画图设置-显示坐标值"，测量中或测量后均可在软件界面上直接读取任意实验时间的"T_0"和 DTA 值。注意：若要重新设置实验参数，必须关闭此功能，否则软件直接报错关闭。

以 $10K \cdot min^{-1}$ 的升温速率，从室温升温至 350℃（纯 KNO_3 升温至 370℃），记录样品相变过程的 DTA 曲线。测定结束后停止差热电炉加热，保持实验数据（原始数据格式），取下差热电炉罩盖（戴耐火手套或使用工具大镊子，防止烫伤），将炉体抬起旋转固定（同步骤2），露出坩埚托盘支架。接通冷却风扇电源，将风扇放置在炉体顶部吹风冷却，至软件界面上炉温"T_s（℃）"接近室温。

6. 将样品坩埚取下，放入回收烧杯中。重新称取新的样品进行测量，直至全部完成。

7. 实验结束，关闭电源和循环冷却系统，清理台面。将使用过的坩埚及样品集中回收到有标记的废物桶中，不得与有机物混放，不得随意弃置于垃圾桶中，以免发生剧烈化学反应引起危害。

五、结果与讨论

1. 用 ZCR-Ⅲ型差热分析专用软件打开数据文件，以 $x(NaNO_3) = 0.3340$ 样品为例，另存为 *.RFX（修正数据）格式。修正数据格式去除了原始数据中温度值重复计数的部分，便于后续的 Origin 软件拟合和处理。

2. 用 Excel 打开 *.RFX（修正数据）文件，前面的 25 行数据是文件抬头，可以直接删去。然后下拉数据表直至温度数据结束，将温度数据以下各行的温差数据剪切复制到第二列，注意检查温度与温差数据是否一一对应，没有短少或溢出。

3. 将该两列温度-温差数据复制粘贴到 Origin 软件的数据表中。将温差信号 ΔT 统一换算为 25.0mg 样品的信号强度：$col(B)=col(B)^* \times 25.0/$样品质量数（mg）。

4. 以温度 t～温差 ΔT 数据作图，去除 25℃ 以下数据点（图4）。

5. 做基线校正和扣除（图5）。

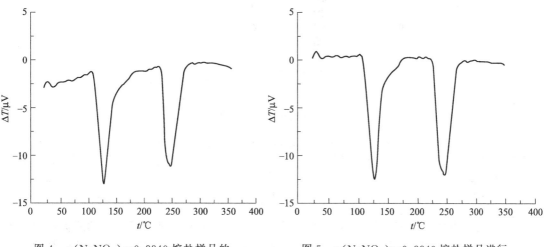

图 4 $x(NaNO_3)=0.3340$ 熔盐样品的
t-ΔT 曲线

图 5 $x(NaNO_3)=0.3340$ 熔盐样品进行
基线校正和扣除后的 t-ΔT 曲线

6. 如图6所示，用"tangent"插件双击曲线任一点画出一条切线。建立新图层，在图片右侧设立新的"Y"轴。在第2图层以温度 t～DTA 曲线一次微分作图（A栏～Bdrv栏），将右"Y"轴范围适当调整，使一次微分线比较清晰（黑色虚线）。若一次微分线上噪声波较大，适当平滑（实线）。

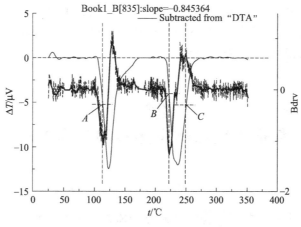

图 6 确定 DTA 曲线最大斜率点

7. 在一次微分线上找到 DTA 曲线斜率最大点位置，并标示在第1图层的 t～ΔT 曲线上（A、B、C、D 点）。

8. 在 A、B、C、D 点分别用"tangent"插件画出切线，交基线于 a、b、c、d 点。读出 a、b、c、d 点的温度坐标值（见图7和表1）。

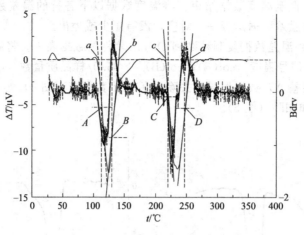

图 7　确定相变起始点温度

表 1　$x(NaNO_3)=0.3340$ 熔盐样品的相变温度

t/℃	t_a/℃	t_b/℃	t_c/℃	t_d/℃
测量值	108.6	142.6	220.8	255.8
文献值	109	133	223	242

9. 按上面步骤将所有样品的 DTA 曲线进行处理,得到相转变温度值,然后标示到相图上,以硝酸钠摩尔分数为横坐标,温度为纵坐标,画出 KNO_3-$NaNO_3$ 二元熔盐体系的液固平衡相图。

六、思考题

1. 根据所绘制的相图,讨论本实验有何不足之处,DTA 法对于哪些组成样品的相变过程测量仍然不够精密?

2. 你还能设计怎样的实验方法来观察该熔盐体系的固相晶型变化过程?

3. 如何由实验测定的 DTA 曲线判断 $x(NaNO_3)=0.49$,$T=223$℃ 是否是该体系的最低共熔点?从理论上说,在该点的 DTA 相变吸热峰应该呈现为一根锐线,但是实际上是一个尖锐峰,如何考虑此种偏差并对实验结果进行校正?

实验 7
精馏平衡法测定溶液的共沸性质

一、实验目的

1. 学习精馏平衡法测定二元混合物共沸点的原理和方法,加深对共沸、气液相平衡、精馏等概念的理解。

2. 测定共沸点随压力的变化,理解自由度与相律,掌握减压条件下的精馏操作。

3. 学习混合物的组成分析方法。

4. 学习共沸汽化热的非量热测定方法,掌握克拉佩龙-克劳修斯方程及其应用。

二、实验原理

共沸点是气液平衡中的一个特殊点。统计资料表明：70％以上的二元混合物会形成共沸。在共沸点，气、液两相组成相同，利用这一特性，可以很准确、方便地仅从共沸温度与压力求出两组分的活度因子，而不需要溶液组成的数据，进而求得溶液模型的能量参数，预测全浓度范围内溶液的气液相平衡行为。对于共沸混合物，其微分汽化热、积分汽化热、微分凝聚热、等压等温汽化热都具有相同的值。共沸组成和共沸温度等数据是有关混合物分离、提纯（共沸精馏、萃取精馏、共沸混合物分离）等过程设计与操作中不可缺少的基础数据，同时也是溶液理论、热力学模型和气液相平衡等研究的重要资料。

溶液的共沸行为，从根本上说取决于分子间的相互作用，若异种分子间的相互作用明显小于同种分子间的相互作用，如同种分子间形成氢键或部分互溶系统等，则溶液将形成最低共沸点。反之，若异种分子间的相互作用大于同种分子间的相互作用，如异种分子间形成氢键等，将形成最高共沸点。测定共沸点的实验方法主要有气液平衡法、多层平衡釜法、差分沸点仪法、高效分馏柱法、精馏平衡法等。目前已有的大部分数据主要从气液平衡数据内插获得，其次为差分沸点仪法。

精馏平衡法测定共沸点的基本原理就是精馏原理。精馏过程是多次简单蒸馏的组合。精馏过程是使精馏柱中的混合物蒸汽不断地部分冷凝，同时又使冷凝液再不断地部分汽化，从而达到混合物分离的目的。

以二元最低共沸点测定为例，如图1所示。假设液态混合物的原始组成为 x_0，温度为 T_0，在恒压下，当混合物被加热到 T_1 后，混合物部分汽化，平衡时气、液两相的组成分别为 y_1、x_1，分开气、液两相后，考虑到气相 y_1 部分冷凝到 T_2，此时系统平衡的气、液相组成分别为 y_2、x_2，如果气相 y_2 继续部分冷凝到 T_3，平衡时气、液两相组成分别为 y_3、x_3，依此类推，气相不断地被部分冷凝，其组成（轻馏分）越来越接近系统的低共沸混合物，最后到达共沸点。此时，共沸组成为 x_{az}，共沸温度为 T_{az}。

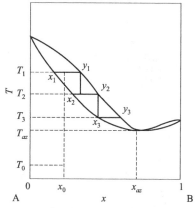

图1　二元最低共沸点测定

最低共沸物的沸点低于任何一个纯组分的沸点，蒸气压则高于任何一个纯组分的蒸气压，换言之，最低共沸物更容易挥发。根据精馏原理，精馏柱柱顶出来的是具有最低沸点的物质，如系统有最低共沸点（二元或多元），即为最低共沸混合物（最轻馏分）；精馏柱柱底出来的（或釜中最后留下的）必定是最高沸点的物质，如系统存在最高共沸点，则在釜中留下的就是最高共沸混合物（最重馏分）。

混合物的组成分析是共沸组成测定的关键。常用的组成分析方法主要有物理分析法、化学分析法、仪器分析法，应根据混合系统特点选择合适的组成分析方法。一般来说，物理分析法较简单、直观，易实现，经常被采用，特别是对于非电解质系统；化学分析法是利用被分析组分的化学反应性进行滴定分析，存在化学反应活性、完全性及转化速率等问题，比较复杂，仅用于一些特定系统；仪器分析法主要是气相色谱法，原则上一般的系统都能用气相色谱法分析其组成，但精度（重复性）稍差，由于其通用性好，常被采用，特别是测定多组分系统时，物理和化学分析方法都存在较大的困难，气相色谱法可以大显身手。

本实验采用密度法。一定温度下的密度是物质的特征参数，液态混合物的密度与其组成有关，一般呈简单的（单调）函数关系。因此，测定一系列已知组成（配制组成）的液态混合物在某一温度（如25℃）下的密度，作出密度-组成工作曲线，再根据实验测得的未知液态混合物的密度，即可用内插法（或从图上读出）得到这种未知液态混合物的组成。注意密度是温度的函数，实验中必须严格恒温。

液体密度的测定（比重瓶法）原理：将清洁、干燥的比重瓶精确称量，再将其装满纯水，恒温后称量，根据水的质量和密度（查文献值）计算出比重瓶的精确体积。干燥后，装满待测液体，再恒温后称量，根据液体的质量和比重瓶的体积计算出待测液体的密度。

三、仪器与试剂

1. 仪器

精馏平衡釜（图2），恒压控制与真空压力测量系统（图3），真空泵，调压变压器（0.5kV·A），精密温度计（0～50℃，50～100℃，1/10℃），普通温度计（0～100℃），超级恒温槽，电子天平，比重瓶，250mL烧杯，5mL注射器，电吹风。

2. 试剂

无水乙醇（A.R.），乙酸乙酯（A.R.）。

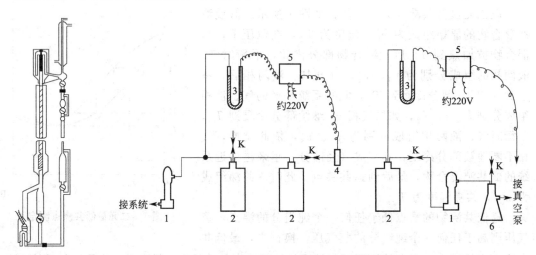

图2 精馏平衡釜   图3 恒压控制与真空压力测量系统

1—干燥器；2，6—缓冲瓶；3—U形管水银压差计；4—电磁阀；5—电子继电器；K—考克

四、实验步骤

1. 液态混合物密度-组成工作曲线的绘制

（1）标准溶液配制。取清洁、干燥的称量瓶，用称量法准确配制乙醇的质量分数分别为0.30、0.35、0.40、0.45、0.50的乙醇-乙酸乙酯液态混合物各5mL左右（先计算好乙醇、乙酸乙酯各自的体积）。质量用电子天平准确称取（用差减法），精度为±0.0001g。称量时，应防止样品挥发。

（2）密度测定。调节恒温槽温度为25.00℃±0.01℃（夏天可调为30℃±0.01℃）。将清洁、干燥的比重瓶准确称量，再将其装满去离子水，恒温后称量，用差减法求出水的质量，根据水的质量和密度（由文献值查出，精确到 $\pm 0.0001 \text{g} \cdot \text{cm}^{-3}$）计算出比重瓶的精确体积。干燥后装满待测液体，恒温后称量，根据液体的质量和比重瓶的体积计算出待测液体的密度。用此方法分别测定上面配制的各组分混合物在该温度下的密度。

（3）工作曲线绘制。将标准溶液的密度对组成作图，即得液态混合物密度-组成工作曲线。曲线绘制采用 40cm×40cm 的毫米方格纸，以保证读数精确，或通过最小二乘法回归得到密度-组成工作曲线的方程（组成的二次方程）。

2. 共沸点测定仪的安装

按图 2、图 3 安装仪器装置，检查系统是否漏气，压力控制系统是否正常工作，插温度计的测温阱中是否注有硅油。

3. 常压下共沸点的测定

自加料口加入组成约为 0.50 的乙醇-乙酸乙酯混合物 200～250mL（视沸腾器大小而定），开冷却水，通电源，缓慢加热至沸腾，关闭通往收集器的考克，使冷凝液全回流 20～30min。记录并比较上、下温度计及辅助温度计的温度。

（1）待温度不变时，部分打开考克，在控制一定回流比的情况下开始收集轻组分，收集到约原沸腾器中液体的一半时关闭考克，停止收集。记录并比较上、下温度计及辅助温度计的温度。

（2）切断电源，停止加热。放出沸腾器中所有液体，将收集到的轻组分放入沸腾器中。

（3）进行第二次精馏：重复步骤（1）和（2），比较上、下温度计的温度，同时比较上温度计的读数与第一次精馏时的差别，当温度相差不大时，可认为已经到达共沸点，进行取样分析，此时温度即为共沸温度。

（4）进行第三次精馏：重复步骤（3）。

4. 取样

从收集器中取出样品。

5. 密度测定

将取得的样品装满已标定体积的比重瓶，恒温后称量，根据液体的质量和比重瓶的体积计算出待测液体的密度。

6. 组分分析

从密度-组成工作曲线上查出（或从工作曲线方程算出）液体的组成，即为共沸组成。

7. 减压下共沸点测定

将系统压力控制在 80kPa，重复实验步骤 3～6，测定乙醇-乙酸乙酯混合物在 80kPa 下的共沸温度和共沸组成。继续测定系统在 65kPa、50kPa、40kPa 和 30kPa 下的共沸点。

五、注意事项

在减压情况下，要放出沸腾器中的液体时，应先将系统通大气。为节约试剂，前面实验中从沸腾器中放出的液体，后面的实验仍可回收使用（为什么？）。

六、结果与讨论

室温：_____℃；大气压：_____kPa

（1）液态混合物密度-组成工作曲线的绘制（表 1）

表 1 已知组成的乙醇 (1)-乙酸乙酯液态混合物的密度 (实验温度：_____℃)

编号	1	2	3	4	5
配制摩尔分数 x_1	0.30	0.35	0.40	0.45	0.50
空瓶质量/g					
加乙醇后质量/g					
加乙酸乙酯后的质量/g					
乙醇质量/g					
乙酸乙酯质量/g					
摩尔分数 x_1					
空比重瓶质量/g					
加水后质量/g					
加样品后质量/g					
比重瓶体积/cm³					
样品质量/g					
样品密度/g·cm⁻³					

用 $40cm \times 40cm$ 的毫米方格纸绘制液态混合物的密度-组成工作曲线，或用最小二乘法回归得到密度-组成工作曲线的方程（组成的二次方程）。

（2）共沸温度测定（表2）

表 2 乙醇-乙酸乙酯的共沸温度测定

压力 /kPa	第1次循环温度/℃			第2次循环温度/℃			第3次循环温度/℃		
	下	上	辅助	下	上	辅助	下	上	辅助
大气压									
80									
65									
50									
40									
30									

（3）共沸点测定（表3）。温度计的露茎校正：$\Delta t = 0.000156 h (t_1 - t_2)$。

表 3 乙醇-乙酸乙酯的共沸组成测定

压力/kPa	空比重瓶质量/g	加样品后质量/g	样品质量/g	密度/g·cm⁻³	共沸温度/℃	共沸组成 $x_{1,az}$
大气压						
80						
65						
50						
40						
30						

（4）将测定的共沸温度和共沸组成与文献数据比较，进行分析、讨论。

（5）共沸点随压力的变化。

① 以共沸温度的倒数 $(1/T)$ 为横坐标、压力的对数（$\ln p$ 或 $\lg p$）为纵坐标，绘制

$\lg p$-$1/T$ 图。用克拉佩龙-克劳修斯方程 $\lg p = A - B/T$ 求出方程参数，并求出共沸混合物的平均汽化热。

ⓑ 以共沸组成 ($x_{1,az}$) 为横坐标、共沸温度 (T_{az}) 为纵坐标，绘制 T_{az}-$x_{1,az}$ 图，求出方程参数。

ⓒ 以共沸组成 ($x_{1,az}$) 为横坐标、压力的对数为纵坐标，绘制 $\lg p$-$x_{1,az}$ 图，求出方程参数。

ⓓ 分析共沸点随压力的变化及其规律。

七、思考题

1. 对形成的二元最低共沸点的系统，蒸馏釜中留下的液体是什么？组成是什么？对形成最高共沸点的系统呢？精馏柱柱顶出来的液体，其组成如何？

2. 实验前，为什么要检查系统是否漏气？系统漏气对实验测定有什么影响？

3. 测定共沸点时，初始组成的配制是否要求很准确？为什么？

4. 密度法测定混合物组成应注意哪些问题？

5. 为了保证共沸点的测定准确，哪些实验环节必须特别注意？

6. 什么样的混合物容易形成最低共沸点？什么情况下会形成最高共沸点？

7. 三元共沸点是如何形成的？本装置能否用于测定三元共沸点？

8. 举例说明共沸点测定的意义和应用。

实验 8
卤代烃的消去反应动力学研究

一、实验目的

通过实验加深对卤代烷的消去反应的动力学及其与取代反应竞争的了解。

二、实验原理

当碱过量时，卤代烃消去卤化氢的 E2 反应可视为准一级反应。

E2 反应中：

$$v = k[RX][OH^-]$$

当碱大量过量时可视为常数

$$v = k'[RX]$$

而 E1 历程中：

$$v = k[RX]$$

因此当碱过量时，伯、仲、叔卤代烃在消去卤化氢时都可认为是一级反应或者准一级反应。

如卤代烃消去 HX 得到气态烯烃，产生气体体积的变化 V_f 与起始卤代烃的物质的量成正比。并且体积的变化 ($V_f - V_t$) 与剩余的卤代烷的物质的量成正比。

$$n\text{-}C_4H_9Br + KOH \longrightarrow CH_3CH_2CH=CH_2 + KBr + H_2O$$

$$v=k[\mathrm{C_4H_9Br}],\quad k=\frac{2.303}{t}\lg\frac{c_0}{c}$$

根据阿伏伽德罗定律：

$$\frac{c_0}{c}=\frac{V_f}{V_f-V_t}$$

对于消耗 RX 可用产生气体体积表示为：

$$k=\frac{2.303}{t}\lg\frac{V_f}{V_f-V_t}$$

式中，V_f 为最后生成的气体体积；V_t 为 t 时刻产生的气体体积；k 为一级消去反应速率常数；t 为时间；v 为反应速率。

三、仪器与试剂

1. 仪器

注射器，量气管（可用 10mL 碱式滴定管代替），水准瓶，三通活塞，电磁搅拌器。

2. 试剂

1-氯丁烷，2-氯丁烷，氢氧化钾，1-溴丁烷，2-溴丁烷，无水乙醇，1-碘丁烷，2-碘丁烷，蒸馏水，氯代叔丁烷。

KOH-乙醇溶液——称取 30g KOH 置于 200mL 锥形瓶中，加入 110mL 无水乙醇在电磁搅拌器上加热使其溶解，作为溶液（Ⅰ）。用移液管移取 50mL 溶液（Ⅰ）至 100mL 锥形瓶中，即 KOH-乙醇溶液。

KOH-乙醇水溶液——用移液管移取 5mL 溶液（Ⅰ）至另一个 10mL 锥形瓶中，再加入 3mL 蒸馏水，混合均匀，即成。

四、实验步骤

如图 1 装置，确定装置气密性良好后，取配制的 KOH-乙醇水溶液的 1/5 置于图 1 的 10mL 烧瓶中，并通冷凝水，调节水浴温度到 90～95℃并调节量气管水柱的高度，使其在"零"刻度或以下。

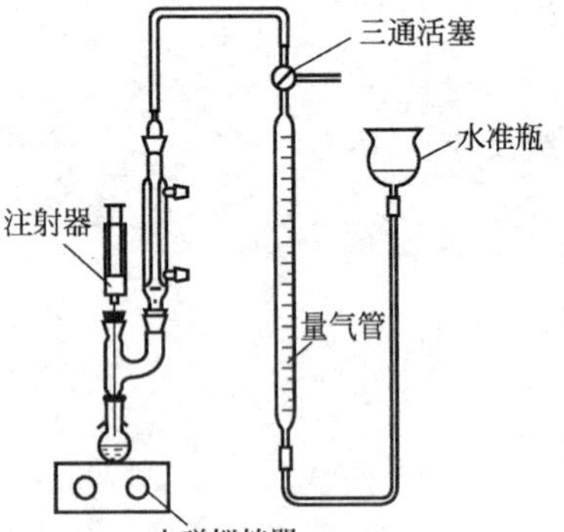

图 1　卤代烃的消去反应
动力学研究装置图

用 1mL 注射器吸入 1-溴丁烷，精确称量至四位有效数字。从注入卤代烷的瞬间开始计时，可通过移动水准瓶高度使量气管始终保持外大气压。每隔 30s 记录一次体积读数。再重复该实验并将实验改为每 15s 记录一次体积读数。当体积在某一段时间内不再发生改变时可停止记录，表示反应已结束。取下注射器，再次称量注射器，计算实际参加反应的 1-溴丁烷的质量，并记下实验室温度和气压。

（1）用 KOH-乙醇溶剂重复上述实验步骤。对 1-溴丁烷在不同溶剂下的产率和反应速率进行比较。

（2）分别以 KOH-乙醇溶液和 KOH-乙醇水溶液作为两种溶剂对 1-碘丁烷、2-碘丁烷、2-溴丁烷、2-氯丁烷、氯代叔丁烷等卤代烃进行实验。

可比较两种不同极性的溶液对卤代烃消去反应速率常数 k 以及产率的影响。

五、结果与讨论

数据记录与处理

$T=$ _____ K，$p=$ _____ Pa，　　$m=$ _____ g（1-溴丁烷）

t/s	15	30	45	60	75	90
$V_{t实}/mL$						
$V_{t标}/mL$						
V_f-V_t						
$\lg \dfrac{V_f}{V_f-V_t}$						

注：$V_{t实}$ 是 t 时产生气体的实际体积，$V_{t标}$ 是将 $V_{t实}$ 换算为标准状况下的体积。

用最小二乘法对 $\begin{cases} x=t \\ y=2.303\lg \dfrac{V_f}{V_f-V_t} \end{cases}$ 这两个变量进行统计计算得出回归直线方程 $y=Ax+B$，计算斜率 $A=\dfrac{S_{xy}}{S_{xx}}$，求出相关系数 $R=\dfrac{S_{xy}}{\sqrt{S_{xx}S_{xy}}}$，作出 $\lg \dfrac{V_f}{V_f-V_t}$-t 和 V_t-t 关系图。

比较两种不同极性的溶液对卤代烃消去反应速率常数 k 以及产率的影响。

卤代烃	KOH＋乙醇				KOH＋乙醇＋水			
	V_f	产率	k	R	V_f	产率	k	R
1-溴丁烷								
1-碘丁烷								
叔代氯丁烷								

根据实验可讨论卤代烃的消去反应动力学以及卤代烃消去和取代反应竞争情况。

六、注意事项

1. 对于标准的一级反应，产率应为 100％。而实际情况下消去反应往往因竞争而与取代反应共存，气体产率很少能达 100％，故用实际测量得到的最大气体体积 V_f 计算所得速率常数 k 存在着方法系统误差。

2. 配制的碱溶液可供 4～5 次实验用。

3. 此实验可在 3 学时内做一个物质的动力学实验，得到 k 值一致的结果。

4. 对于一些卤代烃，消去方向不同时产生不同烯烃，可将得到的气体进行气相色谱分析，得出各烯烃的产率比。

5. 从实验数据表明：在碱过量时可将反应视为准一级反应，且在不同溶剂中，产率不同。在溶剂极性增大时，消去反应中烯烃气体产率降低。

6. 在微型实验中，当卤代烃加入时不会有常量反应中的剧烈喷出现象。反应速率也不存在滞后现象。因此不必进行校正。

七、思考题

本实验有哪些系统误差？如何减少？

实验 9
化学反应速率和活化能的测定

一、实验目的

1. 测定 $(NH_4)_2S_2O_8$ 氧化 KI 的反应速率,计算其反应级数、反应速率常数和活化能。
2. 了解浓度、温度和催化剂对反应速率的影响。
3. 练习作图法处理实验数据。

二、实验原理

在水溶液中发生反应:

$$(NH_4)_2S_2O_8 + 3KI \underline{\quad\quad} (NH_4)_2SO_4 + K_2SO_4 + KI_3$$

其离子反应式为:

$$S_2O_8^{2-} + 3I^- \underline{\quad\quad} 2SO_4^{2-} + I_3^- \tag{1}$$

其反应速率可表示为:

$$v = k[S_2O_8^{2-}]^m[I^-]^n$$

式中,k 为反应速率常数;m 与 n 之和为反应级数;v 为瞬时速率。当 $[S_2O_8^{2-}]$、$[I^-]$ 是起始浓度时,v 表示起始速率。这些值均可由实验确定。

反应(1)的反应速率 v 可用反应物 $(NH_4)_2S_2O_8$ 的浓度随时间的变化率来表示:

$$v = -d[S_2O_8^{2-}]/dt$$

本实验测定的是其在一段时间(Δt)内反应的平均速率 v',即

$$v' = -\Delta[S_2O_8^{2-}]/\Delta t$$

由于在 Δt 时间内本反应的 v 变化较小,故可近似地用平均速率 v' 来代替起始速率。即

$$v = -\Delta[S_2O_8^{2-}]/\Delta t = k[S_2O_8^{2-}]^m[I^-]^n$$

为测得平均反应速率 v',同时在反应溶液中加入定量的 $(NH_4)_2S_2O_8$ 和淀粉指示剂,前者与 I_3^- 发生快反应:

$$2S_2O_3^{2-} + I_3^- \underline{\quad\quad} S_4O_6^{2-} + 3I^- \tag{2}$$

由于反应(1)比反应(2)慢得多,因此由反应(1)生成的 I_3^- 立即与 $S_2O_3^{2-}$ 反应,生成无色的 $S_4O_6^{2-}$ 和 I^-,这样在 $S_2O_3^{2-}$ 没有消耗光之前,反应溶液中看不到所加入的淀粉与碘反应而显示的特征蓝色。而当 $Na_2S_2O_3$ 耗尽时,反应(1)继续生成的 I_3^- 就与淀粉反应而呈现出特征蓝色($I_3^- \underline{\quad\quad} I_2 + I^-$)。因而从反应开始到出现蓝色这段时间($\Delta t$)就是溶液中 $S_2O_3^{2-}$ 耗尽的时间,结合反应(1)、(2)可以看出:其所消耗的 $[S_2O_3^{2-}]$ 与 Δt 时间内 $[S_2O_8^{2-}]$ 的消耗量之间关系为:

$$\Delta[S_2O_8^{2-}] = [S_2O_3^{2-}]/2$$

式中,$[S_2O_3^{2-}]$ 即为反应开始时 $Na_2S_2O_3$ 的浓度。从而可根据所加入的 $Na_2S_2O_3$ 的量和反应出现蓝色的时间求得反应(1)的 v:

$$v = -\Delta[S_2O_8^{2-}]/\Delta t = -[S_2O_3^{2-}]/(2\Delta t)$$

为求 m 和 n，将速率方程式 $v=k\left[S_2O_8^{2-}\right]^m\left[I^-\right]^n$ 两边取对数得：

$$\lg v=\lg k+m\lg\left[S_2O_8^{2-}\right]+n\lg\left[I^-\right]$$

当 $\left[I^-\right]$ 不变时，以 $\lg v$ 对 $\lg\left[S_2O_8^{2-}\right]$ 作图，可得一直线，其斜率即为 m。同理，当 $\left[S_2O_8^{2-}\right]$ 不变时，以 $\lg v$ 对 $\lg\left[I^-\right]$ 作图可求得 n。

求得 v、m 和 n 后，利用速率方程则可求得速率常数 k。

根据阿伦尼乌斯公式 $\lg k=-E_a/(2.303RT)+C$，若测得不同温度下的一系列 k 值，然后以 $\lg k$ 对 $1/T$ 作图，可得一直线，其斜率为 $-E_a/(2.303RT)$，式中的 R 为气体常数 $(8.314J\cdot mol^{-1}\cdot K^{-1})$，从而可求活化能 E_a。

三、仪器与试剂

1. 仪器

烧杯（100mL），量筒（25mL、10mL）各 2 个，1/10 刻度温度计，秒表，恒温水浴锅，玻璃棒。

2. 试剂

KI（$0.20mol\cdot L^{-1}$），$Na_2S_2O_3$（$0.010mol\cdot L^{-1}$），$(NH_4)_2S_2O_8$（$0.20mol\cdot L^{-1}$），KNO_3（$0.20mol\cdot L^{-1}$），$(NH_4)_2SO_4$（$0.20mol\cdot L^{-1}$），$Cu(NO_3)_2$（$0.20mol\cdot L^{-1}$），0.2%淀粉溶液。

四、实验步骤

1. 实验数据作图处理法的有关知识

实验数据常用作图法来处理。作图可直接显示出数据的特点、数据变化的规律，还可求得斜率、截距、外推值等。因此作图正确与否直接影响着实验结果，最常用的作图纸是直角毫米坐标纸。下面介绍作图的一般方法。

（1）选取坐标轴。用直角坐标纸作图时，在坐标纸上画两条互相垂直的直线，分别为横坐标和纵坐标，代表实验数据的两个变量。习惯上以横坐标表示自变量，纵坐标表示因变量。横、纵坐标的读数不一定从"0"开始。坐标轴旁应注明所代表的变量的名称及单位。坐标轴比例尺的选择应遵循下列原则。

① 从图上读出的有效数字与实验测量的有效数字要一致。

② 所选择的坐标刻度应便于读数和计算。通常应使单位坐标格子所代表的变量为 1、2、5 的倍数，而不宜为 3、7 等的倍数。

③ 尽量使数据点分散开，占满纸面，使整个图布局匀称，不要使图形太小，只偏于一角。

（2）点、线的描绘

① 点的描绘：点应该分别用○、⊙、×、△等不同符号表示，这些符号的中心位置即为读数值，其面积应近似地表明测量的误差范围。

② 线的描绘：描出的线必须是平滑的曲线或直线。作线时，尽量可能接近或贯穿大多数点，但无须全部通过各点，只要使曲线或直线两边的点的数目大致相同地均匀分布。这样描出的曲线或直线就能近似地表示出被测的物理量的平均变化情况。

（3）求直线的斜率

对直线 $y=kx+b$，斜率为：$k=(y_2-y_1)/(x_2-x_1)$。

在作出的直线上任取两点，并将两点的坐标值 $(x_1，y_1)$ 和 $(x_2，y_2)$ 代入上式求出斜率 k。

要注意的是，所取的点必须是直线上的点，而不能是实验中所测得的两组数据（除非这两组数据代表的点正好在直线上）。所取两点的距离不宜太近，这样可以减少误差，计算时要注意上式中是两点坐标差之比，而不是纵坐标和横坐标线段长度之比（因为纵、横坐标的比例尺可能不同），否则将导致错误的结果。

2. 浓度对化学反应速率的影响

在室温下，用量筒（贴上标签，以免混乱）量取提供的 20.0mL KI 溶液、4.0mL 淀粉和 8.0mL $Na_2S_2O_3$ 溶液，于 100mL 烧杯中混合，然后再量取 20.0mL $(NH_4)_2S_2O_8$ 溶液，迅速加到烧杯中，同时按动秒表，开始计时，并不断搅拌，待溶液刚刚出现蓝色时，迅速停表，将反应所用时间用 Δt 记录在表 1 中，按表中 Ⅱ～Ⅴ 所列用量重复上述实验。为了使溶液的离子强度和总体积保持不变，所减少的 KI 或 $(NH_4)_2S_2O_8$ 的用量，分别用 KNO_3、$(NH_4)_2SO_4$ 等溶液补充。

3. 温度对化学反应速率的影响

按表 1 中 Ⅳ 的用量，把 KI、$Na_2S_2O_3$、KNO_3 和淀粉溶液加到 100mL 烧杯中，并把 $(NH_4)_2S_2O_8$ 溶液加在另一支大试管或小烧杯中，然后将它们放入比室温高 10℃ 的恒温水浴中加热，用玻璃棒搅拌，使水温均匀，测量温度。记下温度后，迅速将 $(NH_4)_2S_2O_8$ 溶液加到 KI 等的混合液中，立即计时，并搅拌溶液，当溶液刚出现蓝色时迅速按停秒表，记录时间和温度。

用同样办法将反应物的温度分别加热到高于室温 20℃、30℃ 和 40℃，测定反应所需的时间和温度（夏天可用冰水降温，做低于室温 10K 的测定），将所得数据填入表 2 中，计算其活化能的平均值。

4. 催化剂对反应速率的影响

按表 1 中 Ⅳ 的用量，把 KI、$Na_2S_2O_3$、KNO_3 和淀粉溶液加到 100mL 烧杯中，再加入 2 滴 $Cu(NO_3)_2$ 溶液，搅匀，然后迅速加入 $(NH_4)_2S_2O_8$ 溶液，搅拌，立即计时。

五、结果与讨论

1. 数据记录与处理

表 1　浓度对反应速率的影响实验数据

	实验编号	Ⅰ	Ⅱ	Ⅲ	Ⅳ	Ⅴ
试剂用量 /mL	0.20mol·L^{-1} $(NH_4)_2S_2O_8$	20.0	10.0	5.0	20.0	20.0
	0.20mol·L^{-1} KI	20.0	20.0	20.0	10.0	5.0
	0.010mol·L^{-1} $Na_2S_2O_3$	8.0	8.0	8.0	8.0	8.0
	0.2% 淀粉	4.0	4.0	4.0	4.0	4.0
	0.20mol·L^{-1} KNO_3				10.0	15.0
	0.20mol·L^{-1} $(NH_4)_2SO_4$		10.0	15.0		
试剂起始浓度 /mol·L^{-1}	$(NH_4)_2S_2O_8$					
	KI					
	$Na_2S_2O_3$					
反应时间 Δt/s						
溶液的变化 $\Delta[S_2O_8^{2-}]$/mol·L^{-1}						
反应速率 v						
$\lg v$						

实验编号	I	II	III	IV	V
lg $[S_2O_8^{2-}]$					
lg $[I^-]$					
m					
n					
反应速率常数 k					
反应速率常数平均值 k_{Ψ}					

表 2　温度对反应速率的影响实验数据

实验编号	I	II	III	IV	V
反应温度/K					
反应时间 $\Delta t/s$					
反应速率 v					
k					
lg$k$					
$(1/T)/K^{-1}$					
$E_a/kJ \cdot mol^{-1}$					
$E_{a\Psi}/kJ \cdot mol^{-1}$					

2. 将加入催化剂的实验的反应速率与不加催化剂的反应速率进行比较,可得到什么结论?

六、思考题

1. 实验中向 KI、淀粉 $Na_2S_2O_3$ 混合液中加入 $(NH_4)_2S_2O_8$ 时为什么要迅速?加 $Na_2S_2O_3$ 的目的是什么?

2. 为什么可以由反应溶液出现蓝色的时间长短来计算反应速率?溶液出现蓝色后,反应是否终止了?

3. 使用秒表时应注意什么?

4. 如何应用作图法来求取 m、n、E_a?其应采集哪些实验数据?作图的步骤如何?

实验 10
富勒醇的制备及其热分解过程研究

一、实验目的

1. 了解热重分析和差热分析的基本原理。

2. 熟悉 WCT-1A 型微机差热天平的操作方法。

3. 从热谱图分析实验结果、推断物质在加热过程中发生变化的实质,掌握热分析研究物质性质的方法。

4. 学会应用热分析方法进行反应动力学研究。

二、实验原理

众所周知,物质在加热或冷却过程中可能发生物理或化学变化,例如状态(溶化、结晶等)变化、晶型变化、水合物脱水、热分解、氧化还原等。所有这些变化都伴随着热效应

（吸热或放热），有的还会产生质量变化（失重或增重）、体积变化或其他物理化学性能（磁化率、膨胀系数、电导率等）的变化。在一定的实验条件下，各物质都有其特征的变化规律。因此测量这些变化可以进行物质的定性或定量分析，也可以研究其他相关化学问题。热分析就是通过测量物质加热或冷却过程中的这些变化，达到定性、定量或其他研究目的的一种实验方法。

1. 热重曲线的特征

热重分析 W-t 的典型曲线如图 1 所示，图中实线为理想热重曲线。某物质在升温过程中至温度为 b 时开始分解恒压下单组分物质（分解时自由度为 0），分解过程是恒温进行的，分解时有挥发物质逸出，质量由 b 减到 c 而生成一稳定的中间化合物，此化合物在 $c \sim d$ 的范围内稳定。到 d 时分解为最终产物，并失去质量（$d \sim e$），此过程也是恒温过程。由此可见，热重曲线是台阶状的。但在实际反应中，由于加热速率和平衡速率的影响，反应结束的温度常滞后。因此，实际的热重曲线如图中虚线所示。

热重曲线向上偏移表示增重，向下偏移表示失重，常见的热重曲线大致可以分为八种类型（图 2）。

（1）曲线为一水平直线，试样在加热过程中没有质量变化，它是一种化学性质很稳定的物质。

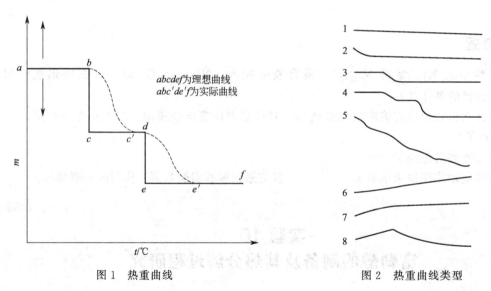

图 1　热重曲线　　　　　　　　　图 2　热重曲线类型

（2）曲线开始失重倾斜，以后为一水平直线。这种情况多半由于试样吸附有可挥发的物质，例如沉淀吸附水、有机溶剂等物质，加热时由于挥发而失重。随后质量恒定而不再变化。

（3）曲线有一阶梯，表示试样发生一步热分解反应。两个水平段表示试样和分解产物稳定存在的温度区间。

（4）曲线有两个阶梯，表示试样发生两步热分解反应。

（5）曲线连续失重，试样中发生好几个重叠的热分解反应，或者是没有稳定的分解产物存在。

（6）曲线有连续增重，表示试样与气氛连续反应。

（7）曲线开始连续增重，然后保持不变，表示试样与气氛逐渐反应生成化合物。

（8）曲线连续增重，然后又连续失重，表示试样与气氛生成不稳定化合物。

2. 热重曲线的度量

在热重曲线上，如果反应前后稳定区均为水平线，则两相邻水平线段之间的距离所代表的相应质量，即为该步反应的失重量，见图1中 $b \sim c$ 或 $d \sim e$。如果反应前后曲线呈圆滑过渡，则用图3所示的方法进行度量，即取各段曲线切线的交点确定反应温度。例如，第一步失重为 m_1，失重开始温度为 b，结束为 c；第二步失重为 m_2，开始温度为 d，结束为 e，实际曲线上失重温度超前的原因常常是样品中含有会挥发的物质，如水分和游离酸等。化合物稳定性低是引起此现象的另一个原因。实际结束温度的滞后，如 e 点结束的反应滞后到 f，则是由于反应速率和平衡速率较慢。

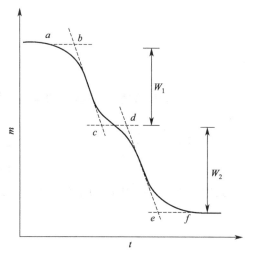

图3　热重曲线的度量

3. 热重-差热联合分析

热重分析不易精确指明反应开始和结束的温度，也不易指明有一系列中间产物存在的过程。为克服上述不足，在同一仪器上同步记录差热分析和热重分析，两种方法取长补短，互为补充。这样热效应发生的温度和质量的变化可以在 ΔT-t（时间）、T-t 和 m-t 三条曲线垂直位置上对应求得。图4(a)为加热过程中无相变发生的情况。图4(b)的过程有一吸热反应发生，但无质量的变化，属于这种情况的有多晶转变、熔化、固液异组成的化合物的分解等，无质量变化而差热曲线有放热效应者也属这一类，这一过程多半为试样组分之间产生新相。图4(c)为试样发生一个吸热反应并伴随有失重，如反应中分解放出气体或升华等。属于这一类的还有一种情况，即差热曲线有放热峰，但同时伴有增重，这是由于试样与气体反应生成了稳定的化合物。

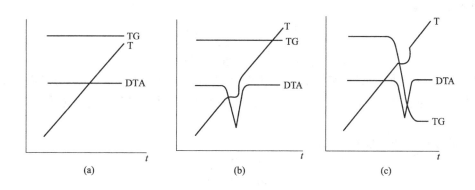

图4　热重（TG）-差热（DTA）联合分析曲线

4. 反应动力学研究

由热重分析研究反应动力学，一般仅适用于不可逆的固体化合物的热分解反应，且分解产物中有气体的成分。设固体化合物 A 在等速升温的情况下进行如下的热分解：

$$a\,A(固) \longrightarrow b\,B(固) + c\,C(气)$$

反应物 A 消失的速率为

$$-\frac{dX}{dt} = kX^n$$

即

$$k = \frac{-\dfrac{dX}{dt}}{X^n}$$

式中，X 为反应物 A 的物质的量；t 为时间；k 为反应速率常数；n 为 A 分解的反应级数。

由阿伦尼乌斯公式：

$$k = Z e^{\frac{-E_a}{RT}}$$

式中，Z 为频率因子；E_a 为活化能；R 为摩尔气体常数；T 为热力学温度。

可得

$$Z e^{\frac{-E_a}{RT}} = \frac{-\dfrac{dX}{dt}}{X^n}$$

取对数并微分得

$$\frac{E_a dT}{RT^2} = d\ln\left(-\frac{dX}{dt}\right) - n\, d\ln X$$

积分得

$$-\frac{E_a}{R}\Delta\left(\frac{1}{T}\right) = \Delta\ln\left(-\frac{dX}{dt}\right) - n\,\Delta\ln X$$

两边除以 $\Delta\ln X$ 得

$$-\frac{E_a}{R}\frac{\Delta\left(\dfrac{1}{T}\right)}{\Delta\ln X} = \frac{\Delta\ln\left(-\dfrac{dX}{dt}\right)}{\Delta\ln X} - n$$

以 lg 代替 ln 并移项得

$$\frac{\Delta\lg\left(-\dfrac{dX}{dt}\right)}{\Delta\lg X} = -\frac{E_a}{2.303R}\frac{\Delta\left(\dfrac{1}{T}\right)}{\Delta\lg X} + n \qquad (1)$$

设：X_0 为开始时 A 的物质的量；X 为在时间 t 时 A 的物质的量；m_c 为反应完全后损失的质量；m 为至时间 t 时损失的质量；m_r 为由时间 t 至反应完全时损失的质量。则

$$m_r = m_c - m \qquad (2)$$

利用如下物质的量和质量的公式：

$$-\frac{dX}{dt} = \frac{X_0}{W_c}\frac{dm}{dt} \qquad (3)$$

将式（2）和式（3）代入式（1）得

$$\frac{\Delta\lg\left(\dfrac{dm}{dt}\right)}{\Delta\lg m_r} = -\frac{E_a}{2.303R} \times \frac{\Delta\left(\dfrac{1}{T}\right)}{\Delta\lg m_r} + n \qquad (4)$$

即可简单地以反应物的质量变化代替物质的量变化进行计算，以 $\dfrac{\Delta\lg\left(\dfrac{dm}{dt}\right)}{\Delta\lg m_r}$ 对 $\dfrac{\Delta\left(\dfrac{1}{T}\right)}{\Delta\lg m_r}$ 作图，从所得直线的截距和斜率即可求出热分解反应的级数 n 和活化能 E_a。

现以 $Mg(OH)_2$ 的脱水反应为例求算如下：如图 5 和图 6 所示。按横轴标度（温度或时间）于失重区间内等间隔地标出 a 至 e 各点，计算各值列示于表 1。

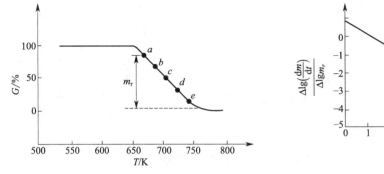

图 5　$Mg(OH)_2$ 的脱水热重分析　　图 6　$Mg(OH)_2$ 脱水反应的动力学曲线

表 1　Mg（OH）$_2$ 热分解反应的级数 n 和活化能 E_a 计算

温度范围/K	$\Delta\left(\dfrac{1}{T}\right)\times10^5$	$\Delta\lg m_r$	$\Delta\lg\dfrac{\mathrm{d}m}{\mathrm{d}t}$	$\dfrac{\Delta\left(\dfrac{1}{T}\right)}{\Delta\lg m_r}\times10^4$	$\dfrac{\Delta\lg\left(\dfrac{\mathrm{d}m}{\mathrm{d}t}\right)}{\Delta\lg m_r}$
$(a\sim b)666\sim684$	-3.95	-0.053	0.220	7.45	-4.15
$(b\sim c)684\sim702$	-3.75	-0.093	0.193	4.03	-2.08
$(c\sim d)702\sim720$	-3.56	-0.165	0.097	2.16	-0.59
$(d\sim e)720\sim738$	-3.39	-0.376	-0.097	0.90	0.26

表 1 中所示温度范围为所取 a 至 e 点的温度差值 $\Delta\left(\dfrac{1}{T}\right)$，如 $a\sim b$ 点即为 $\left(\dfrac{1}{T_b}-\dfrac{1}{T_a}\right)$，$T$ 为热力学温度。差值 $\Delta\lg m$，于 $a\sim b$ 点即为 $(\lg m_{r,b}-\lg m_{r,a})$。$\dfrac{\mathrm{d}m}{\mathrm{d}t}$ 为热重曲线各点上所引切线的斜率，如果曲线的坡度较陡，则易产生误差。以算得的 $\dfrac{\Delta\lg\left(\dfrac{\mathrm{d}m}{\mathrm{d}t}\right)}{\Delta\lg m_r}$ 对 $\dfrac{\Delta\left(\dfrac{1}{T}\right)}{\Delta\lg m_r}$ 作图，所得直线的截距为 0.8，即为 $Mg(OH)_2$ 脱水反应的反应级数；直线斜率 $-\dfrac{E_a}{2.303R}=$ -0.69×10^4，即活化能 $E_a=0.69\times10^4\times2.303\times8.314=132.12(\mathrm{kJ\cdot mol^{-1}})$。

5. 富勒醇的制备及热稳定性能

富勒烯是人类发现的一类新型全碳分子，C_{60} 是其中一种，它是由 12 个五元环和 20 个六元环组成的中空的碳笼分子，如图 7 所示。分子中的碳原子采取 $sp^{2.28}$ 杂化，C_{60} 碳笼中五元环为缺电子区，六元碳环与六元碳环相连的边所对应的双键（C＝C）为富电子区，形成离域大 π 键，从能量的角度上说是不稳定的，这样就使得 C_{60} 分子比原来预想的更活泼。因此，C_{60} 分子表现出的化学性质更像缺电子烯而不像芳香族化合物。其他原子或基团很容易被加到 C_{60} 分子笼外或用于代替笼上的碳原子，可以合成许多具有特殊性质的富勒烯衍生物。现已发现多种原子如 H、O、N、F、Br、V、Fe、Co、Ni、Cu、Rh、La、Yb 和 Ag 等都可在 C_{60} 分子笼体外产生键合反应。在 C_{60} 分子笼体外添加上极性分子、烃基、氨基等而形成的衍生物已有报道。另外，C_{60} 分子也可以发生诸如加成反应、取代反应和聚合反应等。本实验所制得的水溶性富勒烯衍生物——富勒醇就属于加成反应，即在碱性条件下，采用 H_2O_2 作为氧化剂，通过加成反应打开 C_{60} 上的 C＝C，从而在 C_{60} 上接枝 OH 基团，形

成 $C_{60}(OH)_n$ $(n \approx 18 \sim 19)$，为易溶于水的富勒烯衍生物。在加热时，碳笼上的—OH 首先发生缩合，失去部分水，并形成羟基化富勒烯环氧化物 $C_{60}(OH)_{n-x}O_x$。

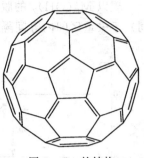

图 7 C_{60} 的结构

三、仪器与试剂

1. 仪器

WCT-1A 微机差热天平（北京光学仪器厂），三颈烧瓶，滴管，磁力搅拌器，玻璃棒，量筒，分液漏斗，高速离心机，离心管，红外光谱仪。

2. 试剂

C_{60}（98％以上），苯（A. R.），甲醇（A. R.），氢氧化钠（A. R.），30％过氧化氢（A. R.），40％四丁基氢氧化铵（TBAH）（A. R.），二次蒸馏水。

四、实验步骤

1. 富勒醇 $C_{60}(OH)_n$ 的制备

称取 500mg C_{60} 配成含 C_{60} 1.0g·L^{-1} 的亮紫色苯溶液 500mL，在 250mL 三颈烧瓶中加入 2mL 一定浓度的 NaOH 溶液，再加入 5 滴 40％TBAH 作为相转移催化剂，加入 50mL 上述 C_{60} 苯溶液，磁力搅拌下慢慢滴加 0.5mL 30％的 H_2O_2 溶液，反应一段时间后，C_{60} 苯溶液由紫色变为无色，同时水相则由无色变为深棕色。在反应 0.5h 后，用分液漏斗将有机相与水相分开，并用 2～3mL 水将三颈烧瓶及有机相洗涤 2 次。合并水相，过滤除去不溶物并洗涤滤纸，得深棕色 $C_{60}(OH)_n$ 溶液。然后加入甲醇使 $C_{60}(OH)_n$ 沉淀，离心分离去掉甲醇溶液，加约 3mL 水将 $C_{60}(OH)_n$ 溶解，再加入甲醇使 $C_{60}(OH)_n$ 沉淀，离心去掉甲醇，如此反复 4～5 次，最后将 NaOH 及 TBAH 洗去，洗涤后的甲醇溶液 pH≤8。将所得棕黑色固体在 50℃下真空干燥，可得到 60～75 mg 的 $C_{60}(OH)_n$ 固体。

2. 富勒醇 $C_{60}(OH)_n$ 的热分析测定

在氧化铝坩埚中装入富勒醇 $C_{60}(OH)_n$ 样品 8～10 mg，以氧化铝为基准物，在空气中测定室温至 700℃的热重曲线和差热曲线。

操作条件为：升温速率为 10℃·min^{-1}，称量量程 5～10 mg，温度量程 0～10 mV，差热量程 50～100μV。

五、结果与讨论

1. 称量富勒醇 $C_{60}(OH)_n$，并以 n =19 计算产率。测定产物的红外光谱图，并与标准谱图对照鉴定。

2. 标出各热效应峰值及拐点处的温度，判断试样所发生的各种变化的性质及有关情况。

3. 计算 $C_{60}(OH)_n$ 失水以及分解为 CO 和 CO_2 的反应级数及活化能。

六、思考题

1. 试说明影响热重曲线和差热曲线的主要因素。

2. 在 $C_{60}(OH)_n$ 的热分解过程中，试拟出中间产物的表征方法。由此是否可以确定 n 的值？

实验 11
NMR 法对丙酮酸水解动力学的研究

一、实验目的

1. 测定丙酮酸在不同浓度 HCl 水溶液中的 NMR 谱。
2. 计算丙酮酸的水解速率常数及平衡常数。
3. 了解 NMR 谱测定反应动力学常数和平衡常数的基本原理和 NMR 谱仪的使用方法。

二、实验原理

NMR 谱已成为有机化合物结构分析的有力工具，而且在分子物理学、分析化学等方面也有着广泛应用。核磁共振峰的化学位移反映了共振核的不同化学环境。当一种共振核在两种不同状态之间快速交换时，共振峰的位置是这两种状态化学位移的权重平均值。共振峰的半高宽 Δv 与核在该状态下的平均寿命 τ 有直接关系。因此，峰的化学位移、峰位置的变化、峰形状的改变等均为物质的化学过程提供了重要信息。

Socrates 应用 ^{1}H 的 NMR 谱测定了丙酮酸羰基水解为二醇酸的反应速率常数。丙酮酸水解反应是许多含有羰基的化合物在水溶液中常见的酸碱催化反应。其反应式及相应质子峰的化学位移如下所示：

$$CH_3COCOOH + H_2O \Longleftrightarrow CH_3C(OH)_2COOH$$

$$\uparrow \qquad\qquad\qquad\qquad \uparrow$$

$$2.60 \qquad\qquad\qquad\qquad 1.75$$

另外，在 5.48 处还有一个很强的共振峰，它是水和丙酸的羰基及二醇酸的羰基中质子相互快速交换的共振峰。用 NMR 技术测定反应速率时，必须控制质子的平均寿命 τ 在 0.001～1s 之间。同时应注意到体系处于动态平衡之中，质子间进行着快速的交换。质子共振谱的峰宽依赖于物质的平均寿命 τ，而 τ 又和反应速率有关。如果物质没有化学活性，即不进行质子交换，则相应质子的共振峰应该很尖锐。相反，如果质子在两个不同的化学环境之间进行快速交换，这时质子的共振峰将随质子之间交换速率加快而变宽。在丙酮酸水解反应中，随着加入 HCl 浓度增大，质子交换速率加快，使得它们的甲基质子共振峰都以各自的方式变宽。当质子间交换速率达到某种极限时，如加入浓 HCl 情况下，这时两个共振峰就合并为一个峰，如图 1 所示。

如上所述，在质子交换很慢或不存在质子交换的情况下，甲基质子的共振峰应当很尖锐，但由于存在弛豫现象和磁场的不均匀性，谱线均存在着一定的自然宽度。所以要从 NMR 谱的峰宽求反应速率时，必须考虑甲基质子共振峰原有的自然宽度。

质子峰的自然宽度为 $2/T_2$，T_2 为自旋-自旋弛豫时间，有质子交换时的半高宽为 $\Delta\omega$，其关系为：

$$\Delta\omega = \frac{2}{T_2} + \frac{2}{\tau} \tag{1}$$

$\Delta\omega$ 的单位是 $rad \cdot s^{-1}$，它和频率 $\Delta\nu$（Hz）的关系为

$$2\pi\Delta\nu = \Delta\omega \tag{2}$$

在使用 60MHz 的谱仪时，δ 改变 1，相当于频率变化 60Hz。

当不存在质子交换时，即丙酮酸溶液中如不存在 H_2O 和 H^+ 时，半峰宽则为 $2/T_2$。当 T_2 被测定后，又测量了存在质子交换时的半峰宽 $\Delta\omega$，由式（1）便可求得质子的平均寿命 τ 值。当然，T_2 值也可由作图法求得。τ 和氢离子催化速率常数 k（H^+）的关系如下：

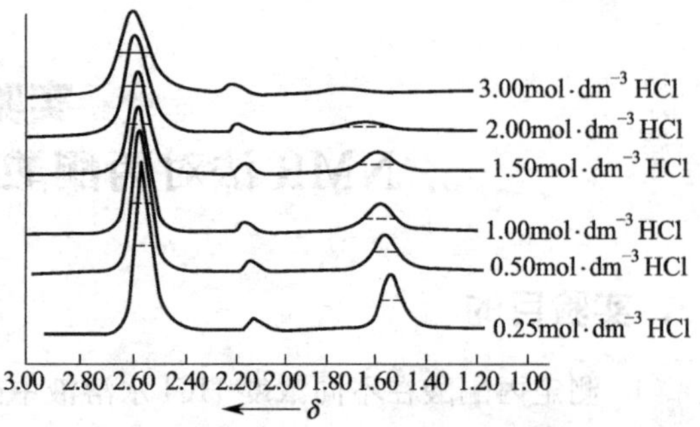

图 1 丙酮酸水解反应 NMR 谱图

$$\frac{1}{\tau}=k(H^+)[H^+] \tag{3}$$

再由式（1）、式（3），可得出：

$$\frac{\Delta\omega}{2}=\frac{1}{T_2}+k(H^+)[H^+] \tag{4}$$

作 $\Delta\omega/2$ 对 $[H^+]$ 的直线图，截距为 $1/T_2$，可求得 T_2。再由式（1）可以求出 τ 值，由直线斜率可以求得 $k(H^+)$ 值。

由于共振峰的面积与共振核的数量成正比，所以反应的平衡常数 K_{eq} 由下式表示：

$$K_{eq}=\frac{A}{B} \tag{5}$$

式中，A 为二醇酸甲基质子峰的积分强度；B 为丙酮酸甲基质子峰的积分强度。

三、仪器与试剂

1. 仪器

60MHz 核磁共振仪，样品管，放大镜，卡尺。

2. 试剂

HCl（A.R.），丙酮酸（A.R.），TMS（内标物，四甲基硅烷）。

四、实验步骤

1. 配制丙酮酸浓度均为 $4mol \cdot L^{-1}$，而 HCl 浓度分别为：$0.25mol \cdot L^{-1}$、$0.50mol \cdot L^{-1}$、$1.00mol \cdot L^{-1}$、$1.50mol \cdot L^{-1}$、$2.00mol \cdot L^{-1}$、$3.00mol \cdot L^{-1}$ 和 $5.00mol \cdot L^{-1}$ 的 7 个样品。

2. 以 TMS 为内标，在相同条件下测定各样品的 NMR 谱。在选择 δ 扫描宽度为 2、扫描终点为 1 时，二醇酸甲基质子峰和丙酮酸甲基质子峰处于最佳可测位置。选用合适的射频功率和峰的幅度，进行谱图扫描，并对两峰的面积进行积分扫描。学生可分组做不同 HCl 浓度的 NMR 谱图。

五、结果与讨论

1. 用卡尺测量 δ 位于 2.60 和 1.75 两处峰的半峰宽，以 $\Delta\nu$（Hz）表示。将结果填入表 1 中。

测出的半峰宽为长度单位（cm），同时测出 δ 改变 1 时对应的长度（cm），两者之比再乘上 60 即为半峰宽 $\Delta\nu$（Hz）。

表 1 丙酮酸水解体系的半峰宽值

化学位移	2.60 处半峰宽			1.75 处半峰宽		
$c(HCl)/mol \cdot L^{-1}$	cm	$\Delta\nu/Hz$	$\Delta\omega/rad \cdot s^{-1}$	cm	$\Delta\nu/Hz$	$\Delta\omega/rad \cdot s^{-1}$
5.00						
3.00						
2.00						
1.50						
1.00						
0.50						
0.25						

2. 分别作丙酮酸甲基质子峰和二醇酸甲基质子峰的半高宽 $\Delta\omega/2$ 对相应 $[H^+]$ 的直线图。由图的截距可得 $1/T_2$，再配合式（1）可得平均寿命 τ 值.

3. 由直线的斜率可得到 $k(H^+)$ 和 $k'(H^+)$。后者为逆反应速率常数。

4. 由两个峰的积分强度，由式（5）求 K_{eq}。

六、思考题

1. 质子的核磁共振峰的宽度与哪些因素有关？

2. 试比较用本实验方法和经典动力学方法求速率常数的差异。

3. 试用屏蔽效应解释这两个峰的化学位移。

实验 12
Al_2O_3 催化甲醇缩合制二甲醚反应的动力学评价

一、实验目的

1. 了解催化反应的动力学过程及催化剂评价的基本知识。

2. 熟悉反应流程及气路、电路的控制原理。

3. 学习气相色谱在催化动力学研究中的应用。

二、实验原理

催化反应的动力学评价是研究催化过程的重要组成部分，无论在生产还是科学研究中，它都是提供初始数据的必要途径。

评价一种催化剂的优劣通常要考查三个指标，即活性、选择性及使用寿命。活性一般用反应物料的转化率来衡量，选择性是指目的产物占所有产物的比例，寿命是指催化剂能维持一定的转化率和选择性所使用的时间。一种好的催化剂必须同时满足上述三个条件。其中活性是基本要求，只有达到一定的转化率后才能追求其他高指标。选择性可直接影响后续分离过程及经济效益。至于催化剂的使用寿命，人们当然希望它越长越好，但因在反应过程中，催化剂会出现不同程度的物理及化学变化，如中毒、结晶颗粒长大、结炭、流失、机械强度降低等，使催化剂部分或全部失去活性。在工业生产上，一般催化剂使用寿命为半年、一年、甚至两年，对某些贵金属催化剂还要考虑回收及再生等问题。

开发一种新型催化剂需要做很多工作，如催化剂的制备方法、组成等对其活性及选择性均有影响，而且不同的反应条件对同一种催化剂所得结果又是不一样的。所以，催化剂的评价是复杂而细致的工作。一般起步于实验室的小管反应，在不同反应条件下考查单程转化率及选择性，对试验结果较好的催化剂再进行连续运行考查寿命，根据需要进行逐级放大。催化剂装填量可达几十克到几百克不等，在放大过程中还必须考虑传质、传热过程，为设计工业生产反应器提供工艺及工程的数据。当然，开发新催化剂不仅限于评价工作，还应同时研究它的反应机理、失活原因等，为催化剂的制备提供信息。总之，开发一种性能良好的催化剂需要一段漫长的过程。

催化剂的实验评价装置多种多样，但大致包括进料、反应、产品接收等几部分。对于一些单程转化率不高的反应，物料需要进行循环。装置中要用到控制、计量物料的各种阀（常压或高压下使用型号不同）、流量计以及控制液体量的计量泵。控制温度常用精密温度控制仪及程序升温仪等。产物的接收常用到各种冷浴，如冰、冰盐、干冰-丙酮、液氮及电子冷阱等。反应器及管路材料视反应压力、温度、介质而定。管路通常还需加热保温。综上因素，一个简单的化学反应有时装置也较复杂。目前，比较先进的实验室已广泛使用计算机控制，从而为研究人员提供了方便。

产品的分析是十分关键的环节。若不能给出准确的分析结果，其他工作都是徒劳的。目前在催化研究中，最普遍使用的是气相色谱或液相色谱。所使用的色谱检测器视产物的组成而定。热导池检测器多用于常规气体及产物组成不太复杂且各组分浓度较高的样品分析，氢火焰检测器灵敏度高，适用于微量组分分析，主要用于分析碳氢化合物。组分复杂的产物通常用毛细管柱分离。

本实验选取的反应体系是甲醇分子间脱水缩合制二甲醚，所用的催化剂为 $\gamma\text{-}Al_2O_3$。二甲醚是生产多种化工产品的重要化工原料。目前国内外多以硫酸氢甲酯作为催化剂，由甲醇均相催化缩水而得。该催化剂具有反应温度低（140～150℃）、转化率高（＞80％）、选择性好（＞97％）等优点，但也存在着设备腐蚀严重、釜残液及废水污染环境、催化剂毒性大、操作条件恶劣等缺点，因此，研制高活性、高选择性又无污染的催化剂代替硫酸氢甲酯是有重要应用价值的。

甲醇脱水反应也是一些复杂合成反应的一个中间步骤。如由合成气（$CO+H_2$）制汽油，其中一条路线经过如下三步反应：

$$CO+H_2 \xrightarrow{\text{Cu-Zn-Al 催化剂}} CH_3OH \tag{1}$$

$$CH_3OH \xrightarrow{\gamma\text{-}Al_2O_3 \text{ 催化剂}} (CH_3)_2O+H_2O \tag{2}$$

$$(CH_3)_2O \xrightarrow{\text{新型分子筛催化剂}} \text{烃类}+H_2O+CO_2 \tag{3}$$

上述反应（2）进行的程度控制着第一步反应的平衡移动，欲提高合成制汽油的转化率，必须加速反应（2）才可得到更多的烃类。

目前，国内外报道用于甲醇脱水反应的新型催化剂主要是一些固体酸催化剂，如氧化铝、ZSM-5 分子筛等。普遍认为，脱水反应一般不需要在很强的酸中心上进行，对氧化铝，一般倾向是 L 酸中心在起作用，氧化铝是一种较弱的固体酸。分子筛有多种不同类型和不同强度的酸中心，脱水反应可能发生在较弱的酸中心上。文献报道乙醇在氧化铝上脱水的机理经过乙氧基的中间过程。

三、仪器与试剂

1. 仪器

反应装置 1 套，102G 型气相色谱仪 1 台，SP-4290 积分仪 1 台，氢气发生器 1 台。

2. 试剂

甲醇（A. R. 或 C.P.），纯 N_2 气，自制 γ-Al_2O_3 催化剂。

四、实验步骤

反应装置如图 1 所示。甲醇由氮气带入反应器，在 a、b 两点分别取样，分析甲醇被带入量及产物组成。冰浴中收集到的组分是反应生成的部分水。在常温下二甲醚呈气体状态，存在于反应尾气中。

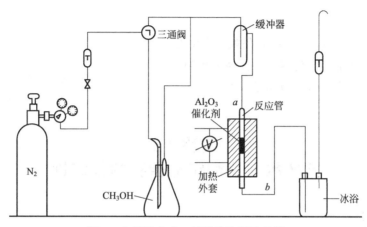

图 1 由甲醇合成二甲醚的流程示意图

1. 将制备好的 γ-Al_2O_3 粉末在压片机上以 500MPa 压力压成圆片，再破碎、过筛，选取 40～60 目筛分备用（预习时完成）。

2. 将 1g 催化剂装填于反应管内，并将反应管与管路连接好。

3. 打开氮气瓶，使 N_2 气不通过甲醇瓶进入反应器，控制氮气流量为 50～60mL·min^{-1}。开启加热电源，使反应管升温，设定反应温度为 250℃。温度快达到时，切换气路，使氮将甲醇带入反应器，开始反应。计算空速 GHSV、线速及接触时间。

4. 色谱分析

色谱分析条件：检测器 TCD 色谱柱 GDX-4032m；载气 H_2 40mL·min^{-1}；柱温 80℃；桥流 150mA；汽化温度 160℃。

先进载气，待载气流量达规定值时，打开色谱仪总电源，再启动色谱室、然后接通汽化器电源，待柱温升到 80℃并稳定后，打开热导池电流开关，将桥流调至规定值。

5. 待反应进行一段时间后，分别在 a、b 两点用针管取气样分析。通过色谱六通阀进样，由这两点样品分析的结果可计算出甲醇的转化率及选择性。每个取样点取两个平行数据。

6. 将反应管升温至 400℃继续反应，待温度稳定半小时后，再取一组样。每点仍取两个平行数据。

7. 停止反应，将三通阀转向，断开甲醇通路，关闭加热电源，两分钟后关闭氮气，同时将色谱仪电源关闭（按与开机相反的顺序操作）。

五、结果与讨论

1. 数据记录与处理

（1）记录装填催化剂的质量、体积、氮气流速（mL·min^{-1}）、室温、反应恒温时间。

（2）计算甲醇在氮气中的体积分数，并计算空速、线速及接触时间。

（3）记录在两种不同温度下甲醇及二甲醚的色谱峰面积，分别计算甲醇的转化率，并比较温度对活性和选择性的影响。

2. 如何提高实验准确度

（1）用针筒取样时，不宜抽得过快，以防止抽入空气。

（2）色谱操作条件一定控制准确，否则影响分析结果。

（3）色谱仪热导池供电时，一定要有载气通过，否则会烧坏热导丝。

六、思考题

1. γ-Al_2O_3 的 L 酸、B 酸中心是如何产生的？

2. 哪些重要工业生产使用了固体酸催化剂？

3. 对改进实验有哪些设想和建议？

实验 13
循环伏安法测定配合物的稳定性

一、实验目的

1. 学习循环伏安法的基本原理及操作技术。

2. 了解配合物的形成对金属离子的氧化还原电位的影响。

二、实验原理

循环伏安法简称 CV 法，是一种十分有用的近代电化学测量技术，但不同于一般的电化学测量方法。它不是在接近平衡的条件下进行，而是在发生电化学反应时测量电位和电流的。多次重复、快速扫描测得的电流-电位关系曲线称循环伏安图。由循环伏安图可以得到有关配合物在溶液中稳定性、反应性以及各种电化学性质的信息。

循环伏安法一般采用三电极电解池。参比电极常有饱和甘汞电极和 Ag/AgCl 电极，辅助电极为铂丝，工作电极有铂电极、悬汞电极和玻碳电极等。在循环伏安的测量中，将三角波加在工作电极和参比电极上，周期性扫描三角波电位，由辅助电极提供必需的电流供工作电极上发生氧化还原反应。扫描电位开始时电流无明显变化，扫描到一定电位值时发生还原反应，电流就上升，并达到最大值，扫描电位继续增大，工作电极上还原剂浓度逐渐减小，以至耗尽，则电流逐渐下降。而在反向扫描时，发生氧化反应，这时产生阳极电流，阳极电流同样随电位减小而迅速增大，并达到最大值，接着随氧化剂浓度减小，电流值下降，当电位扫描到起始值时，即完成了一个循环扫描，得到循环伏安图如图 1 所示。

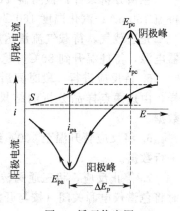

图 1　循环伏安图

循环伏安图上最重要的参数是阴、阳极峰值电流 i_{pc}、i_{pa} 和阴、阳极峰值电位 E_{pc}、

E_{pa}，由这些参数可以研究样品的电化学性质。

此外，由于溶液中被测样品的浓度一般都非常低，为维护一定的电流，常在溶液中加入一定浓度的惰性电介质如 KNO_3、$NaClO_4$ 等。

金属离子的标准还原电位在配位时由于不同电荷金属离子的自由能的不同而发生改变。下列方程表示金属离子在不同氧化态 M^{n+}、$M^{(m-n)+}$ 时与中性配体 L 反应时自由能的变化。

$$M^{m+} + ne^- \longrightarrow M^{(m-n)+} \quad \Delta G_1^{\ominus} = -nFE_{aq} \tag{1}$$

$$M^{m+} + pL \longrightarrow ML_p^{m+} \quad \Delta G_2^{\ominus} = -RT\ln K_m \tag{2}$$

$$M^{(m-n)+} + qL \longrightarrow ML_q^{(m-n)+} \quad \Delta G_3^{\ominus} = -RT\ln K_{m-n} \tag{3}$$

式中，K_m、K_{m-n} 分别是 ML_p^{m+}、$ML_q^{(m-n)+}$ 的形成常数。即

$$K_m = [ML_p^{m+}]/\{[M^{m+}][L]^p\} \qquad K_{m-n} = [ML_q^{(m-n)+}]/\{[M^{(m-n)+}][L]^q\}$$

把式（3）加式（1）再减式（2）得

$$ML_p^{m+} + ne^- \longrightarrow ML_q^{(m-n)+} + (p-q)L \quad \Delta G_4^{\ominus} = -nFE_{aq}^{\ominus} + RT\ln(K_m/K_{m-n}) \tag{4}$$

则

$$E^{\ominus} = E_{ML_p}^{\ominus} = E_{aq}^{\ominus} - \frac{RT}{nF}\ln(K_m/K_{m-n}) \tag{5}$$

式（5）表明形成配合物时配离子的标准还原电位 $E_{ML_p}^{\ominus}$ 取决于 $\ln(K_m/K_{m-n})$ 值。实验中测得的是形式电位，它包含了标准电位与介质中其他组分的贡献。根据循环伏安理论，峰电位 E_p（对于可逆体系）与形式电位 $E^{\ominus}$ 的关系为：

$$E_p = E^{\ominus} - \frac{RT}{nF}\ln\left(\frac{D_0}{D_r}\right)^{\frac{1}{2}} - 1.109\frac{RT}{nF} \tag{6}$$

式中，D_0、D_r 分别为 M^{n+} 和 $M^{(m-n)+}$ 的扩散系数。当配体 L 的浓度足够大，能形成 ML_p^{m+} 和 $ML_q^{(m-n)+}$ 配离子时，则配离子的峰电位 E_{ML_p} 为：

$$E_{ML_p} = E_{ML_p}^{\ominus} - \frac{RT}{nF}(p-q)\ln c_L - \frac{RT}{nF}\ln\frac{D_0'}{D_r'} - 1.109\left(\frac{RT}{nF}\right) \tag{7}$$

式中，D_0'、D_r' 分别是配离子 ML_p^{m+} 和 $ML_q^{(m-n)+}$ 的扩散系数；c_L 是溶液中配体 L 的浓度。若 $\dfrac{D_0}{D_r} = \dfrac{D_0'}{D_r'}p = q$，则可得

$$E_{ML_p} - E_p = E_{ML_p}^{\ominus\prime} - E_{aq}^{\ominus\prime} = \ln\left(\frac{K_{m-n}'}{K_m'}\right) \tag{8}$$

式中，K_{m-n}'、K_m' 是条件形成常数。式（8）表示，由 M^{n+} 在有配体 L 和没有配体 L 存在时峰电位 E_p 之间的相关值，就可求得条件形成常数的比值，或已知其中一个条件形成常数，就可求得另一条件形成常数。

本实验用循环伏安仪测定 Fe（Ⅲ）与几种配体形成配合物的峰电位，来比较配位作用对金属离子形成电位的影响，同时测定 Fe（Ⅲ）和 Co（Ⅲ）与两种配体形成配合物的峰电位，比较配位作用对两种不同金属离子形成电位的影响。

三、仪器与试剂

1. 仪器

MF-1A 型多功能伏安仪，电磁搅拌，3036 型 X-Y 记录仪，氮气钢瓶，容量瓶（500mL），烧杯（250mL），刻度移液管（2mL），烧杯（50mL），量筒（100mL）。

2. 试剂

硫酸铁铵（A.R.），硝酸铁（A.R.），硝酸钴（A.R.），过氯酸钠（A.R.），硝酸（A.R.），邻菲罗啉（A.R.），乙二胺四乙酸二钠盐（EDTA）（A.R.）。

四、实验步骤

1. 溶液的配制

（1）硫酸铁铵溶液

称取一定量硫酸铁铵和过氯酸钠，溶解于约 30 mL 水中，转移到 50 mL 容量瓶中，稀释到刻度，使硫酸铁铵的浓度为 5×10^{-3} mol·L^{-1}，过氯酸钠的浓度为 0.1mol·L^{-1}。

（2）硫酸铁铵-EDTA 溶液

称取一定量的乙二胺四乙酸二钠盐溶解于约 30mL 水中，再加入一定量的硫酸铁铵，稍搅拌溶解，转移到 50mL 容量瓶中，稀释到刻度，使硫酸铁铵浓度为 5×10^{-3} mol·L^{-1}，EDTA 浓度为 0.1mol·L^{-1}。

（3）硝酸铁-邻菲罗啉溶液

称取一定量邻菲罗啉溶解于约 40mL 水中，再加入一定量硝酸铁和硝酸，转移到 50 mL 容量瓶中，稀释到刻度，使硝酸铁浓度为 5×10^{-3} mol·L^{-1}，邻菲罗啉浓度为 0.1mol·L^{-1}。

（4）硝酸钴-邻菲罗啉溶液

配制方法同（3），使硝酸钴浓度为 5×10^{-3} mol·L^{-1}，邻菲罗啉浓度为 0.01mol·L^{-1}，硝酸浓度为 0.1mol·L^{-1}。

2. 循环伏安图的测定

由循环伏安仪控制电位，X-Y 记录仪记录电流 i 对电位 E 的讯号，以铂片为工作电极，饱和甘汞电极为参比电极，铂丝为辅助电极，测定上述四种溶液的循环伏安图。测定前溶液中通氮气驱氧。

测定条件：灵敏度 50；扫描速率；0.3×10^3 mV·s^{-1}；阻尼 1。

五、结果与讨论

1. 从测得的循环伏安图上求出 Fe（Ⅲ）和 Co（Ⅱ）在不同配体存在时的还原电位 E_{ML_p}。

2. 计算金属离子在有配体 L 存在和无配体 L 存在时的还原电位的差值 ΔE。

3. 根据金属离子还原电位的差值 ΔE，比较 Fe（Ⅲ）和 Fe（Ⅱ）、Co（Ⅲ）和 Co（Ⅱ）与配体 EDTA 和邻菲罗啉所形成配合物的稳定性。

六、思考题

1. 根据金属离子的电子组态和配位键理论，说明邻菲罗啉与 Fe（Ⅲ）、Fe（Ⅱ）形成的配合物哪种更稳定？

2. 怎样利用循环伏安法来计算配合物的形成常数？

实验 14
天然沸石材料在含氟水处理中的应用

一、实验目的

1. 明确天然沸石除氟机理及除氟意义。

2. 了解除氟实验涉及反应过程的原理和方法。

二、实验原理

水是生命之源，是一切生物赖以生存的最基本的条件。水中含有人类的必需元素，氟元素就是其中之一。氟作为人体所需的一种必要元素，不可过量也不可缺少；否则将导致功能失调。一般人体氟含量应在 0.007% 左右，一旦缺乏易患齿病，而且常使老人骨骼变脆，易发生骨折，造成残疾。然而当摄入的氟过量时则在骨骼和牙齿等组织中积累，导致氟斑牙甚至是氟骨症。氟还能透过胎盘膜，具有潜在致畸性危害。过量的氟还可引发肠病，削弱肌肉功能，并且可能促发心血管病。饮用高氟水除氟问题已成为水污染治理的当务之急。

由于天然沸石除氟性能比较差，必须对其进行活化才能提高除氟效率。通过一系列的实验，考察了各种实验条件下天然沸石的除氟效果，得出了天然沸石的最佳活化条件：在 $6.0 \text{mol} \cdot \text{L}^{-1}$ NaOH 溶液中水浴 2h，用 NaOH 溶液对天然沸石的硅酸盐的网状结构进行调整，可大大提高天然沸石的除氟性能；在 5% 的 $CaCl_2$ 溶液泡 2h，利用 $CaCl_2$ 溶液对沸石中的一价离子进行交换以使其改型，增大孔道，也可大大提高天然沸石的除氟性能；在 700℃下灼烧 2h，通过高温灼烧除去孔道中阻塞物，可大大提高天然沸石的除氟性能。

氟是电负性最高的元素，是一种相当活泼的非金属元素，在自然界中因其可与其他元素化合而多以化合态存在，它的亲水性很强，离子半径为 0.133nm，与 OH^- 和 Cl^- 的性质较为类似。氟一般存在于沉积岩和火山岩中，以萤石（CaF_2）、冰晶石（$3NaF$，AlF_2）、氟磷灰石 $[Ca(PO_4)_4 F]$ 的形式存在。水中的氟就是萤石矿区的地下水在岩石圈迁移时溶解了 CaF_2 等含氟矿石而产生的。高氟区在水文地质上的特点之一就是盆地的中下部多堆积了含氟高的黏土、亚黏土、细沙等土质，由于地下水对氟的溶解作用，水中的含氟量增高。地下水含氟量还与自然界的物理化学作用、人类生产活动等因素密切相关。由于这些原因，世界各地的氟含量差别很大。有少数地区氟含量特别高，形成"高氟区"，如南美、东非裂谷和中亚地区已发现水中氟含量过高引起牙齿甚至骨骼中毒；在我国，处在干旱和半干旱的东北西部地区、内蒙古草原、华北平原及黄河中下游部分地区为高氟区。水中含氟的人为因素是工业生产中广泛使用和生产氟元素，如铝工业、磷肥、陶瓷、砖瓦石、煤炭工业、钢铁工业、氟化盐生产等。随着我国经济建设的迅速发展，工业"三废"中氟污染的问题也变得越来越严重，其危害人体健康的严重性并不亚于自然形成的高氟区。当水中氟含量超过 $1.0 \text{mg} \cdot \text{L}^{-1}$ 时，即可使氟斑牙患病率大大提高；当水中氟含量超过 1.5mg/L 时，氟斑牙患病率可达到 80% 左右；超过 $20 \text{mg} \cdot \text{L}^{-1}$ 时，氟斑牙患病率将会更高。长期饮用氟含量高于 $6.0 \text{mg} \cdot \text{L}^{-1}$ 水的儿童患上永久性的氟斑牙病，并且引发氟骨症。

世界各国和卫生组织制定了饮用水中氟含量标准表（见表1）。表中氟化物最大允许量为一般标准，通常随当地的气温不同而在一定范围内变动，温度越低，最大允许量越高。据美国环保局（EPA）暂行的一级条例，其变动范围为 $1.2 \sim 2.4 \mathrm{mg} \cdot \mathrm{L}^{-1}$。

表1 饮用水水质氟含量标准

组织或者国别	最大允许量/$\mathrm{mg} \cdot \mathrm{L}^{-1}$	组织或者国别	最大允许量/$\mathrm{mg} \cdot \mathrm{L}^{-1}$
世界卫生组织	1.0	法国	1.0
国际卫生组织	1.5	印度尼西亚	$1.0 \sim 1.5$
日本	0.8	墨西哥	1.5
美国	$0.6 \sim 1.7$	中国	1.0
德国	0.5		

对于沸石特征的研究是从1930年开始的，沸石主要由铝硅酸盐阴离子骨架部分、金属阳离子和水组成。沸石的主要特性是由硅酸盐骨架所决定的。在一定条件下，阴离子对沸石的某些性质也可以起到决定作用，通过加热可使沸石结构中的水脱出，从而使沸石形成空旷的骨架结构。

天然沸石的化学式一般表示为：$M_{2/n} \cdot Al_2O_3 \cdot xSiO_2 \cdot yH_2O$，其中 $x \geqslant 2$，M 代表价数为 n 的阳离子。沸石中所含金属阳离子主要有钠、钾、钙及少量锶、钡、镁等。构成沸石骨架的最基本的结构是硅氧（SiO_4）四面体和铝氧四面体。在这种四面体结构中，中心有一个硅（铝）原子，每个硅（铝）原子的周围有四个氧原子，常把它写成如下的平面结构式

$$O-Si-O \qquad O-Al-O$$

在沸石的结构中，硅（铝）氧四面体是通过处于四面体顶点硅（铝）原子和氧原子相互联系起来的，由于铝原子是三价，所以铝氧四面体中有一个氧原子的价电子没有得到中和，这样就使整个铝氧四面体带有一个负电荷。为保持中性，在铝氧四面体附近必须有一个带正电荷的金属阳离子（M^+）来抵消它的负电荷。几个硅（铝）氧四面体通过氧原子互相联结在一起，可以形成首尾相接的形状，多种多元环三维地相互联结，可以形成更复杂的中空的多四面体，这些多四面体进一步排列，即可构成沸石的骨架结构。因此，这样的硅（铝）氧骨架是非常空旷的，具有许多排列整齐的晶穴、晶孔和孔道。金属阳离子就存在于空旷的骨架中，沸石中的阳离子可以被其他阳离子所交换，并保持骨架不发生变化，阳离子的大小不同以及在晶穴中的位置改变，可以导致沸石的孔径发生变化。另外，由于不同沸石中发生的局部静电场不同，水合阳离子离解度也不同，从而影响沸石分子的作用和吸附性能。沸石的离子交换作用是沸石能够改性的原因之一。沸石中松弛结合的水，可以通过加热逐步脱除。脱水后的沸石，根据其有效孔径的大小，可以让某些流体分子进入。沸石的这些结构特点使它成为一种优良的吸附剂、离子交换剂、催化剂等。

沸石具有大量均匀的微孔，其孔径与一般物质的分子数量级相当。沸石还具有空旷的骨架结构，晶穴体积约为总体积的 $40\% \sim 50\%$，和其他多孔物质比较，沸石具有很大的比表面积，这些表面积主要存在于晶穴的内部，外表面积仅占总表面积的 1% 左右。这些都为沸石的交换和吸附提供了条件。

天然沸石孔道中的水分子经过烘烤后会部分脱除，不会破坏结构骨架，从而形成一个内表面积很大的孔穴，可吸附并储存大量的分子。天然沸石的内表面积非常大，因此沸石的吸

附量特别高，沸石晶体内部的孔穴和孔道大小均匀、固定，与普通分子尺寸相当，只有直径较小的分子才能进入沸石孔道被吸附，而尺寸较大的分子则不能进入孔道，即沸石具有选择性吸附和筛分能力，而硅胶、活性炭等由于其孔径变化较大，大小分子均可进入，无选择性吸附。天然沸石具有高效吸附功能，特别是对水、氨、硫化氢、二氧化碳等具有很强的亲和性。

沸石是一种含水的多孔结构铝硅酸盐，其微观结构具有多孔穴和多通道，因而具有较大的比表面积，当用铝盐溶液浸泡时，铝盐及其水解产物易被沸石吸附，成为铝盐的良好载体，可以用来有效地吸附与交换水中的氟离子，并且可再生重复利用。19世纪末就已发现了沸石的离子交换作用，沸石的这种离子交换能力是其重要性能之一。利用它可调节晶体内的电场、表面酸性，从而可改变沸石的性质，调节沸石的吸附和催化特性。沸石与某些金属盐的水溶液相接触，溶液中的金属阳离子可进入沸石中，沸石中的阳离子被交换下来进入溶液中，这种离子交换过程可用下面的通式表示

$$A^+Z^- + B^+ \Longrightarrow B_+Z^- + A^+$$

式中，Z^- 为沸石的阴离子骨架；A^+ 为交换前沸石中含有的阳离子，B^+ 为水溶液的金属阳离子。

天然沸石具有良好的离子交换容量和阳离子选择性能，在其应用中三个最主要的性能为：动力学、离子交换容量和阳离子选择性。

本实验旨在利用丰富的矿产资源——沸石进行饮用水的降氟，使其达到饮用水的标准。从江苏省分布广泛、储量丰富的沸石中优选一种合适的沸石作为除氟材料，进行低浓度的除氟以达到满足饮用水水质标准的要求。本实验可分为三部分。

（1）对沸石进行一系列的活化，NaOH 溶液水浴；$CaCl_2$ 溶液浸泡（转型）；高温灼烧（疏通孔道，去除其中的杂质和水分），通过对沸石除氟容量的影响进行研究，采用 15 种活化方案。

（2）通过静态除氟实验得出 15 种活化沸石的除氟容量和除氟率，最后选出最佳活化方案。

（3）通过对沸石原样与经活化、预处理、除氟后的沸石的成分、表面形貌和结构的分析来研究沸石的除氟和再生机理。

三、仪器与试剂

1. 仪器
精密酸度计，电动搅拌机，马弗炉，磁力搅拌器，氟离子选择电极，甘汞电极。

2. 试剂
（1）氟标准溶液（100mg·L^{-1}）：将分析纯的氟化钠在 120℃ 的温度下干燥 2h，冷却后准确称取 0.1000g，加水稀释到 1000mL。

（2）TISAB 缓冲溶液：称氯化钠固体 60g、醋酸钠 64g、二水合柠檬酸钠 5g，量取冰醋酸 14mL，溶解上述固体试剂并加水稀释至 1000mL。

（3）5%氯化钙溶液：称取氯化钙 5.26g，加水稀释至 100mL。

（4）5%硫酸铝溶液：称取 5.3g 十八水合硫酸铝，加水稀释至 100mL。

（5）6mol·L^{-1} 氢氧化钠溶液：称取氢氧化钠 24g，加水稀释至 100mL。

四、实验步骤

1. 把 100mg·L^{-1} 氟标准溶液用去离子水稀释 10 倍，即得 10μg·mL^{-1} 氟标准溶液。

2. 吸取 $10\mu g \cdot mL^{-1}$ 的氟标准溶液 1mL、2mL、3mL、4mL、6mL、8mL、10mL、20mL 分别放入 25mL 容量瓶中，加 TISAB 缓冲溶液 10mL，用去离子水稀释至刻度，即得含氟离子分别为 $0.20mg \cdot L^{-1}$、$0.40mg \cdot L^{-1}$、$0.60mg \cdot L^{-1}$、$0.80mg \cdot L^{-1}$、$1.20mg \cdot L^{-1}$、$2.00mg \cdot L^{-1}$、$4.00mg \cdot L^{-1}$ 和 $5.00mg \cdot L^{-1}$ 标准系列溶液。

3. 仪器的校正

氟电极端子接负，甘汞电极端子接正。按下"—mV"键，把分挡开关放在"0"，检查指针是否在"1"的位置，如偏移可用零点调节器调到"1"。将分挡开关放在校正位置，调节校正调节器使指针在满度。将分挡开关放在"0"的位置。

4. 标准溶液的测定

拔出氟电极插头，按下读数开关，调节定位器使指在刻度盘上的右刻度"0"点。插上氟电极，用去离子水反复冲洗到空白电位置（约 270mV），将所配标准系列溶液按浓度由低到高逐个转入 100mL 小烧杯中，放入一个搅拌子，浸入氟电极和饱和甘汞电极，在电磁搅拌下，读取平衡电位值。

五、结果与讨论

以电极电位为纵坐标，氟离子浓度为横坐标，在半对数坐标纸上作图，即得到工作曲线。用地方含氟水样进行重复实验，与工作曲线对比，得出结果，然后进行除氟。

六、思考题

1. 天然沸石材料除氟的机理是什么？

2. 如果制备与天然沸石材料相似的结构材料，是否能达到相同的除氟效果？如何制备该材料？

实验 15
ABS 塑料表面电镀

一、实验目的

1. 了解塑料电镀的基本过程和步骤。

2. 了解化学镀的基本原理和方法。

3. 了解电镀的基本原理、方法及基本装置。

二、实验原理

通过电化学过程，使金属或非金属工件的表面上沉积一层金属的方法称为电镀。它是一种表面处理技术，广泛运用于国民经济的各个生产研究部门，电镀的目的是在基材上镀上金属镀层（deposit），改变基材表面性质或尺寸。电镀能增强金属的抗腐蚀性（镀层金属多采用耐腐蚀的金属），增加硬度，防止磨耗，提高导电性、润滑性、耐热性并使表面美观。

电镀是电解原理的具体应用。电镀时，被镀工件作为电解池的阴极，欲镀金属作为阳极，电解液中含有欲镀金属离子，电镀进行中，阳极溶解成金属离子，溶液中的欲镀金属离子在金属工件表面以金属单质或合金的形成析出。在非金属表面电镀以聚丙烯树脂及 ABS

树脂最佳，其镀膜密着性好，表面光亮。因此，现在塑料电镀工业制品大多采用这两种塑料。

塑料电镀就是在塑料表面上镀上一层金属的表面处理技术。但是由于塑料是绝缘体，不导电，因此在电镀前必须首先解决它的导电性问题，通常的方法是在塑料表面再涂覆一层导电层使它导电，通常的方法包括喷射导电涂料、真空镀金属层、直接使用导电塑料、化学镀。最常用的方法是化学镀。

化学镀是一种氧化还原过程，它是用适当的还原剂使金属离子还原成金属而沉积在制品表面的一种镀覆工艺，在化学镀中最常用的还原剂为磷酸二氢钠（$NaH_2PO_2 \cdot H_2O$）或甲醛（$HCHO$）。化学镀铜的主要反应为：

$$Cu^2 + 2OH^- \longrightarrow Cu(OH)_2$$

$$Cu(OH)_2 + 3C_4H_4O_6^{2-} \longrightarrow [Cu(C_4H_4O_6)_3]^{4-} + 2OH^-$$

$$[Cu(C_4H_4O_6)_3]^{4-} + HCHO + 3OH^- \Longrightarrow Cu\downarrow + 3C_4H_4O_6^{2-} + HCOO^- + 2H_2O$$

为了使金属的沉积过程只发生在非金属镀件上而不发生在溶液中，首先要将非金属镀件表面进行除油、粗化、敏化、活化等预处理。塑料电镀的工艺流程为除油→水洗→粗化→水洗→敏化→自来水洗→去离子水洗→活化→水洗→化学镀铜→水洗→电镀→水洗→干燥。

① 除油处理。除去非金属镀件表面油污，使表面清洁。通常有以下三种方法：有机溶剂除油、碱性除油、酸性除油，最常用的是碱性除油。

② 粗化处理。为提高结合强度，要尽可能增加镀层和基体间的接触面积。粗化的方法有机械粗化法和化学粗化法两种。机械粗化如喷砂、滚磨、用砂纸打磨等。化学粗化可以迅速地使工件表面微观粗糙，粗化层均匀、细致、不影响工件的外观。

③ 敏化处理。可以使粗化的非金属镀件表面吸附一层具有较强还原性的金属离子（如Sn^{2+}），以便在活化处理时被氧化，在镀件表面形成"催化膜"，常用的敏化液是酸性氯化亚锡溶液。

④ 活化处理。用含有催化活性的金属如银、钯、铂、金等化合物溶液，对经过敏化处理的镀件表面进行再次处理，目的是在非金属表面产生一层催化金属层。常用的活化剂有氯化金、氯化钯和硝酸银等，但前两种较贵，所以一般选用硝酸银作为活化剂。

经活化处理后，在镀件表面已具有催化活性的金属银离子能加速氧化还原反应的进行，使镀件表面很快沉积上铜的导电层，从而实现非金属材料的化学镀。

非金属镀件经过预处理和化学镀后，即可进行电镀。根据不同要求，可以镀镍、镀锌、镀铬等。本实验为镀锌和镀镍，电镀液以锌盐和镍盐为主盐，加配合剂、添加剂等。影响非金属电镀的因素很多，除电镀液的浓度、电流密度、温度等因素外，还有非金属材料的性质、造型设计、模具设计等工艺条件。

三、仪器与试剂

1. 仪器

电化学工作站，超级恒温水浴，直流电源（$600 \sim 800W$），可变电阻，电炉，电压表（$0 \sim 30V$），$Ag/AgNO_3$ 电极，烧杯（$200mL$），温度计，ABS塑料片，导线，塑料镊子。

2. 试剂

Zn片（电极），Ni片（电极），化学除油剂［NaOH（$80g \cdot L^{-1}$），Na_3PO_4（$30g \cdot L^{-1}$），Na_2CO_3（$15g \cdot L^{-1}$）］，立白洗洁精（$5mL \cdot L^{-1}$），化学粗化液［浓H_2SO_4（$250g \cdot L^{-1}$），CrO_3（$75g \cdot L^{-1}$）］，敏化液$SnCl_2 \cdot H_2O$（$10g \cdot L^{-1}$），HCl（36%）

（40mL·L^{-1}），Sn 粒若干，活化液［AgNO$_3$（2g·L^{-1}）滴加氨水至溶液澄清］，浸甲醛液［HCHO（37%）：H$_2$O＝1：9（体积比，蒸馏水配置）］。

化学镀铜液：由于化学镀铜液极易分解，一般配成甲、乙两组分溶液，使用时按甲：乙＝3：1混合。甲溶液：酒石酸钾钠（NaKC$_4$H$_4$O$_6$）（45.5g·L^{-1}）；NaOH（9g·L^{-1}）；Na$_2$CO$_3$（42g·L^{-1}）。乙溶液：CuSO$_4$·5H$_2$O（14g·L^{-1}）；NiCl$_2$·6H$_2$O（4g·L^{-1}）；HCHO（37%）（53 mL·L^{-1}）。

镀锌电镀液：ZnSO$_4$（36g·L^{-1}）；NH$_4$Cl（30g·L^{-1}）；葡萄糖（C$_6$H$_{12}$O$_6$）（120g·L^{-1}）；NaAc（调节 pH 用，15g·L^{-1}）。

镀镍电镀液：硫酸镍 NiSO$_4$·7H$_2$O（300g·L^{-1}）；氯化镍 NiCl$_2$·6H$_2$O（60g·L^{-1}）；硼酸 H$_3$BO$_3$（37.5g·L^{-1}）。

四、实验步骤

1. 化学镀预处理

（1）除油处理。取一块 ABS 塑料片（3cm×4cm），用自来水冲洗干净后，放入近沸的除油液中浸泡 10min，期间不断翻动镀件，除油后依次用自来水、蒸馏水清洗镀件表面，洗净镀件表面的碱液。

（2）粗化处理。除油后的镀件放入 60～70℃的粗化液中 5～10min，不断翻动镀件，防止温度过高，粗化后用自来水将沾附在镀件表面的粗化液彻底洗净。

（3）敏化处理。将镀件放在敏化液中，于室温下浸泡 3～5min 敏化后，在自来水、蒸馏水中漂洗。注意：不能用水流冲洗。

（4）活化处理。将镀件放在活化液（室温）中浸泡 3～5min活化，镀件活化后，要在甲醛溶液中浸泡几秒钟以防止多余银盐进入化学镀铜溶液。

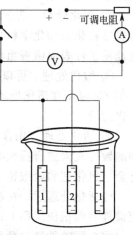

图 1　电镀装置示意图
1—阳极材料；2—塑料零件

2. 化学镀铜

用量筒量取甲液和乙液（3：1）并混合均匀，配成化学镀铜液，用 pH 试纸测定其 pH，如果 pH<12，则用 NaOH 溶液调节 pH＝12。然后将预处理的 ABS 塑料片在室温下浸入化学镀铜液，并不断翻动塑料片，20～30min 后，取出镀件，用自来水漂洗并晾干。

3. 电镀锌

按图 1 接好电镀装置线路。用 Zn 片作为阳极，导电塑料片作为阴极。应该注意，应先将塑料镀件接在阴极位置上接通电源使塑料镀件带电，再浸入镀锌液中，以防止导电金属膜侵蚀或损伤。调节可变电阻使阴极电流密度符合工艺条件（表1）。

表 1　电镀控制条件

镀层	阴极电流密度/mA·cm^{-2}	温度/℃	pH	时间/s
镀 Zn	10	20～25	3～5	20～30
镀 Ni	40	45～55	3.5～4	10～30

4. 电镀镍

电路同步骤 3，用 Ni 片作为阳极，导电塑料片作为阴极。调节可变电阻使阴极电流密度符合工艺条件（表1）。

五、结果与讨论

1. 分析讨论镀液组成对镀层的影响。
2. 根据镀层质量分析工艺条件对镀层的影响。

六、思考题

1. 化学镀的基本原理是什么？以化学镀铜为例说明。
2. 为什么要进行化学电镀预处理？
3. 进行塑料电镀时，影响电镀的因素有哪些？

实验 16
电解 MnO_2 的制备与在 KOH 溶液中的电化学行为

一、实验目的

1. 通过本实验从实践和理论上探讨电解 MnO_2 的制备。
2. 掌握无水操作技能。
3. 掌握电化学方法的基本原理及电化学工作站的使用。

二、实验原理

在当今能源危机中，化学电源无疑是解决危机的一种有效途径。锌锰电池、镍镉电池、铅酸电池以及最近发展迅猛的镍氢电池和锂离子电池均已得到广泛的应用。其中锌锰电池是一次性电池，它的价格低廉，无毒，放电性能良好，应用最广，对于它的研究也最悠久。它经历糊状电池（以 NH_4Cl 为电解质）、纸板电池（以 $ZnCl_2$ 为电解质）、碱性电池（以 KOH 为电解质）几个发展阶段。在这些电池中，MnO_2 作为其正极活性材料，Zn 为负极。目前电化学工作者们正在努力研究，希望将它作为可充放电的二次电池。对于正极活性物质 MnO_2 的研究也一直在进行中。

MnO_2 的电导率处于 $10^{-6} \sim 10^{3}$ $\Omega^{-1} \cdot cm^{-1}$ 之间，属于半导体。它有多种晶型，如 α-MnO_2、β-MnO_2、γ-MnO_2、ε-MnO_2 等。由于制备的方法不同，所得到的 MnO_2 结构也不同。例如天然的锰矿多为 α-MnO_2，而电解方法制备得到的多为 γ-MnO_2。MnO_2 的晶型不同，其电化学活性也不同。一般来说，γ-MnO_2 电化学活性很好，它是高能量密度碱性锌锰电池的原料。

前人提出"质子-电子"理论解释在碱性溶液中 MnO_2 的放电机理，认为 MnO_2 的阴极还原是伴随着质子和电子进入 MnO_2 的晶格而发生的。其中质子来自溶液中吸附在 MnO_2 表面的水分子，由导体上获得电子，而非 MnO_2 结合水中的 OH^-。这个反应直接在 MnO_2/电解质的界面上完成，继而表面上的 MnOOH 和内部的 MnO_2 进行交换，以使 MnO_2 完全反应，这要求 H^+ 向内部扩散，故称为固相扩散反应，MnO_2 的放电特性完全由这种质子的扩散过程决定。

在 γ-MnO_2 被还原的初始阶段，OH^- 和 Mn^{3+} 分别取代和占据了 O^{2-} 和 Mn^{4+} 的位置。

此时晶体的基本结构并未发生改变，这是一个均相还原过程。

$$MnO_2 + H_2O + e^- \longrightarrow MnOOH + OH^-$$

随着反应的深化，MnOOH 可以进一步被还原：

$$MnOOH + H_2O + e^- \longrightarrow Mn(OH)_2 + OH^-$$

此过程是一个溶解-还原-沉积过程。即

$$MnOOH(s) \longrightarrow [Mn(OH)_4]^-(aq) + e^- \longrightarrow Mn(OH)_4^{2-}(aq) \longrightarrow Mn(OH)_2(s)$$

实验证明，MnO_2 的充放电反应的可逆性随着 OH^- 浓度的增加而减少。在 $1mol \cdot L^{-1}$ 的 KOH 溶液中，MnO_2 只能被还原到 Mn^{3+}。Mn^{3+} 是具有电化学活性的，它能有效地被重新氧化为 MnO_2。对于 MnO_2 的充放电机理可以用循环伏安法来进行研究。

三、仪器与试剂

1. 仪器

CHI660A 或 CHI620B 型工作站，点焊机，电动搅拌器，电子天平，称量纸，聚四氟乙烯烧杯（50mL），Hg/HgO 参比电极，铂电极，剪刀。

2. 试剂

镍带，电解二氧化锰（EMD，电子级），β-MnO_2，乙炔黑（电子级），硫酸锰（A.R.），硫酸钠（A.R.），KOH（A.R.），丙酮（A.R.）。

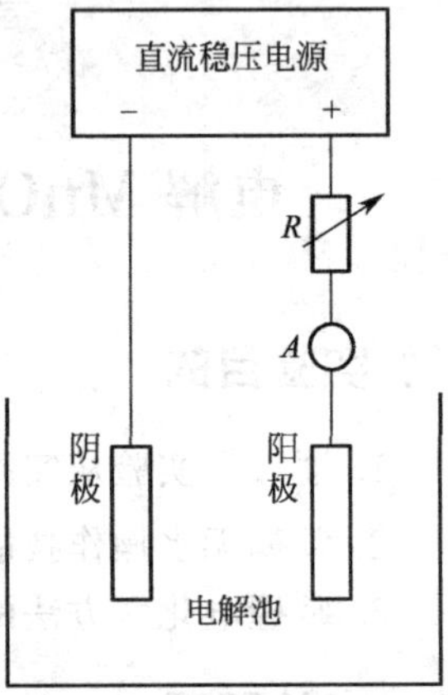

四、实验步骤

1. MnO_2 的电解制备（图 1）：将用砂纸打磨的碳电极用水清洗后，浸入 $89 \sim 99℃$ 的 $1mol \cdot L^{-1}$ $Na_2SO_4 + 0.8mol \cdot L^{-1}$ $MnSO_4$ 溶液中，在电流密度为 $5mA \cdot cm^{-2}$ 下，阳极电解 2.5h，取出后，用二次水冲洗干净，并浸在二次水中 2h 以上备用。

2. 循环伏安研究：将电解制备的 MnO_2 的碳电极作为工作电极，以 Pt 电极为对电极，Hg/HgO，OH^- 电极为参比电极，40%KOH 为电解质。以开路电势为起始扫描电势，在 $-1.3 \sim +0.7V$ 的电压范围内进行循环伏安研究，扫描速度为 $1mV \cdot s^{-1}$。仔细观察第一次扫描与第二次扫描的结果。电势扫描方向为先阴极后阳极。

3. X 衍射分析测定电解制备的 MnO_2 的结构。

图 1 电解制备线路图

五、结果与讨论

1. 分析比较 EMD 电极和 β-MnO_2 电极放电峰和充电峰电位的异同。

2. 分别分析比较 EMD 电极和 β-MnO_2 电极第一循环放电峰和第二循环放电峰电位的异同，讨论出现这种现象的原因。

六、思考题

1. 你认为 MnO_2 放电机理是什么？比较与前人提出的放电机理的异同。

2. 举例说明循环伏安法的应用范围。

实验 17
载体电催化剂的制备、表征与反应性能

Ⅰ 载体电催化剂（电极）的制备

一、实验目的

1. 了解电化学催化过程的基本原理与特色，寻找和探索研制高性能电催化剂的影响因素，目的是降低能量损失和改善电极反应的选择性。
2. 掌握玻碳电极的制备技术。
3. 了解载体电催化剂（电极）的研制过程，掌握控电流和控电位沉积的方法原理。
4. 通过对玻碳电极表面沉积高分散铂，研制载体电催化剂（电极）。

二、实验原理

电化学催化的研究可追溯到 19 世纪 60 年代。虽然溶液中氧化剂、还原剂或配合剂等对电极反应的影响也属电化学催化的范畴，但在这里着重讨论电极材料及其表面性质在决定电极反应速率与机制中的作用，探讨如何寻找合适的电催化剂和反应条件，以便减少过电位引起的能量损失和改善电极反应的选择性。

电化学催化反应的共同特点是反应过程包含两个以上的连续步骤，且在电极表面上生成化学吸附中间物，许多形成分子或使分子降解的电极反应属于此类反应。有人将电催化反应分为两种情况。

① 离子或分子通过电子传递步骤在电极表面上产生化学吸附中间物，后者再经过异相化学步骤或电化学吸附步骤形成稳定的分子。如酸性溶液中的氢析出反应

$$H_3O^+ + M + e^- \longrightarrow M{-}H + H_2O \qquad \text{（质子放电）}$$
$$M{-}H + H_3O^+ + e^- \longrightarrow H_2 + M + H_2O \qquad \text{（电化学脱附）}$$
$$2M{-}H \longrightarrow 2M + H_2 \qquad \text{（表面复合）}$$

M—H 表示电极表面上氢的化学吸附物种。O_2 和 Cl_2 的阳极析出反应及羧酸根的电氧化反应（Kolbe 反应）等属于这个类型。

② 反应物首先在电极上进行解离式（dissociative）或缔合式（associative）化学吸附，随后吸附中间物或吸附反应物再进行电子传递或表面化学反应。例如，甲酸的电氧化

$$HCOOH + 2M \longrightarrow M{-}H + M{-}COOH$$
$$M{-}H \longrightarrow M + H^+ + e^-$$
$$M{-}COOH \longrightarrow M + CO_2 + H^+ + e^-$$

或者

$$HCOOH \longrightarrow CO_{ad} + H_2O$$
$$H_2O \longrightarrow OH_{ad} + H^+ + e^-$$
$$CO_{ad} + OH_{ad} \longrightarrow CO_2 + H^+$$

此类反应的例子尚有 H_2 和甲醇等有机小分子的电氧化以及 O_2 和 Cl_2 的电还原。

电化学催化反应和化学催化反应具有许多相似之处，如乙炔在铂黑上的电催化还原过

程，不仅可以证实它与气相催化还原的反应步骤相类似，还能够证明其反应速率决定步骤都与之相同。电化学催化反应更具有其自身的重要特性，表现在电化学催化反应速率除了受温度、浓度等因素的影响外，还受电位的影响：①在上述第一类反应中，化学吸附中间物是由溶液中物种的电极反应产生的，其生成速率与表面覆盖度直接相关；②因为电化学催化反应是在电极/溶液界面上进行的，所以改变电极电位将导致金属电极表面电荷密度变化，从而使电极表面呈现出可调变的路易斯酸-碱特征；③电位的变化直接影响电极/溶液界面上的离子吸附和溶剂取向，进而影响到反应剂和中间物的吸附；④在上述第二类反应中形成的吸附中间物通常借助电子传递步骤进行脱附，速率均与电位有关。电极/溶液界面上的电位可在较大范围内随意变化，从而能够方便、有效地控制反应速率和反应选择性。

大量事实证明，电极材料对反应速率有明显的影响，而反应选择性不仅取决于反应中间物的本质及稳定性，而且取决于溶液中或电极界面上进行的各个连续步骤的相对速率。电催化剂的活性首先取决于材料本身的化学组成，目前已知的电催化剂材料有金属、合金、半导体和大环配合物等不同形式，但大多与过渡金属有关。与多相化学催化一样，催化剂的电子因素和几何因素在电化学催化中同样起重要作用。过渡金属物种具有未成对的电子和未充满的轨道，能够与吸附物形成吸附键，因而常作为电催化剂。然而，不同过渡金属上的吸附自由能存在着差异。电子因素的另一重要表现是过渡金属氧化态的变化，在电催化反应中这种情况相当重要。其次，催化剂的颗粒尺寸与形状对其催化活性可能产生明显的影响。催化剂的微观结构对不同反应的影响不尽相同。有些反应对表面精细结构的变化很敏感，如析氢反应和有机小分子电氧化，它们被称为结构敏感的反应（demanding reaction）。有些反应对表面精细结构的变化不敏感，如氯析出反应和酸性溶液中的氧还原，它们被称为结构不敏感的反应（facile reaction）。因此，对两类不同反应的催化剂应有不同的要求，结构敏感反应的催化剂活性与制备条件紧密相关。再次，溶液中微量杂质的存在会明显改变电极的催化活性。用吸附某种组分修饰电极表面，可达到调变活性和选择性的目的。例如，为了消除甲酸氧化中的自毒化效应，一种办法是在溶液中加入痕量添加剂（催化剂毒物，如 SH^-、Hg、Pb 和 CH_3CN），以提高双电层充电电位区的反应速率。这些添加剂的作用是：它们在电极上的选择性吸附，既能保证解离吸附反应的进行，又能抑制毒物的生成（因毒物 COH 的形成需要有 3 个相连的原子位置，而上述添加剂的吸附只需 1 个原子位置）。这种作用被称为"第三体效应（third-body effect）"。

在电化学催化的应用研究中，至关重要的课题之一，莫过于寻找和制备高性能的电催化剂。以碳或氧化物为载体，在其表面上沉积催化物质，可显著提高催化剂的利用率，降低成本。铂的催化活性较高，因此，对载体上沉积铂制备实用型电催化剂的研究一直受到重视。本实验试图通过对玻碳表面沉积高分散铂，研制载体电催化剂（电极）。

三、仪器与试剂

1. 仪器

恒电位仪（具备电位扫描功能，型号不限）及其数据收录系统。

三电极电解池体系：玻碳电极作为工作电极，饱和甘汞电极作为参比电极，Pt 片镀铂黑作为辅助电极。

2. 试剂

H_2PtCl_6，H_2SO_4（A. R.）。

四、实验步骤

1. 玻碳电极（GC，$\Phi = 6.0$mm）通过聚四氟乙烯材料包封制成，电极表面用1~6号金相砂纸研磨，然后以超声波水浴清洗除去表面研磨杂质。

2. 在上述的基础上，改用5~0.05μm Al_2O_3研磨粉在研磨布上继续研磨，直至得到光亮的镜面，再经超声波清洗备用。

3. 电解质溶液为0.5mol·L^{-1} H_2SO_4，研究电极为玻碳电极（GC），辅助电极为Pt片镀铂黑电极，参比电极为饱和甘汞电极（SCE）。在恒电位仪上进行循环伏安（CV）检测，电位扫描区间-0.25~1.25 V，扫描速率50m V·s^{-1}，记录极化曲线。

4. 在恒电流条件下沉积铂黑，通过控制沉积电量制成不同铂黑层厚度的研究电极（Pt/GC）。

五、结果与讨论

1. 载体电催化剂研制过程中必须注意哪些主要环节？控电流沉积和控电位沉积有何差异？如何考虑沉积效率？

2. 恒电位仪工作选择置于测量（极化）挡时，为什么一定要先连接好电解池体系的线路？反之，测量结束要移去电解池体系时，为什么又必须先将开关回置到预控（假负载）挡？

3. 玻碳（GC）电极与载体电催化剂（Pt/GC）电极在0.5mol·L^{-1} H_2SO_4溶液中的循环伏安（CV）曲线是否一致？为什么？

六、思考题

1. 玻碳电极采用聚四氟乙烯包封的目的是什么？为什么在制备电极时玻碳采用了聚四氟乙烯材料包封，而在研磨电极时又强调玻碳表面与聚四氟乙烯包封支撑体尽可能控制其保持垂直？

2. 载体电催化剂（Pt/GC）中Pt层的厚度可以通过控制沉积电量而实现。若要考虑相互之间的可比性，应如何控制和改变实验条件？

Ⅱ 载体电催化剂（电极）的电化学表征
——线性电位扫描伏安法

一、实验目的

1. 掌握线性电位扫描伏安法的基本原理。
2. 掌握载体电催化剂电化学表征的方法原理。
3. 掌握载体电催化剂研制的最佳条件。
4. 掌握有关仪器的正确使用方法。
5. 掌握载体电催化剂（Pt/GC）电极表面的修饰技术，计算修饰物种的覆盖度θ。

二、实验原理

氢析出反应是当前了解金属电化学催化作用的最好例证，这不仅由于该反应本身比较简单，它的动力学已在大多数金属电极（除碱金属和碱土金属外）上研究过，而且因为气相和

溶液中氢吸附的实验资料较为丰富。金属电极上氢析出反应通常表示为

$$2H_3O^+ + 2e^- \longrightarrow H_2 + 2H_2O \qquad (酸性溶液中)$$

$$2H_2O + 2e^- \longrightarrow H_2 + 2OH^- \qquad (碱性溶液中)$$

普遍认为，该过程由如下基元步骤组成。

（1）质子放电步骤（Volmer 反应）

$$2H_3O^+ + M + e^- \longrightarrow M{-}H + H_2O$$

或

$$H_2O + M + e^- \longrightarrow M{-}H + OH^-$$

（2）化学脱附或催化复合步骤（Tafel 反应）

$$M{-}H + M{-}H \longrightarrow 2M + H_2$$

（3）电化学脱附步骤（Heyrovsky 反应）

$$M{-}H + H_3O^+ + e^- \longrightarrow H_2 + H_2O + M$$

或

$$M{-}H + H_2O + e^- \longrightarrow H_2 + OH^- + M$$

在氢析出过程中首先由放电步骤形成吸附氢原子，然后经过化学脱附或电化学脱附步骤再生成 H_2。Horiuti 和 Okamoto 曾提出另一种机理

$$2H_3O^+ + M + e^- \longrightarrow M{-}H_2^+ + 2H_2O$$

$$2H_2O + M + 2e^- \longrightarrow M{-}H_2^+ + 2OH^-$$

$$M{-}H_2^+ + e^- \longrightarrow H_2 + M$$

大量事实表明，所述反应机理及速率决定步骤不仅依赖于电极金属的本质和表面状态，而且随着电极电位（或电流密度）和溶液组成以及温度等因素的变化而变化。

氧还原具有另一种典型的电催化反应机理。由于开发低温燃料电池的需要，自 20 世纪 60～70 年代开始氧还原的动力学和机理就成为研究的重要领域。在水溶液中，氧还原可按两种途径进行。

（1）直接 4 电子途径

$$O_2 + 2H_2O + 4e^- \longrightarrow 4OH^- （碱性溶液中，E^\ominus = 0.401V）$$

$$O_2 + 4H^+ + 4e^- \longrightarrow 2H_2O （酸性溶液中，E^\ominus = 1.229V）$$

（2）过氧化物途径

$$O_2 + H_2O + 2e^- \longrightarrow HO_2^- + OH^- （E^\ominus = -0.065\ V）$$

$$HO_2^- + H_2O + 2e^- \longrightarrow 3OH^- （E^\ominus = 0.867V）$$

$$2HO_2^- \longrightarrow 2OH^- + O_2$$

或者

$$O_2 + 2H^+ + 2e^- \longrightarrow 2H_2O_2 （E^\ominus = 0.67\ V）$$

$$H_2O + 2H^+ + 2e^- \longrightarrow 2H_2O （E^\ominus = 1.77\ V）$$

$$2H_2O_2 \longrightarrow 2H_2O + O_2$$

直接 4 电子途径实际上需要经过许多步骤使 O_2 还原为 H_2O 或 OH^-，这些步骤中可能出现吸附的过氧化物中间体，但总结果不会导致溶液中过氧化物的形成；过氧化物途径引起溶液中过氧化物的形成。旋转环盘电极技术常被用于区别这两种途径，在环电极上可检测出 O_2 在盘电极上还原而生成的过氧化物。

线性电位扫描伏安法属暂态研究方法，它在电化学研究中占有重要地位，经常作为首先

采用的实验手段。恒电位仪在控电位状态下，选择某初始电位，通常取相应电流为零（无电极反应发生）的电位。然后令电极电位按指定的方向和速率随时间线性变化，并记录极化电流和电极电位的关系。若电位扫描至某一电极电位值就终止实验，称单程电位扫描伏安法。若再以相同速率逆回初始电位才终止实验，称循环伏安法。若继续重复循环直至相对稳定后才记录伏安曲线，称重复循环伏安法。电极电位扫描范围由研究对象和要求确定，在水溶液体系中，可选择在析氢和吸氧电位范围内。在线性电位扫描伏安法实验中，最基本的变量是扫描速率，通常在每秒数毫伏和每秒数十伏之间。扫描速率过快，非法拉第的双电层电容充电电流和溶液欧姆电位降会严重歪曲实验结果。扫描速率太慢，则会影响实验检测灵敏度。

在线性电位扫描伏安过程中，若在某一电位出现电流峰，就表明在该电位发生了电极反应（有时与法拉第吸脱附过程有关）。每一电流峰对应一个反应。在循环伏安法和重复循环伏安法中，若在正向扫描时电极反应的产物足够稳定，能在电极表面发生电极反应，那么在逆回扫描电位范围内将出现与正向电流峰相对应的逆向电流峰。若无相应的逆向电流峰，就说明该正向电极反应是完全不可逆的，或者产物是完全不稳定的。根据每一峰电流相对应的每一峰电位值，从标准电极电位表、pH电位图和已掌握的知识便可以推测出在所研究电位范围内可能会发生哪些电极反应。因此伏安曲线图可视为电化学电位谱图。它对于开展研究工作、掌握研究体系性质是十分重要的。

循环伏安法是其中最常用的方法。而我们又该如何观察伏安曲线呢？或者说从那些典型的伏安曲线中应记取哪些有关实验数据呢？主要有：①正向峰值电流 i_{pc}；②正向峰值电位 E_{pc}；③正向半峰电位 $E_{p/2}$；④逆向峰值电流 i_{pa}；⑤逆向峰值电位 E_{pa}。一般逆向数据还与逆向电位 E_λ 值有关。为了避免 E_λ 值的影响，通常取 E_λ 为越过峰值电位后的 120mV 电位值，对于可逆电极反应可取小些，如 70mV。这时逆向数据就与逆向电位无关了。其次，逆向峰值电流不能像正向峰值电流那样用零电流作为基线计算峰值电流值，而是用正向电流延伸线作为基线计算逆回峰值电流值。若在扫描电位范围内出现多峰，第 1 个峰值电流可用零电流作为基线计算。但是，在计算后峰电流值时要注意前峰的影响，应该用前峰电流的延伸线作为基线计算后峰电流值。

应用循环伏安法研究电极过程动力学的主要实验依据是以下变量随电位扫描速率 v 变化的规律：①正向峰值电流函数（$i_{pc}/\sqrt{v}$）与 v 的关系；②扫描速率变化 10 倍引起正向峰值电位（有时也用半峰电位）变化值，即（$\Delta E_{pc}/\Delta \lg v$）与 v 的关系；③峰值电流比，即（逆向峰值电流 i_{pa}/正向峰值电流 i_{pc}）与 v 的关系；④峰值电位差，即正向和逆向峰值电位差的绝对值 $|E_{pa}-E_{pc}|$ 与 v 的关系。各种电极过程的上述循环伏安法规律已有理论分析结果。在循环伏安曲线中，正向伏安曲线不受逆向伏安曲线影响。也就是说，不管是否有做逆扫的实验，或者逆扫时会出现什么情况，都不影响正向伏安法曲线的实验规律。因此，单程电位扫描伏安法中正向扫描伏安曲线规律完全相同。关于重复循环伏安法规律，只能定性地参照循环伏安法规律进行讨论，迄今尚无数学解析结果。

对于反应物和产物均可溶的简单电极反应 O + R 情况，无论是可逆或者是完全不可逆时，其正向峰值电流函数都与扫描速率 v 无关。这意味着峰值电流正比于 $\sqrt{v}$，不过它们的比例系数略有差别。若是准可逆时，正向峰值电流仍随扫描速率增加而增加，但与 $\sqrt{v}$ 不呈严格的比例关系，低速接近可逆情况，高速接近不可逆情况，v 每增加 10 倍引起正向峰值电位变化规律，对于可逆电极反应 $\Delta E_{pc}/\Delta \lg v = 0$，与 v 无关，它的峰值电位差 $|E_{pa}-E_{pc}| = 58$ mV $\cdot n^{-1}$（25℃），也与 v 无关。这说明可逆伏安曲线将不会因扫描速率变化而

引起电流峰在电位轴方向的移动。对于完全不可逆反应，$\Delta E_{p/2}/\Delta \lg v = 30\text{mV} \cdot n^{-1}$（25℃），扫描速率增加，正向阴极还原峰值电位往负移，正向阳极氧化峰值电位往正移。对于准可逆电极反应，峰值电位也有类似情况，不过移动量的大小，取决于动力学参数。可逆简单电极反应的峰值电流比为1，与v无关。完全不可逆电极反应，无逆向峰。准可逆电极反应的循环伏安曲线，最重要的是峰值电位差的规律，用它可判定电极反应的可逆性和估算标准速率常数$K^{\ominus}$。

图1是Pt/GC电极在$0.5\text{mol} \cdot \text{L}^{-1}$ H_2SO_4溶液中的循环伏安图。从图1中可以观察到在$-0.25 \sim 0.15\text{V}$电位区间（vs. SCE）出现两对电流峰，归因于氢的吸附和脱附过程；当电位正向扫描时，在0.8V电位附近出现一个较大的阳极电流包峰，归因于氧的吸附和铂电极上氧化物种的形成。而当电位负向扫描时，在0.5V电位附近观察到非常明显的阴极还原峰，归因于铂电极上氧化物的还原。由该图可得出以下信息：①电流峰的数目反映了不同吸附态的存在，峰电位值E_p表示相应吸附自由能的大小；氢吸附区中E_p较负的电流峰表示氢的弱吸附，而较正的电流峰表示氢

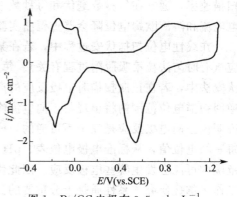

图1 Pt/GC电极在$0.5\text{mol} \cdot \text{L}^{-1}$ H_2SO_4溶液中的循环伏安图

的强吸附；②电流峰的面积等于电量，相当于吸附量的大小。在金属铂单晶电板上氢峰对应的电量约为$210\ \mu\text{C} \cdot \text{cm}^{-2}$（依晶面略有不同），将这个电量转化为摩尔数并同金属表面的原子密度比较，可知其值等价于单原子层吸附；③半路宽$\Delta E_{1/2}$（half-width of peak）反映吸附物侧向作用的强弱。在Langmuir吸附条件下，$\Delta E_{1/2} = 90.6\ \text{mV} \cdot n^{-1}$，当存在侧向掩护作用时$\Delta E_{1/2}$增大；④阴、阳极峰的对称性：阴、阳极峰分别表示吸、脱附过程，峰的形状和峰电位之差ΔE_p反映过程的可逆性。电流峰越对称，表示可逆性越好。如图1所示，氢在铂上的吸附是可逆的，而氧的吸附不可逆。但是必须注意，侧向作用会影响电流峰的对称性。此外，尚可根据扫描速率、温度等因素对电流和E_p的影响来确定吸附单层的动力学以及吸附层中原子的移动性。

三、仪器与试剂

1. 仪器

恒电位仪（具备电位扫描功能，型号不限）及其数据收录系统。

三电极电解池体系：载体电催化剂（Pt-GC电极）作为工作电极，饱和甘汞电极作为参比电极，Pt片镀铂黑作为辅助电极。

2. 试剂

H_2PtCl_6（A. R.），H_2SO_4（A. R.），Sb_2O_3（A. R.）。

四、实验步骤

1. 在$0.5\text{mol} \cdot \text{L}^{-1} H_2SO_4$电解质溶液中，将制得的载体电催化剂（Pt/GC电极）作为研究电极，Pt片镀铂黑电极为辅助电极，饱和甘汞电极（SCE）为参比电极。选用$-0.25 \sim 1.25\text{V}$的电位扫描区间和$50\text{mV} \cdot \text{s}^{-1}$扫描速率，在恒电位仪上进行循环伏安（CV）检测，记录极化曲线，并将结果进行比较讨论。

2. 将制得的 Pt/GC 电极置于 $0.01 mol \cdot L^{-1} Sb^{3+} + 0.5 mol \cdot L^{-1} H_2SO_4$ 溶液中并保持 10 min，制备修饰电极（Sb-Pt/GC）。

3. 在 $0.1 mol \cdot L^{-1} HCOOH + 0.5 mol \cdot L^{-1} H_2SO_4$ 溶液中，分别采用（Pt/GC）电极和经过 Sb 修饰的（Sb-Pt/GC）电极，选取一定的电位扫描区间和扫描速率，对甲酸在（Pt/GC）和（Sb-Pt/GC）上电催化氧化的 CV 特征进行研究。

4. 将分别采用恒电流法和循环伏安法制备的载体电催化剂（电极）置入 $0.5 mol \cdot L^{-1}$ H_2SO_4 溶液中采用循环伏安技术进行电化学表征。

5. 观察比较不同电催化剂层厚度和不同扫描速率时 CV 曲线的差别，并以峰电流值和峰电位值对 v 作图，观察其变化情况。

6. 观察比较不同制备方法的差别。

五、结果与讨论

1. 在研究载体电催化剂过程中，哪些主要因素必须考虑？

2. 通过线性电位扫描伏安法研究可获得哪些主要的实验数据？这些参数代表的物理意义是什么？有何应用前景？

六、思考题

1. 电化学表征的主要依据是什么？

2. 采用线性电位扫描伏安法或循环伏安法应该注意的事项是什么？

Ⅲ 载体电催化剂（电极）在有机小分子氧化中的电催化特性

——阶跃电位和阶跃电流暂态实验技术

一、实验目的

1. 了解电化学体系中传质过程的基本规律。
2. 了解暂态和稳态实验技术的特点。
3. 掌握暂态实验技术的基本原理和实验技能。
4. 通过暂态实验技术研究有机小分子电催化氧化过程的反应机理。

二、实验原理

有机物分子的电氧化过程同样具有一种典型的电催化反应机理。具体表现如下。

1. 直接的解离化学吸附-氧化机理。例如，甲酸氧化过程，HCOOH 分子在电极表面解离并形成吸附的 H 原子和 HCOO 残基，然后二者各自直接进行电氧化。

2. 双功能反应机理（bifunctional mechanism）。其特点是解离吸附生成的分子碎片被电极上的反应性表面氧化物氧化。以甲醇氧化为例，分子先进行解离吸附

$$CH_3OH + 6Pt \longrightarrow Pt_3C—OH + 3Pt—H$$

接着吸附 H 原子进行电化学脱附

$$3Pt—H \longrightarrow 3Pt + 3H^+ + 3e^-$$

含碳物种与预生成的表面氧化物 Pt_4OH 反应

$$Pt_3C—OH + 3Pt_4OH \longrightarrow 15Pt + CO_2 + 2H_2O$$

随后进行表面氧化物的电化学再生

$$4Pt + H_2O \longrightarrow Pt_4OH + H^+ + e^-$$

3. 碳离子机理。在此机制中引入有机物中的氧直接来源于水，而不是预生成的表面氧化物，即含碳物种的氧化由碳离子与 H_2O 的反应而发生，一般表示为

$$R \longrightarrow R^+ + e^-$$
$$R^+ + H_2O \longrightarrow ROH + H^+$$

为了使有机物完全氧化为 CO_2，需要进行一连串的碳离子生成步骤。碳离子的形成需要较高的能量，有机小分子在贵金属上的氧化通常发生在较低的电位下，因此不易形成碳离子。然而，某些羧酸的 Koble 反应发生在较正的电位区（大于 2.2V），可能按碳离子机理进行。况且在这样正的电位下，贵金属表面生成的厚氧化层不具氧化活性。

图 2 是甲酸在 Pt/GC 电极上氧化的循环伏安图，反映了有机小分子电氧化的一般特征。在阳极扫描时出现 3 个氧化峰，A_1 在双电层充电区（0.3~0.6 V），A_2 在 Pt 表面初始氧化的电位区（0.6~0.9V），而 A_3 在 Pt 的表面进一步氧化为 PtO 的电位区（0.8~1.3V）。阴极扫描时则在比 0.4 V 更负的电位区出现高的氧化峰 A_4，被解释为 Pt 表面氧化物还原再生为"洁净"的 Pt 表面位置，按解离吸附反应的机理进行。在之后的电极扫描中 A_1 峰的电流明显下降，是由于表面受某些强吸附物种 P "毒化"所致。与此同时，A_3 却随 A_1 对应失活时间的延长而增大。有关"毒物"P

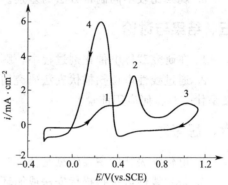

图 2　Pt/GC 在 $0.1mol \cdot L^{-1}$ HCOOH+ $0.5mol \cdot L^{-1}$ H_2SO_4 中的循环伏安图

的化学本质已有许多研究，分别被认为是 COH、还原态的 CO_2 或 CO 等。近年来原位（in situ）漫反射红外光谱实验证实 P 更可能是吸附的 CO，但并不排除 COH 存在的可能。虽然 P 的本质有待继续研究，但可以肯定在表面氧化区（大于 0.6V），它的除去按双功能机理进行。

阶跃电位时间电流法通常取无电化学反应发生的电极电位作为初值，从该初值电位跃迁到某一电位后保持不变，同时记录相应极化电流随时间的变化。对于简单电极反应的时间电流曲线与电极反应可逆性和阶跃电位值有关。若阶跃电位足够大，在测量时间范围内电极表面反应物浓度为零的情况下，时间电流曲线 $i_d(t)$ 就与电极反应可逆性和阶跃电位值无关，仅与反应物扩散过程有关，且满足 Cottrell 方程

$$i_d(t) = \frac{nFAc^* \sqrt{D}}{\sqrt{\pi t}} \tag{1}$$

从式（1）给出的 $i_d(0)$ 初值为无穷大。由于恒电位仪输出能力和时间响应的关系，$i_d(0)$ 实验测量值不可能是无穷大，而是有限量。在初期的电流测量值中包含有非法拉第双电层充电电流。为了避免它的影响，在数据处理时应遵循后期取样的原则。

时间-电流曲线一般很难获得光滑的曲线，且后期电流的信噪比较低。采用时间库仑曲线可以克服这些不足。将电流输出改换成经积分电路输出电量，记录时间库仑曲线。阶跃电位时间库仑曲线是增函数曲线，提高了后期信噪比。同时积分电路具有滤波平滑功能，一般可获得比较光滑的曲线，提高了数据处理精度。此外，时间库仑法还是研究电极表面吸附的重要实验手段。

阶跃电流时间电位法恰好与阶跃电位时间电流法相反，控制的是极化电流，测量的是相

应的时间电位曲线。初值取极化电流为零，阶跃某一极化电流 i，记录电极电位随时间的变化。电极电位未达到电化学反应发生期间，它将按双电层电容充电规律急剧上升。当电极反应发生时，电极电位随时间变化变得比较平缓，并且持续到电极表面反应物浓度降为零时，电极电位又恢复急剧上升直至另一电极反应发生，电极电位又转为比较平缓。相应电极电位变化平缓区间的时间称过渡时间 τ，表征电极表面反应物浓度在扩散过程补充情况下从初值降为零所花费的时间。过渡时间是阶跃电流法的重要实验数据。在过渡时间内电极电位变化规律与电极反应可逆性有关，但过渡时间 τ 值与电极反应可逆性无关，仅与反应物扩散过程有关，且满足 Sand 方程

$$i\sqrt{\tau} = \frac{nFAc^*\sqrt{\pi D}}{2} \qquad (2)$$

从式（2）可知，阶跃电流 i 值与过渡时间 τ 的平方根成反比。从实验时间电位曲线确定过渡时间应校正非法拉第双电层电容充电的影响。时间电位曲线一般分 3 段，初始电位急剧上升段、中间电位变化平缓段、末期电位急剧上升段。分别作这 3 段曲线的渐近线，利用它们的交点在时间轴投影的距离确定过渡时间值。

三、仪器与试剂

1. 仪器

恒电位仪［具备程序电位（流）阶跃功能和电位扫描功能，型号不限］及其数据收录系统。

三电极电解池体系：载体电催化剂（Pt/GC 电极）作为工作电极，饱和甘汞电极作为参比电极，Pt 片镀铂黑作为辅助电极。

2. 试剂

H_2PtCl_6，$HCOOH$，H_2SO_4，Sb_2O_3，$K_3Fe(CN)_6$，$K_2Fe(CN)_6$，均为分析纯。

四、实验步骤

1. 载体电催化剂（Pt/GC）电极在 $Fe(CN)_6^{3-}/Fe(CN)_6^{4-}$ 体系中，选择不同的阶跃电位，测定其 i-t 曲线，依 Cottrell 方程，求解扩散系数 D。

2. 分别将（Pt/GC）和（Sb-Pt/GC）电极转移到 $0.1mol \cdot L^{-1}$ $HCOOH + 0.5mol \cdot L^{-1}$ H_2SO_4 中，选择不同的阶跃电位，测定其 i-t 曲线。

3. 采样电流伏安法实验。

4. 阶跃电位时间库仑法实验。

5. 判断反应物或产物的稳定性和吸附情况。

6. 选择不同的阶跃电流，测定其 E-t 曲线，依 Sand 方程，求解扩散系数 D。

五、思考题

1. 暂态和稳态实验技术之间有何区别？暂态技术的特点是什么？实验曲线的特征参数又是什么？

2. 进行暂态实验时必须注意哪些关键的操作步骤？

3. 在研究一组阶跃实验时，每次实验之间必须搅拌溶液，为什么？

4. 如何从实验曲线中估算反应物或产物的吸附量？

5. 如何从实验曲线中判断简单电极反应和催化电极反应？

Ⅳ 载体电催化剂（电极）在有机小分子氧化中的电催化特性
——旋转圆盘与旋转环盘技术

一、实验目的

1. 了解流体动力学的基本原理。
2. 掌握 RDE 和 RRDE 的方法原理及其应用。
3. 掌握双恒电位仪和旋转系统的正确使用技术。
4. 了解有机小分子在环盘电极体系的电催化反应过程。

二、实验原理

旋转圆盘电极通常是由电极材料与绝缘材料做成的。常见电极材料有 Pt、Au 和 GC（玻璃碳）。绝缘材料最常见是 Teflon 和有机玻璃。把它固定在旋转轴上，部分浸在溶液中，通过马达旋转电极，带动溶液按流体力学规律建立起稳定的强迫对流状态。旋转圆盘电极最基本的实验就是在强迫对流状态下，测量不同转速的稳态极化曲线。在溶液相中，同时存在扩散传质过程和对流传质过程。表征这些传质过程的动力学参量是对流扩散层厚度 δ_d。在稳态条件下

$$\delta_d = 1.61 \gamma^{1/6} D^{1/6} \omega^{-1/2} \tag{3}$$

式中，γ 为动力黏度，流体黏度与密度之比，$cm^2 \cdot s^{-1}$。对流扩散层厚度与转速平方根成反比。流体边界层厚度 δ_c 是描述强迫对流状态的流体力学参量。在层流稳态条件下

$$\delta_c = 3.6 \sqrt{\frac{\gamma}{\omega}} \tag{4}$$

它也与转速平方根成反比。极化曲线中极限电流 i_1 与对流扩散层厚度 δ_d 之间有如下关系

$$i_1 = nFAD \frac{c^*}{\delta_d} = 0.62FAc^* D^{2/3} \gamma^{-1/6} \omega^{1/2} \tag{5}$$

式中，A 和 c^* 表示电极面积和反应物本体浓度。极限电流 i_1 与转速平方根成正比。它的数值可以从极化曲线中获得。利用上式关系确定反应物扩散系数 D（已知 c^* 和 γ），或者确定未知浓度 c^*（已知 i_1-c^* 的标准曲线）。

旋转圆盘电极技术之所以使它成为测量稳态极化曲线的重要手段，是因为该技术具有以下优点。其一，易于建立稳态。当电极反应发生时，由于表面反应物消耗形成了浓度分布。在任一位置取一单元，反应物由扩散进入该单元的流量将小于从该单元出来的流量。在静止溶液中，由于该单元的反应物得不到足够补充，浓度下降。这情况要持续到浓度分布曲线是直线为止，才能在静止溶液中建立起稳定状态。而在旋转圆盘电极中，情况就不同了，除了扩散传质过程外，还存在着对流传质过程。对流传质情况正好与扩散传质相反，对流进入该单元的流量大于对流出来的流量。扩散流量补充不足以从对流流量得到补偿。在这两种过程联合作用下，更易于建立稳态。在浓度分布曲线还是弯曲的情况下就可以达到稳定状态。其二，稳态极化曲线重现性好。在静止溶液中（即在自然对流状态下），稳态扩散层厚度等于自然对流边界层厚度，受外界影响大，不易获得稳定的、重现性好的稳态极化曲线。在旋转圆盘电极中，情况就大不相同。试比较对流扩散层厚度和对流边界层厚度，即

$$\frac{\delta_d}{\delta_c} = \frac{1.61}{3.6} \sqrt{\frac{D}{\gamma}} \tag{6}$$

代入水溶液 $D=10^{-6}\ \mathrm{cm}^2/\mathrm{s}$ 和 $\gamma=10^{-2}\ \mathrm{cm}^2\cdot\mathrm{s}^{-1}$ 时，该比值约为 0.05，与转速无关。这说明在任一转速下，对流扩散层厚度均远小于流体边界层厚度（约 5%），受到流体边界层有力保护。因此，在旋转圆盘电极下测量稳态极化曲线稳定，重现性好。其三，可通过转速控制溶液相传质过程。通常，实验极化曲线是表面电极反应过程溶液相传质过程的综合反映，若要研究电极表面反应过程，就要抑制溶液相传质的影响。例如，在酸性溶液中 Ni^{2+} 或 Co^{2+} 的电沉积。它涉及复杂表面电极过程，同时还受溶液相传质的影响。若用旋转圆盘电极技术，当转速达 $2000\mathrm{r}\cdot\mathrm{min}^{-1}$（离子浓度为 $1.22\mathrm{mol}\cdot\mathrm{L}^{-1}$）以上，稳态极化曲线的电流就与转速无关了。在此情况下溶液相传质过程影响可忽略，从而得到相当满意的 Tafel 实验极化曲线和无浓差电极阻抗复数平面图，简化了实验数据的分析，提高了电极表面过程的检测精度。

在分析旋转圆盘电极稳态极化曲线时，常使用式（3）、式（4）和式（5）的基本关系式。但必须清楚这是有条件的，应在层流状态下使用。因此，在电极和电解池设计方面和转速控制方面，要力求使溶液旋转运动处于层流状态，才能给出正确的实验结果。液体在三维空间中运动，存在着轴向流体速率分量、径向流体速率分量和角向流体速率分量。然而，在推导公式时，使用的对流扩散方程是一维的，只考虑轴向对流扩散过程。这种简化只有在 $\delta_d \leqslant r_1$（圆盘研究电极半径）情况下才是真实的，才能给出满意结果。要使 δ_d 足够小，转速就不能太低。

旋转环盘电极是旋转圆盘电极技术的重要扩展。它是在圆盘电极外，再加一个环电极。环电极与盘电极之间的绝缘层宽度（r_2-r_1）很小，一般控制在 $0.1\sim0.5\ \mathrm{mm}$。盘电极和环电极在电学上是不相通的，由各自恒电位仪控制。旋转环盘电极特别适用于可溶性中间产物的研究。

在旋转环盘电极中，盘电极行为并不会因为外面有一环电极而受影响，所有旋转圆盘电极的关系式都适用于盘电极。在离盘电极很狭小间隔设计一环电极，目的是收集盘电极反应的产物或者中间产物。描述该收集实验的重要参量是收集率 N。控制环电极电位使盘电极反应的中间产物或者产物到达环电极时能发生电极反应，且处于极限电流状态。这时环电流 i_R 与盘电极产生流量的电流之比值称收集率 $N \equiv i_R/i_D$。若产物在电极表面是稳定的，不会发生进一步反应，以及它在溶液中也是稳定的，不会发生化学分解时，收集率 N 仅是 r_1、r_2 和 r_s 的函数而与转速无关，与盘电位也无关。也就是说，满足上述条件的稳定产物，一旦环盘电极尺寸确定，该收集率就是一常数。各种尺寸的收集率 N 值可从有关文献中查出。若产物不稳定，实验测量的收集率将低于理论值且与转速、盘电位有关。利用这些规律可以揭示盘电极反应机制。简单电极反应动力学参数测量如下。

设有简单电极反应 $\mathrm{O} + n\mathrm{e}^- \Longrightarrow \mathrm{R}$，它在旋转圆盘电极表面的电流 i 为

$$\frac{i}{i_o}=\frac{c_O^S}{c_O^*}\exp\left(-\frac{\alpha nF}{RT}\eta\right)-\frac{c_R^S}{c_R^*}\exp\left(\frac{\beta nF}{RT}\eta\right) \tag{7}$$

式中，i_o 为交换电流。过电位 $\eta = E\text{-}E_{\mathrm{eq}}$。同时，有关系式

$$i=\frac{nFAD_O(c_O^*-c_O^S)}{\delta_{dO}}=i_{IC}\left(1-\frac{c_O^S}{c_O^*}\right) \tag{8}$$

$$i=\frac{nFAD_R(c_R^S-c_R^*)}{\delta_{dR}}=i_{IR}\left(\frac{c_R^S}{c_R^*}-1\right) \tag{9}$$

其中

$$i_{IO} = 0.62nFAc_O^* D_O^{2/3} \gamma^{-1/6} \omega^{1/2}$$

$$i_{IR} = 0.62nFAc_R^* D_R^{2/3} \gamma^{-1/6} \omega^{1/2}$$

联立式(7)～式(9)，消去 c_R^S 和 c_O^S，整理成旋转圆盘电极简单电极反应的稳态极化曲线方程

$$\frac{1}{i} = \frac{1}{i_{NC}} + \frac{\lambda(\eta)}{\sqrt{\omega}} \tag{10}$$

式中，i_{NC} 为无浓差极化电流，即

$$i_{NO} = i_O \exp\left(-\frac{\alpha nF}{RT}\eta - \frac{\beta nF}{RT}\eta\right) \tag{11}$$

式中，α，β 为传递系数；n 为电子得失数；F 为法拉第常量；$\lambda(\eta)$ 为电位函数，即

$$\lambda(\eta) = \frac{1.61\gamma^{-\frac{1}{6}}}{nFA} \left[\frac{(c_O^*)^{-1} D_O^{-\frac{2}{3}} + (c_R^*)^{-1} D_R^{-\frac{2}{3}} \exp(-nF\eta/RT)}{1 - \exp(-nF\eta/RT)} \right] \tag{12}$$

上述推导规定阴极还原电流为正，阳极氧化电流为负。其中 i_{IO} 和 i_{IR} 是极限电流的含义，但是它们在这里总是正值。不妨把它们理解为表征对流扩散过程的参量。实验阴极还原极限电流是 i_{IO}，但实验阳极氧化极限电流只是绝对值等于 i_{IR}。

三、仪器与试剂

1. 仪器

双恒电位仪及其数据收录系统，旋转圆盘电极的转速控制与调节系统。

三电极电解池体系：分别采用 Pt 旋转圆盘电极、Pt/GC 旋转盘电极和 Sb-Pt/GC 旋转盘电极作为工作电极，饱和甘汞电极（SCE）作为参比电极，Pt 片镀铂黑作为辅助电极。

四电极电解池体系：Pt-Pt 旋转环盘电极作为工作电极，饱和甘汞电极（SCE）作为参比电极，Pt 片镀铂黑作为辅助电极。

2. 试剂

H_2SO_4，HCOOH，Sb_2O_3 均为分析纯。

四、实验步骤

1. 调整好旋转环盘电极与参比电极和辅助电解池的相对位置，以免在电极旋转过程中受到损坏。

2. 调节转速必须遵循由低逐渐向高的原则，最后到达实验要求的转速。克服湍流，保持层流状态。

3. 载体电催化剂（Pt/GC）和（Sb-Pt/GC）电极在 $0.5 mol \cdot L^{-1}$ H_2SO_4 溶液中，测量不同转速情况下的盘电极和环电极的极化曲线。求解扩散系数。

4. 屏蔽实验，求解屏蔽系数。

5. 收集实验，求解收集系数。

6. 测定有机小分子电催化氧化过程的中间体及其稳定性。

五、结果与讨论

1. RDE 和 RRDE 的特点是什么？它们之间的影响情况如何？

2. 什么是屏蔽实验？什么是收集实验？就实验条件控制而言，它们的最大差别又是

什么?

六、思考题

1. 流体力学的基本原理是什么?
2. 何谓反应中间体?检测和判断其稳定性的依据是什么?
3. 要做好本实验你认为必须注意哪些事项?

实验 18
循环伏安法测定电极过程动力学参数

一、实验目的

1. 学习和掌握循环伏安法的实验原理和技术,并利用该实验方法研究电极表面的动力学过程。

2. 熟悉循环伏安图谱的一般特征,并将其特征参数与电极过程动力学方程相关联,这有助于理解深奥难懂的电化学动力学理论。

3. 应熟悉电化学动力学理论的基本概念,如超电势、电流密度、离子扩散速率及其与电极表面化学反应速率的关系。

二、实验原理

1. 循环伏安法原理

在电化学研究中,循环伏安法(简称 CV)已经成为一种经典的测量技术,是一种用于表征发生在电极/电解质溶液两相界面上电化学过程的标准程序。

循环伏安法是对一根浸没在静止的、未加搅拌的溶液中的电极进行电位循环扫描,同时测量所得到的电流。该电极称为工作电极(简称 WE),其电势可通过与参比电极(简称 RE)构成电势测量回路进行控制,常用的参比电极包括饱和甘汞电极、银/氯化银电极(Ag/AgCl)等。将工作电极和参比电极间的可控电势看作激发信号,循环伏安法的激发信号为三角波形的线性电势扫描信号,如图 1 所示,电极电势 E 将以恒定的扫描速率 dE/dt 在两个值之间来回扫描,这两个电势值有时也称为转换电势。在循环伏安实验中,常将电解质溶液开始分解的电极电势值选作转换电势,在水溶液中,选 O_2 和 H_2 开始在电极表面释放的电势值。图 1 中,激发信号首先导致电极电势(相对于 SCE)由 $+0.80$ V 开始进行负向扫描,直至 -0.20 V(蓝线),然后在该点反转扫描方向,进行正向扫描直至回到初始电势 $+0.80$ V(红线);由直线斜率可知扫描速率为 50 mV·s^{-1};第二轮扫描循环用虚线表示在图 1 中。电位负向扫描时发生还原反应:$O + e^- \longrightarrow R$,电位正向扫描时发生氧化反应:$R \longrightarrow O + e^-$,一次完整的扫描过程包括负向扫描和正向扫描,恰好完成一个氧化-还原过程的循环。循环伏安法实验可以进行单轮或多轮循环扫描,现代的实验仪器可以非常方便地改变转换电势和扫描速率。

在电势扫描过程中测量工作电极上的电流就得到循环伏安图,该电流可以看作电势激发信号的响应信号,循环伏安图以电流信号为纵坐标,以电势信号为横坐标,由于电势随时间作线性变化,因此横坐标也可以看作时间。电流在工作电极和对电极(简称 CE,也称为辅助电极）之间通过，以保证参比电极上通过的电流极其微小，防止极化，从而精确地控制工作电极的电势。由此可见，循环伏安测量系统为典型的三电极系统（见图2），该系统含两个回路，一个为测试回路，用来测试工作电极的电化学反应过程，另一个回路满足电化学反应平衡要求。

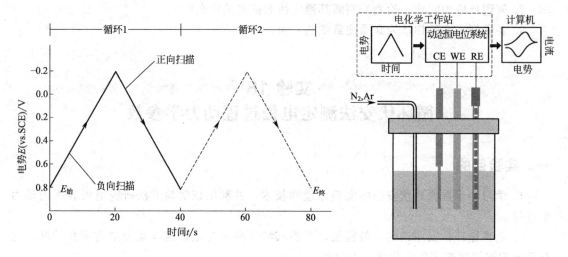

图 1　循环伏安实验中的电极电势-时间变化曲线　　　　图 2　循环伏安三电极系统原理图

图 3 为典型的循环伏安曲线，工作电极为铂电极，水溶液中含有 $6 \times 10^{-3} \, mol \cdot L^{-1}$ 的电化学活性物种 $[K_3Fe(CN)_6]$，以 $1.0 \, mol \cdot L^{-1}$ 的 KNO_3 为支持电解质，除负向转换电势为 $-0.15 \, V$ 外，电势激发信号与图 1 基本相同。起始扫描电位选定为 $+0.8 \, V$（a 点），这可以防止电极通电时引起 $[K_3Fe(CN)_6]$ 分解；电势开始负向扫描，如图 3 中箭头所示，当电势变负至足以还原 $[Fe^{III}(CN)_6]^{3-}$ 时，阴极电流开始产生（b 段），电极反应为

$$[Fe^{III}(CN)_6]^{3-} + e^- \longrightarrow [Fe^{II}(CN)_6]^{4-} \quad (1)$$

此时工作电极变成了还原 $[Fe^{III}(CN)_6]^{3-}$ 的强还原剂；接着，阴极电流快速增大（$b \to c \to d$），直至达到峰值（d 点），电极表面的 $[Fe^{III}(CN)_6]^{3-}$ 浓度大大降低；由于电解转化为 $[Fe^{II}(CN)_6]^{4-}$，电极周围溶液中的 $[Fe^{III}(CN)_6]^{3-}$ 逐渐耗尽，电流随之衰减（g 段）。

电势扫描在 $-0.15V$ 转向为正向扫描（f 点）；尽管电势已经开始向正方向变化，此时电极电势仍负且足以还原 $[Fe^{III}(CN)_6]^{3-}$，因此阴极电流继续存在（g 段）；当电极变成足够强的氧化剂时（h 段），聚集在电极周围的 $[Fe^{II}(CN)_6]^{4-}$ 能够被氧化，电极过程为

$$[Fe^{II}(CN)_6]^{4-} \longrightarrow [Fe^{III}(CN)_6]^{3-} + e^- \quad (2)$$

这就导致阳极电流的产生（$i \to k$）；阳极电流快速增大（i 段），直至表面 $[Fe^{II}(CN)_6]^{4-}$ 浓度大大降低，电流达到峰值（j 点）；随着电极周围的

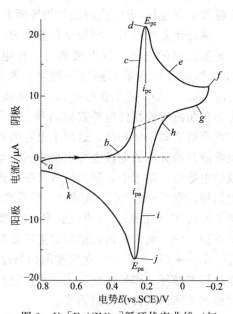

图 3　$K_3[Fe(CN)_6]$ 循环伏安曲线（扫描速率 $50 \, mV \cdot s^{-1}$，Pt 电极面积 $2.54 \, mm^2$）

$[Fe^{II}(CN)_6]^{4-}$ 逐渐耗尽，电流逐步衰减（$j \rightarrow k$）；当扫描电势达到＋0.8 V时，第一轮循环扫描完成。从所得到的循环伏安曲线上可以看出，在大于＋0.4 V的条件下，$[Fe^{III}(CN)_6]^{3-}$ 都不会被还原，因此选择高于＋0.4 V的电位，作为起始扫描电位，可以防止反应物种在实验中被提前分解。

2. 电化学可逆体系循环伏安曲线的解读

对于可逆体系，电势激发信号对氧化还原物种比例$[Fe^{III}(CN)_6]^{3-}/[Fe^{II}(CN)_6]^{4-}$的影响可以用能斯特方程表示

$$E = E^{0\prime} - \frac{RT}{nF}\ln\frac{[Fe^{II}(CN)_6]^{4-}}{[Fe^{III}(CN)_6]^{3-}} = E^{0\prime} + \frac{0.059}{1}\lg\frac{[Fe^{III}(CN)_6]^{3-}}{[Fe^{II}(CN)_6]^{4-}} \tag{3}$$

式中，E 为相对参比电极的电势值；$E^{0\prime}$ 为氧化-还原对的表观电势（也称为式量电极电势），它与标准电势相差一个活度系数的对数项。由方程（3）可以看出，若起始扫描电位大大高于 $E^{0\prime}$，$[Fe^{III}(CN)_6]^{3-}$ 在电极周围溶液中占绝对多数，因此当起始扫描电位设定为＋0.8V时，所导致的电流基本可以忽略；然而，当 E 开始负向扫描后，$[Fe^{III}(CN)_6]^{3-}$ 必须通过还原反应生成$[Fe^{II}(CN)_6]^{4-}$，以满足能斯特方程的要求；当扫描电位 E 接近 $E^{0\prime}$ 时，浓度比$[Fe^{III}(CN)_6]^{3-}/[Fe^{II}(CN)_6]^{4-}$接近1，这导致了在前向扫描过程中阴极电流的急剧升高（图3中$b \rightarrow d$）。

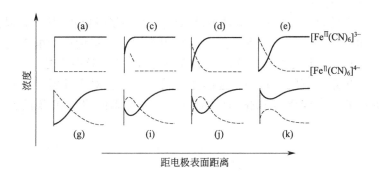

图4　图3循环伏安曲线对应各阶段的浓度-距离关系示意图

对应于图3的循环伏安曲线，电位扫描各阶段电极附近溶液中各物质的浓度-距离关系曲线（c-x 曲线）如图4所示，图4(a)为起始扫描电位下$[Fe^{III}(CN)_6]^{3-}$和$[Fe^{II}(CN)_6]^{4-}$的 c-x 曲线，起始扫描电位 $E_{始}$ 并没有显著改变电极表面$[Fe^{III}(CN)_6]^{3-}$的浓度；随着电势朝负向扫描，电极表面的$[Fe^{III}(CN)_6]^{3-}$逐步下降，以保证在任意时刻所处的工作电位上都能满足能斯特方程要求的$[Fe^{III}(CN)_6]^{3-}/[Fe^{II}(CN)_6]^{4-}$比例[图4(c)~图4(e)]。在图4(c)中，电极表面的$[Fe^{III}(CN)_6]^{3-}$和$[Fe^{II}(CN)_6]^{4-}$的浓度恰好相等，这对应于扫描电位 E 恰好等于氧化-还原对的表观电势 $E^{0\prime}$（相对于SCE）。在图4(e)和图4(g)中，扫描电位已经远远负于表观电势，电极表面的$[Fe^{III}(CN)_6]^{3-}$浓度实际上已经降为零。则电势及其变化率都将不会对扩散控制过程的电流产生实质性的影响，即，如果在 e 点将电势扫描截止，电流仍然会顺着原来的轨迹随时间变化，就仿佛电势扫描没有被截止一样，这个性质是用来测量阳极峰电流时确定基线位置的基础。

在循环伏安实验中，电流正比于 c-x 曲线在电极表面的斜率，即

$$i = nFAD\left(\frac{\partial c}{\partial x}\right)_{x=0} = K\left(\frac{\partial c}{\partial x}\right)_{x=0} \tag{4}$$

式中，i 为电流，A；n 是每个离子的电子得失数；A 是电极面积，cm^2；D 是扩散系数，$cm^2 \cdot s^{-1}$；c 是浓度，$mol \cdot cm^{-3}$；x 是离开电极表面的距离，cm。由方程（4）可知，图 3 中循环伏安曲线上特定电势下的电流大小可以用图 4 中对应 c-x 曲线的斜率变化予以解释：图 4 (a) 曲线斜率为零，因此该电势下的电流基本可以忽略；电势朝负向扫描，曲线 (c)、(d) 的 $(\partial c/\partial x)_{x=0}$ 变大，图 3 中的阴极电流随之增加；电势扫描越过 d 点后，由于电极附近的 $[Fe^{III}(CN)_6]^{3-}$ 耗尽，$(\partial c/\partial x)_{x=0}$ 逐渐变小 [见图 4 (e) 和图 4 (g)]，对应的阴极电流也随之下降。因此，循环伏安图前向扫描过程中电流变化的行为是：电流首先增大，达到峰值电流，然后衰减。

电势负向扫描过程中 $[Fe^{III}(CN)_6]^{3-}$ 被还原为 $[Fe^{II}(CN)_6]^{4-}$，在电极周围的 $[Fe^{III}(CN)_6]^{3-}$ 被耗尽的同时，$[Fe^{II}(CN)_6]^{4-}$ 也在不断累积，这可以从 $[Fe^{II}(CN)_6]^{4-}$ 的 c-x 曲线上看出来。当电势扫描在 -0.15 V 转向后，还原反应仍然持续进行（阴极电流的存在证明这一点），直至工作电位足够正，使得累积的 $[Fe^{II}(CN)_6]^{4-}$ 开始被氧化；氧化反应发生的迹象来自阳极电流的出现，与负向扫描一样，随着扫描电位变正，阳极电流逐渐增大，直至 $[Fe^{II}(CN)_6]^{4-}$ 耗尽，电流达到峰值，然后衰减 [见图 4 中曲线 (i) ~ 曲线 (k)]。这样，在电势扫描的还原过程和氧化过程中都能够产生电流峰。

循环伏安曲线上的重要参数有阳极峰电流（i_{pa}）和阴极峰电流（i_{pc}），以及阳极峰电位（E_{pa}）和阴极峰电位（E_{pc}），这些参数都标示在图 3 中，直接读取峰电流的方法涉及外推基线的问题，正确确定基线是获得准确的峰电流的基本条件，这并不是一件容易的事情，尤其是对于复杂反应体系，可能存在多个连续重叠的电流峰。对于任意一个还原反应：$O + ne^- \rightleftharpoons R$，初始溶液中仅含有氧化态物种 O，且符合无限线性扩散模型，即满足如下关系：

$$\frac{\partial c_O(x,t)}{\partial t} = D_O \frac{\partial^2 c_O(x,t)}{\partial^2 x} \quad \frac{\partial c_R(x,t)}{\partial t} = D_R \frac{\partial^2 c_R(x,t)}{\partial^2 x} \tag{5a}$$

$$c_O(x,0) = c_O^* \quad c_R(x,0) = 0 \tag{5b}$$

$$\lim_{x \to \infty} c_O(x,t) = c_O^* \quad \lim_{x \to \infty} c_R(x,t) = c_R^* \tag{5c}$$

流量平衡关系为

$$D_O\left[\frac{\partial c_O(x,t)}{\partial x}\right]_{x=0} + D_R\left[\frac{\partial c_R(x,t)}{\partial x}\right]_{x=0} = 0 \tag{5d}$$

式中，D_O 和 D_R 分别为氧化态物种和还原态物种的扩散系数。

假定氧化还原物种在电极表面的电荷转移反应速率很快，可定义为电化学可逆体系，比如对于反应 $O + e^- \rightleftharpoons R$，若正向反应和逆向反应都很快并足以达成平衡，则满足可逆条件和能斯特方程

$$E = E^{0'} - \frac{RT}{nF}\ln\frac{c_O(0,t)}{c_R(0,t)} \tag{6}$$

在循环伏安实验中，初始扫描电位 $E_{始}$ 时不发生任何电极反应，前向扫描电位与时间关系为

$$E(t) = E_{始} - vt \tag{7}$$

式中，v 为电位扫描速率，$V \cdot s^{-1}$。考虑方程（5）、方程（6）、方程（7）的求解问题，得到前向扫描（负向扫描）峰电流为

$$i_p = 0.4463 \left(\frac{F^3}{RT}\right)^{1/2} n^{3/2} A D_O^{1/2} c_O^* v^{1/2} \tag{8}$$

25℃时，电极面积 A 的单位为 cm^2；氧化态物种扩散系数 D_O 的单位为 $cm^2 \cdot s^{-1}$；体相浓度 c_O^* 单位为 $mol \cdot cm^{-3}$；电位扫描速率 v 的单位为 $V \cdot s^{-1}$，则阴极峰电流（单位：A）

$$i_p = (2.686 \times 10^5) n^{3/2} A D_O^{1/2} c_O^* v^{1/2} \tag{9}$$

可见，i_p 与电势扫描速率的平方根成正比，且正比于氧化态物种的体相浓度，一个可逆的循环伏安过程是一个扩散控制的过程，即电子转移速率由通过扩散向电极表面输送物质的速率控制。在循环伏安实验中，一般以第一次的前向扫描峰电流为定量分析参数，因为反向扫描的峰电流是转换电势的函数；对可逆体系进行多次来回扫描获得的 CV 曲线是类似的，但峰电流会略有下降，对于单电子转移反应，多次循环扫描并不会给出更多的信息，但是如果电极反应还与溶液的化学反应复合，比如

$$O + ne^- \rightleftharpoons R$$
$$R \longrightarrow 产物$$

则多次扫描可能给出更多的信息。

由此求得前向扫描的峰电位为

$$E_p = E_{1/2} - 1.109 \frac{RT}{nF} = E_{1/2} - \frac{28.5mV}{n} (25℃) \tag{10}$$

其中

$$E_{1/2} = E^{0\prime} + \frac{RT}{nF} \ln\left(\frac{D_R}{D_O}\right)^{1/2} \tag{11}$$

$E_{1/2}$ 可以认为是还原峰电位和氧化峰电位的平均值，若氧化物种和还原物种的扩散系数相等，即 $D_O = D_R$，则 $E_{1/2} = E^{0\prime}$。可以注意到，扩散系数对 $E_{1/2}$ 的影响是不大的，即使 $D_O / D_R = 2$，25℃时 $E_{1/2}$ 与 $E^{0\prime}$ 之间也仅相差约 $9mV$。

由于循环伏安曲线的峰顶往往较为宽平，E_p 不容易确定，也常常将峰电流一半处的电位，即半峰电位 $E_{p/2}$ 作为测量参数，$E_{p/2}$ 定义为

$$E_{p/2} = E_{1/2} + 1.09 \frac{RT}{nF} = E_{1/2} + \frac{28.5mV}{n} (25℃) \tag{12}$$

可见，E_p 和 $E_{p/2}$ 都与扫描速率 v 无关。图 5 中标示出了上述各参数的位置，$E_{1/2}$ 处于 E_p 和 $E_{p/2}$ 之间。

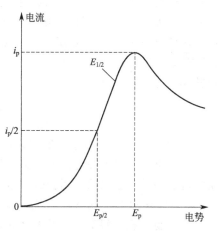

图 5　循环伏安曲线重要参数指示

在循环伏安实验中，i_p $(v^{1/2} c_O^*)$ 是一个常用的参数，也称为电流函数，它与 $n^{3/2}$ 和 $D_O^{1/2}$ 有关。如果已知扩散系数，则可以用该参数来估算电极反应涉及的电子数，反之亦然。

3. 循环伏安曲线上的可逆电极反应判据

（1）阴极与阳极峰电位之差在 57～60mV 范围内（随转换电势不同而略有改变），即

$$\Delta E_\mathrm{p} = |E_\mathrm{pc} - E_\mathrm{pa}| \approx 58\mathrm{mV} \tag{13}$$

在实验中很少能观察到 ΔE_p 恰好为 58mV，因为存在溶液电阻效应及电子或数学平滑过程对数据产生微小的影响，对可逆的电子转移过程而言，ΔE_p 的测量结果常常在 $60\sim70$ mV 之间。对于可逆的多电子转移反应，ΔE_p 的理论预测值约为 $(60/n)$ mV。

（2）初次前向扫描的峰电位与半峰电位之差约为 $(57/n)$ mV，即

$$|E_\mathrm{p} - E_{\mathrm{p}/2}| \approx 57\mathrm{mV} \tag{14}$$

（3）阴极峰电流和阳极峰电流的"移动比"为单位量，即

$$i_\mathrm{pc}/i_\mathrm{pa}^* = 1 \tag{15}$$

式中的阳极峰电流 i_pa^* 的测量原理是：只要转换电势超过阴极峰电势 35 mV，则反向扫描 CV 曲线形态就与前向扫描 CV 曲线形态一致，因此可以将阴极电流衰减部分的曲线作为阳极电流的基线。图 6 表示了确定 i_pa^* 的方法，沿负向扫描所得的 CV 曲线的衰减部分，自转换点 s 开始向负电势方向外推，该外推部分的电流与扫描时间平方根的倒数 $(t^{-1/2})$ 呈线性关系，从 CV 曲线正向扫描部分测出转换点 s 到阳极峰顶位置之间的电势差 δ，在外推曲线上找到与 s 点电势相差 δ 的点 q，则 q 点就是测量阳极峰电流 i_pa^* 的基线点，按图 6 所示方法即可获得 i_pa^* 的值。

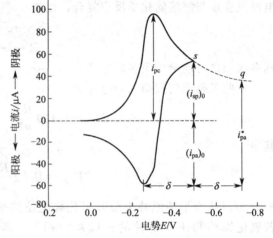

图 6　i_pa^* 的测量方法

图 3 中用直线外推法获得阳极峰电流的基线，这与电极表面氧化态物种耗尽后阴极电流变化规律不符，基线轨迹随意性较大，若以 0 电流位置作为基线，则阳极峰电流 $(i_\mathrm{pa})_0$ 的大小与转换电势的取值有很强的相关性，这两种测量 i_pa 的方法都会使测量结果偏离方程（15）。如果测定阳极峰电流的基线无法清晰判断，可以采用并不准确的、以 0 电流位置为基线的阳极峰电流 $(i_\mathrm{pa})_0$，以及转换电势位置 s 点的电流 $(i_\mathrm{sp})_0$，通过计算得出峰电流比值

$$\frac{i_\mathrm{pa}}{i_\mathrm{pc}} = \frac{(i_\mathrm{pa})_0}{i_\mathrm{pc}} + \frac{0.485(i_\mathrm{sp})_0}{i_\mathrm{pc}} + 0.086 \tag{16}$$

式中，$(i_\mathrm{pa})_0$ 和 $(i_\mathrm{sp})_0$ 的定义标示在图 6 中。

（4）负向扫描的峰电流与电势扫描速率的平方根成正比，这一判据常用来区分"扩散控制"过程和"电极表面吸附控制"过程，后者的特征是峰电流与扫描速率的次方成正比。若以 $\lg i_\mathrm{p}$ 对 $\lg v$ 作图，可得一直线，直线斜率为 0.5 对应于扩散控制过程，直线斜率为 1 对应于吸附控制过程，斜率介于两者之间对应于扩散-吸附混合控制过程。

（5）表观还原反应电势为

$$E^{0'} = \frac{E_\mathrm{pc} + E_\mathrm{pa}}{2} \tag{17}$$

（6）若 ΔE_p 为 60mV，还原反应为扩散控制过程，且电子转移数 $n=1$，则由方程（8）或方程（9）可以计算扩散系数；电极的几何面积可以通过方程（8）或方程（9）计算，或者用一个扩散系数 D 和电子转移数 n 已知的标准物质进行标定；实验可以进行单轮或多轮循环扫描，现代的实验仪器可以非常方便地改变转换电势和扫描速率。即使扩散系数只能粗

略地估计，n 值也能比较可靠的计算出来，i_p 与 $D^{1/2}$ 成正比，也与 $n^{3/2}$ 成正比。

三、仪器与试剂

1. 仪器

电化学工作站（Dyechem），计算机，铂丝电极，铂电极，饱和甘汞电极，电极架，100mL、50mL 和 25mL 容量瓶，5mL、10mL 移液管，大号称量瓶（作电解池）。

2. 试剂

铁氰化钾 [$K_3Fe(CN)_6$，A. R.]，硫酸铁铵 [$Fe(NH_4)(SO_4)_2 \cdot 12H_2O$，A. R.]，硫酸亚铁（$FeSO_4 \cdot 7H_2O$，A. R.），硝酸钾（A. R.），硫酸钠（A. R.），硫酸（A. R.），硝酸，电极磨料。

浓度待测的 $K_3[Fe(CN)_6]$ 溶液（以 $1mol \cdot L^{-1}$ KNO_3 为支持电解质）。

四、 实验步骤

1. $[Fe^{II}(CN)_6]^{3-}$/$[Fe^{II}(CN)_6]^{4-}$ 可逆体系

（1）配制溶液

配制 $1mol \cdot L^{-1}$ KNO_3 溶液作为支持电解质溶液备用。

准确称取 0.33 g 左右 $K_3[Fe(CN)_6]$，用 $1mol \cdot L^{-1}$ KNO_3 溶液溶解后定容于 100mL 容量瓶中，得到约 $10mmol \cdot L^{-1}$ 浓度的 $K_3[Fe(CN)_6]$ 母液。

在 25mL 容量瓶中分别准确移入 $10mmol \cdot L^{-1}$ 浓度的 $K_3[Fe(CN)_6]$ 母液 5mL、10mL、15mL 和 20mL，用 $1mol \cdot L^{-1}$ KNO_3 溶液定容至刻度，配成 $2mmol \cdot L^{-1}$、$4mmol \cdot L^{-1}$、$6mmol \cdot L^{-1}$ 和 $8mmol \cdot L^{-1}$ 浓度的 $K_3[Fe(CN)_6]$ 溶液。

另行配制 $4mmol \cdot L^{-1}$ $K_3[Fe(CN)_6]$，用 $1mol \cdot L^{-1}$ Na_2SO_4 溶液定容。

必须准确知道上述溶液中 $K_3[Fe(CN)_6]$ 的浓度。

（2）实验准备

用铂丝电极作为工作电极和对电极，使用前用 Al_2O_3 粉抛光，再用蒸馏水淋洗干净。以饱和甘汞电极（SCE）作为参比电极。将 WE、CE、RE 以及通气管安装到电极架上。

更换测量体系后，应进行铂电极表面的清洁，方法是将电极浸入 $0.5 \sim 1mol \cdot L^{-1}$ H_2SO_4 溶液中，在 $-1.5 \sim +2$ V 范围内进行 5 轮以上的循环伏安扫描，扫描速度不大于 100 $mV \cdot s^{-1}$，扫描结束后将电极用蒸馏水清洗。电极表面的清洁过程可重复多次。

在电解池中放入 $1mol \cdot L^{-1}$ KNO_3 溶液，以电极适当浸入为准。由通气管向溶液中通入 N_2 鼓泡 10 min，以除去氧气。如果实验条件允许，除氧结束后可以将通气管提离溶液，继续保持 N_2 流过溶液表面，防止 O_2 重新溶入。

进行除氧的同时可以设定实验参数，注意此时不要将工作电极连接到电化学工作站。启动电化学分析系统"EC Analyser"软件，实验方法选择"循环伏安法-CV"，实验参数设置如下：

初始电位/V	$+0.8$
第一转折电位/V	-0.20
第二转折电位/V	$+0.8$
终止电位/V	$+0.8$
静止时间/s	20

扫描速度/V·s^{-1}	0.02
扫描段数	6～10
采样间隔/V	0.001
电流灵敏度	1A

其中扫描起始电位+0.80V，转换电势-0.20V，所有电位扫描都从负向扫描开始，扫描速率20mV·s^{-1}（特殊说明除外）。扫描开始前在起始扫描电位停留10s以上等待电流稳定，采样间隔和电流灵敏度先采用软件默认设置，可根据实验情况适当调整。

除氧结束后将工作电极接入测试系统，电流达到稳定值后开始扫描，测定支持电解质KNO$_3$的本底CV曲线。

（3）在不同条件下测定［Fe^{Ⅲ}（CN）$_6$］$^{3-}$/［Fe^{Ⅱ}（CN）$_6$］$^{4-}$可逆体系的CV曲线

断开工作电极的连接，清洗电解池，然后放入4mmol·L^{-1}浓度的K$_3$［Fe(CN)$_6$］溶液，按上述同样的程序测定［Fe^{Ⅲ}（CN）$_6$］$^{3-}$-［Fe^{Ⅱ}（CN）$_6$］$^{4-}$氧化-还原电对的CV曲线。用游标卡尺测量工作电极浸入溶液的长度和铂丝直径，估算电极表面积A。以后每次实验测量应尽量保证电极浸入深度相同。

用上述溶液考察扫描速率v对循环伏安曲线的影响，扫描速率依次设定为20mV·s^{-1}、50mV·s^{-1}、75mV·s^{-1}、100mV·s^{-1}、125mV·s^{-1}、150mV·s^{-1}、175mV·s^{-1}和200mV·s^{-1}。要注意在每次测量前，必须将电极表面恢复原状，方法是将工作电极在溶液中平缓地上下晃动，但是不要把电极拉出溶液，在此过程中要防止气泡附着在电极表面。

溶液浓度也会影响到峰电流的大小，在20mV·s^{-1}的扫描速率下，依次测定2mmol·mL^{-1}、6mmol·mL^{-1}、8mmol·mL^{-1}和10mmol·L^{-1}K$_3$［Fe(CN)$_6$］溶液的循环伏安曲线。扫描浓度待测的K$_3$［Fe(CN)$_6$］溶液的循环伏安曲线。

考察支持电解质性质对循环伏安曲线的影响，测量4mmol·L^{-1}K$_3$［Fe(CN)$_6$］（溶剂为Na$_2$SO$_4$溶液）的循环伏安曲线，扫描速率依次设定为20mV·s^{-1}、50mV·s^{-1}、100mV·s^{-1}、150mV·s^{-1}和200mV·s^{-1}。

2. 高扫描速率条件下的Fe^{Ⅲ}（NH$_4$）（SO$_4$）$_2$/Fe^{Ⅱ}SO$_4$体系

（1）配制溶液

配制0.5mol·L^{-1}H$_2$SO$_4$溶液。

准确称取1.2055 g Fe(NH$_4$)(SO$_4$)$_2$·12H$_2$O，用该硫酸溶液溶解后定容于50mL容量瓶中，配制成0.05mol·L^{-1}的Fe(NH$_4$)(SO$_4$)$_2$溶液。准确称取0.6951 g FeSO$_4$·7H$_2$O，用该硫酸溶液溶解后定容于50 mL容量瓶中，配制成0.05mol·L^{-1}的FeSO$_4$溶液。

（2）Fe^{Ⅲ}(NH$_4$)(SO$_4$)$_2$/Fe^{Ⅱ}SO$_4$，体系CV曲线的测定

电极处理方法同1。将Fe(NH$_4$)(SO$_4$)$_2$和FeSO$_4$溶液等体积注入电解池中，所配溶液中Fe(NH$_4$)(SO$_4$)$_2$和FeSO$_4$浓度均为25mmol·L^{-1}、支持电解质H$_2$SO$_4$浓度为0.5mol·L^{-1}，通N$_2$鼓泡10min除氧。

按1中同样方法进行不同电位扫描速率下CV曲线的测定，扫描范围-0.5～+0.5 V，扫描速率分别为100mV·s^{-1}、200mV·s^{-1}、400mV·s^{-1}、600mV·s^{-1}、800mV·s^{-1}和1000mV·s^{-1}。

（3）自主探索

若将参比电极SCE改成与工作电极一样的铂丝，能否进行Fe(NH$_4$)(SO$_4$)$_2$/FeSO$_4$体系的CV曲线测定？试设计实验方案进行尝试。

3. H_2SO_4 水溶液的 CV 曲线测定（选做，如无铂片电极可不做）

当以氢电极（RHE）作为参比电极时，H_2SO_4 水溶液的电势扫描范围为 0.02～1.66 V，本实验采用饱和甘汞电极（SCE）作为参比电极，请据此设计可行的实验方案。

将 0.5mol·dm^{-3} H_2SO_4 溶液稀释定容，配制成 0.05mol·L^{-1} H_2SO_4 溶液。将该 0.05mol·L^{-1} H_2SO_4 溶液放入电解池中，通 N_2 鼓泡 10 min 除氧。工作电极和对电极均为铂片电极，为达到实验的重现性，先以 1 V·s^{-1} 的电位扫描速率进行多次快扫，然后再进行正式的 CV 曲线测定，内容包括如下。

（1）在 0.02～1.66V（vs RHE）范围内，以 100 mV·s^{-1} 的电位扫描速率测定 H_2SO_4 溶液的 CV 全谱；

（2）在 0.02～0.8V（vs RHE）范围内，以 10 mV·s^{-1} 的电位扫描速率测定 H_2SO_4 溶液的 CV 谱；

（3）在 04～0.7V（vs RHE）范围内，以 20mV·s^{-1}、40mV·s^{-1}、60mV·s^{-1}、80mV·s^{-1} 和 100mV·s^{-1} 的电位扫描速率依次测定 H_2SO_4 溶液的 CV 谱。

五、结果与讨论

1. $[Fe^{III}(CN)_6]^{3-}/[Fe^{II}(CN)_6]^{4-}$ 可逆体系

（1）画出 KNO_3 溶液的 CV 曲线，说明本底溶液的循环伏安扫描特征。

（2）将各电位扫描速率下 4mmol·L^{-1} $K_3[Fe(CN)_6]$ 溶液的 CV 曲线重叠绘制在一张图上，列表和计算如下参数：电位扫描速率 v/V·s^{-1}，E_{pc}/V（vs SCE），E_{pa}/V（vs SCE），ΔE_p/V，i_{pc}/μA，i_{pa}/μA，i_{pc}/i_{pa}，$i_{pc}/v^{1/2}$，$i_{pa}/v^{1/2}$，注意阳极峰电流 i_{pa}，即为如图 6 所示的 i_{pa}^*。

（3）根据 ΔE_p 的变化规律说明 $[Fe^{III}(CN)_6]^{3-}/[Fe^{II}(CN)_6]^{4-}$ 体系的可逆性；在同一张图上绘出 $i_{pc}/v^{1/2}$ 和 $i_{pa}/v^{1/2}$ 曲线，进行线性拟合；根据方程（17）计算 $[Fe^{III}(CN)_6]^{3-}/[Fe^{II}(CN)_6]^{4-}$ 氧化还原对的表观电极电势 $E^{0'}$，并与文献值对比：计算铂丝电极面积，根据方程（8）或方程（9），估算 $[Fe^{III}(CN)_6]^{3-}$ 和 $[Fe^{II}(CN)_6]^{4-}$ 的扩散系数 D_O 和 D_R，25℃时文献值如下：

1.00mol·L^{-1} KCl 溶液中，$D_O = (0.726\pm0.011) \times 10^{-5} cm^2·s^{-1}$，$D_R = (0.667\pm0.014) \times 10^{-5} cm^2·s^{-1}$。

0.10mol·L^{-1} KCl 溶液中，$D_O = (0.720\pm0.018) \times 10^{-5} cm^2·s^{-1}$，$D_R = (0.666\pm0.013) \times 10^{-5} cm^2·s^{-1}$。

（KNO_3 作为支持电解质时，扩散系数仅有微小差别）。

（4）将 20 mV·s^{-1} 的扫描速率下，2mmol·L^{-1}、4mmol·L^{-1}、6mmol·L^{-1}、8mmol·L^{-1} 和 10mmol·L^{-1} $K_3[Fe(CN)_6]$ 溶液和待测溶液的 CV 曲线重叠绘制在一张图上，读出各浓度溶液的 i_{pc} 和 i_{pa}，并列表。

（5）在同一张图上绘制 i_{pc}-c_O^* 曲线，进行线性拟合，由拟合关系求出待测溶液的浓度。

（6）将 4mmol·L^{-1} $K_3[Fe(CN)_6]$（溶剂为 1mol·L^{-1} Na_2SO_4 溶液）的 CV 曲线画在一张图上，列表和计算如下参数：电位扫描速率 v/ V·s^{-1}，E_{pc}/V（vs. SCE），E_{pa}/V (vs. SCE)，$\Delta E_p/V$，$i_{pc}/\mu A$，$i_{pa}/\mu A$，i_{pc}/i_{pa}，$i_{pc}/v^{1/2}$，$i_{pa}/v^{1/2}$，并与相同实验条件下 $K_3[Fe(CN)_6]/KNO_3$ 溶液结果进行对比，说明不同类型的支持电解质对循环伏安测量的影响。

2. 高扫描速率条件下的 $Fe^{III}(NH_4)(SO_4)_2/Fe^{II}SO_4$ 体系

扩散系数 $D_O = 4.65 \times 10^{-6} \ cm^2 \cdot s^{-1}$，$D_R = 5.04 \times 10^{-6} \ cm^2 \cdot s^{-1}$。

（1）将各电位扫描速率下的 CV 曲线重叠绘制在一张图上，列表和计算如下参数：扫描速率 $v/ V \cdot s^{-1}$，E_{pc}/V（vs SCE），E_{pa}/V（vs SCE），$\Delta E_p/V$，$i_{pc}/\mu A$，$i_{pa}/\mu A$，i_{pc}/i_{pa}，$i_{pc}/v^{1/2}$，$i_{pa}/v^{1/2}$，注意阳极峰电流 i_{pa} 即为如图 6 所示的 i_{pa}^*。

（2）根据 ΔE_p 的变化规律说明 $Fe^{III}(NH_4)(SO_4)_2/Fe^{II}SO_4$ 体系的可逆性；在同一张图上绘出 i_{pc}-$v^{1/2}$ 和 i_{pa}-$v^{1/2}$ 曲线，进行线性拟合。

3. H_2SO_4 水溶液的 CV 曲线测定

（1）绘出 $0.02 \sim 1.66 V$（vs RHE）范围内 CV 负向扫描和正向扫描的全谱，查阅文献，说明负向扫描曲线和正向扫描曲线上各个峰、平台等位置分别对应什么电化学变化或过程。

（2）绘出 $0.02 \sim 0.8 V$（vs RHE）范围内 CV 曲线，指出电极表面发生氢气吸附的证据，指出双电层形成的电位扫描区段。

（3）将 $0.4 \sim 0.7 V$（vs RHE）范围内，以各电位扫描速率依次测定 H_2SO_4 溶液的 CV 谱重叠绘制在一张图上；选取某个电位值（比如 $600 \ mV$），以电流 i 对电位扫描速率 v 作图，讨论两者之间可能的函数关系，说明该函数关系可能包含的电化学概念和原理。

六、思考题

本实验项目理论探讨部分涉及峰电流的方程，无论是针对可逆体系、完全不可逆体系或者准可逆体系，都是以负向扫描的还原反应 $O + ne^- \longrightarrow R$ 为处理对象的。若现在首先进行正向扫描，处理对象改为 $R \longrightarrow O + ne^-$，问这些方程是否能够继续使用？或者需要做出什么样的改变，请举例说明。

实验 19
氢超电势的测定

一、实验目的

1. 理解超电势和塔菲尔（Tafel）公式的意义。
2. 测定氢在金属铂上的超电势。

二、实验原理

当电极反应以一定速率进行时，由于极化现象，电极电势偏离可逆电极电势 $\varphi_{可逆}$，其差值称为该电极的超电势，常用 η 表示。超电势的出现表明电极反应过程中存在一定的阻力，电解时电流密度越大，超电势就越大。这时，需要的外加电压也就越大，消耗的电能也就越多。阳极过程的超电势使阳极电势升高，阴极过程的超电势使阴极电势降低。

$$\eta_{阳} = \varphi_{阳,不可逆} - \varphi_{阳,可逆}$$

$$\eta_{阴} = \varphi_{阴,可逆} - \varphi_{阴,不可逆}$$

氢电极是指由金属材料、电解质溶液、氢气三者组成的体系，电极反应在金属表面进行，同时金属作为导体输入或输出电流。氢超电势理论认为：氢离子在阴极得电子析出氢气时，涉及扩散过程、放电过程、复合过程和脱附过程。

氢超电势的大小与通过电极板的电流密度、电极材料等多种因素有关。测定氢超电势实际上就是对于给定的电极材料，测定氢电极在不同电流密度下的电极电势。有了不同电流密度下的电极电势，就可以得到不同电流密度下的超电势。实验表明，超电势都随电流密度增加而增加。氢超电势与电流密度的关系可用塔菲尔经验公式来描述，即

$$\eta = a + b \lg i \qquad (1)$$

式中，i 为电流密度；a 和 b 为经验参数。对于作为电极的不同金属材料，参数 b 基本相同，但 a 有明显差异。对于金属汞、锌、铅等，$a > 1.2V$；而对于金属铂、金、镍、钯等，$a < 0.5V$。利用这些规律可以在实际电解过程中选取合适的金属电极。

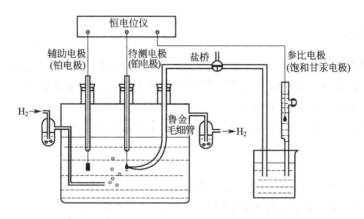

图 1　氢超电势测量装置示意图

氢超电势的测量装置如图 1 所示，测量装置由三个电极组成。辅助电极（铂电极）与待测电极组成电解池，参比电极（饱和甘汞电极）与待测电极组成原电池。可借助变阻器来调整施加给电解池电压，使氢电极发生还原反应。与此同时，可借助电位差计用对消法测原电池的电动势。根据测得的电动势和参比电极的电极电势，可以计算出待测电极的电极电势。有了待测电极的电极电势和用能斯特公式计算出来的可逆电极电势，就可以进一步求得待测电极的超电势。

当电流较大或溶液电阻较大时，电流通过溶液所产生的电位降不可忽略，为此需安置一毛细管。将管口尽量靠近待测电极，并使测量回路中几乎没有电流通过。这种毛细管称作鲁金毛细管。

三、仪器与试剂

1. 仪器
恒电位仪，氢气发生器（或高纯氢气源），三电极电解池。

2. 试剂

0.2mol·L^{-1} 的硫酸，1.0mol·L^{-1} 的盐酸，饱和 KCl 溶液。

四、实验步骤

1. 安装测量装置。安装前仔细洗涤玻璃容器，用洗液浸泡后，依次用自来水、去离子水冲洗。把电解池用电解液（1.0mol·L^{-1} 盐酸）润洗。

2. 装入 3 支电极。给电解池中注入适量的 1.0mol·L^{-1} 盐酸溶液，给插入饱和甘汞电极的杯中注入适量的饱和氯化钾溶液。注意鲁金毛细管中不得有气泡，毛细管口应紧靠铂丝。各磨口用 1.0mol·L^{-1} 盐酸湿润。

3. 将恒电位仪与对应电极接好后，开启氢气发生器（或高纯氢气源）。调节通入电解池的氢气量，使研究电极被氢气泡所包围，并使整个研究电极室充满氢气。

4. 调节恒电位仪，在恒电流条件下，把电流密度控制在 0～8mA·cm^{-2} 范围内，从小到大测定 10～15 个电流密度下的电动势。在每个电流密度下，重复测定直到 3min 内电动势的变化小于 2mV，这时可认为达到了稳定值。

5. 测定完毕后取出研究电极，洗净后用游标卡尺测量研究电极的铂丝长度和直径，计算电极表面积。

五、结果与讨论

1. 根据电解液中氢离子浓度，用能斯特公式计算氢电极可逆电势 $\varphi_{可逆}$，通过实验温度下饱和甘汞电极的电势和各电流密度下测得的电池电动势 E，计算氢超电势。

2. 根据电极的表面积和实验电流值计算电流密度 i。

3. 作 η-$\lg i$ 图，从图中的直线计算塔菲尔公式中的经验参数 a 和 b。

六、思考题

1. 如何在实验中保证获得稳定、重复性好的实验结果？

2. 实验中为何要求辅助电极的面积远大于被研究电极的面积？

实验 20
电势-pH 曲线的测定与应用

一、实验目的

1. 测定 Fe^{3+}/Fe^{2+}-EDTA 络合体系在不同 pH 条件下的电极电势，绘制电势-pH 曲线。

2. 根据测定的电势-pH 曲线设计较合适的脱硫条件，并进行实验研究。

二、实验原理

1. 电势-pH 曲线的绘制

电势-pH 曲线在电化学分析工作中具有广泛的应用价值，这是因为许多氧化还原反应的发生都与溶液的 pH 有关，此时电极电势不仅随溶液的浓度和离子强度变化，还随溶液的

pH 不同而改变，对于这样的体系，有必要考察其电极电势与 pH 值的关系，从而对电极反应得到一个比较完整、清晰的认识。如果指定溶液的浓度，改变其酸碱度，同时测定相应的电极电势与溶液的 pH 值，以电极电势对 pH 作图，这样就绘制出电势-pH 曲线，也称电势-pH 图。图 1 为 Fe^{3+}/Fe^{2+}-EDTA 和 S/H_2S 体系的电势与 pH 的关系示意图。

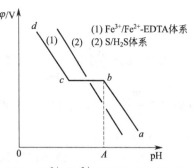

图 1　Fe^{3+}/Fe^{2+}-EDTA 和 S/H_2S 体系的电势与 pH 的关系示意图

对于 Fe^{3+}/Fe^{2+}-EDTA 体系，在不同 pH 值时，其络合物有所差异。假定 EDTA 的酸根离子为 Y^{4-}，可将 pH 值分成 3 个区间来讨论其电极电势的变化。

(1) 在高 pH 值（图 1 中的 ab 区间）时，溶液的络合物为 $Fe(OH)Y^{2-}$ 和 FeY^{2-}，其电极反应为：

$$Fe(OH)Y^{2-} + e^- \Longrightarrow FeY^{2-} + OH^-$$

根据能斯特（Nernst）方程，其电极电势为：

$$\varphi = \varphi^{\ominus} - \frac{RT}{F}\ln\frac{a_{FeY^{2-}}a_{OH^-}}{a_{Fe(OH)Y^{2-}}} \tag{1}$$

式中，$\varphi^{\ominus}$ 为标准电极电势；a 为活度。

由 a 与活度系数 γ 和质量摩尔浓度 m 的关系可得：

$$a = \gamma\frac{m}{m^0} \tag{2}$$

同时考虑到在稀溶液中水的活度积 K_w 可以看作水的离子积，又按照 pH 的定义，则式 (1) 可改写为：

$$\varphi = \varphi^{\ominus} - \frac{RT}{F}\ln\frac{\gamma_{FeY^{2-}}K_w}{\gamma_{Fe(OH)Y^{2-}}} - \frac{RT}{F}\ln\frac{m_{FeY^{2-}}}{m_{Fe(OH)Y^{2-}}} - \frac{2.303RT}{F}pH \tag{3}$$

令 $b_1 = \dfrac{RT}{F}\ln\dfrac{\gamma_{FeY^{2-}}K_w}{\gamma_{Fe(OH)Y^{2-}}}$，在溶液离子强度和温度一定时，$b_1$ 为常数。则

$$\varphi = (\varphi^{\ominus} - b_1) - \frac{RT}{F}\ln\frac{m_{FeY^{2-}}}{m_{Fe(OH)Y^{2-}}} - \frac{2.303RT}{F}pH \tag{4}$$

在 EDTA 过量时，生成的络合物的浓度可近似地看作配制溶液时铁离子的浓度，即 $m_{FeY^{2-}} \approx m_{Fe^{2+}}$，$m_{Fe(OH)Y^{2-}} \approx m_{Fe^{3+}}$。当 $m_{Fe^{3+}}$ 与 $m_{Fe^{2+}}$ 比例一定时，φ 与 pH 呈线性关系，即图 1 中的 ab 段。

(2) 在特定的 pH 范围内，Fe^{2+}、Fe^{3+} 与 EDTA 生成稳定的络合物 FeY^{2-} 和 FeY^-，其电极反应为：

$$FeY^- + e^- \Longrightarrow FeY^{2-}$$

电极电势表达式为：

$$\varphi = \varphi^{\ominus} - \frac{RT}{F}\ln\frac{a_{FeY^{2-}}}{a_{FeY^-}}$$

$$= \varphi^{\ominus} - \frac{RT}{F}\ln\frac{\gamma_{FeY^{2-}}}{\gamma_{FeY^-}} - \frac{RT}{F}\ln\frac{m_{FeY^{2-}}}{m_{FeY^-}}$$

$$= (\varphi^{\ominus} - b_2) - \frac{RT}{F} \ln \frac{m_{FeY^{2-}}}{m_{FeY^-}} \tag{5}$$

式中，$b_2 = \frac{RT}{F} \ln \frac{\gamma_{FeY^{2-}}}{\gamma_{FeY^-}}$，当温度一定时，$b_2$ 为常数，在此 pH 范围内，该体系的电极

电势只与 $\dfrac{m_{FeY^{2-}}}{m_{FeY^-}}$ 的比值有关，或者说只与配制溶液时 $\dfrac{m_{Fe^{2+}}}{m_{Fe^{3+}}}$ 的比值有关。曲线中出现平台区

（如图 1 中的 bc 段）。

（3）在低 pH 时，体系的电极反应为：

$$FeY^- + H^+ + e^- = FeHY^-$$

同理可求得

$$\varphi = (\varphi^{\ominus} - b_3) - \frac{RT}{F} \ln \frac{m_{FeHY^-}}{m_{FeY^-}} - \frac{2.303RT}{F} pH \tag{6}$$

式中，$b_3 = \frac{RT}{F} \ln \frac{\gamma_{FeHY^-}}{\gamma_{FeY^-}}$，当温度一定时，$b_3$ 为常数，在 $\dfrac{m_{Fe^{2+}}}{m_{Fe^{3+}}}$ 不变时，φ 与 pH 呈线

性关系（即图 1 中 cd 段）。

由此可见，只要将体系（Fe^{3+}/Fe^{2+}-EDTA）用惰性金属（如 Pt）作导体组成电极，并且与另一参比电极（如饱和甘汞电极）组成原电池测量其电动势，即可求得体系（Fe^{3+}/Fe^{2+}-EDTA）的电极电势，与此同时采用酸度计测出相应条件下的 pH 值，从而可绘制出相应体系的电势-pH 曲线。

2. 电势-pH 曲线的应用

本实验讨论的 Fe^{3+}/Fe^{2+}-EDTA 体系可用于天然气脱硫。天然气中含有 H_2S，它是一种有害物质，大量吸入会损害健康，如当空气中硫化氢浓度达到 $20mg \cdot m^{-3}$ 时会引起恶心、头晕、头痛、疲倦、胸部压迫及眼、鼻、咽喉黏膜的刺激症状；硫化氢浓度达 $60mg \cdot m^{-3}$ 时，则可出现抽搐、昏迷甚至呼吸中枢麻痹而死亡。利用 Fe^{3+}-EDTA 溶液可将天然气中的 H_2S 氧化为 S 而过滤除去，溶液中的 Fe^{3+}-EDTA 络合物还原为 Fe^{2+}-EDTA 络合物，通入空气又可使 Fe^{2+}-EDTA 迅速氧化为 Fe^{3+}-EDTA，从而使溶液得到再生，循环利用。其反应如下：

$$2FeY^- + H_2S \xrightarrow{\text{脱硫}} 2FeY^{2-} + 2H^+ + S\downarrow$$

$$2FeY^- + \frac{1}{2}O_2 + H_2O \xrightarrow{\text{再生}} 2FeY^- + 2OH^-$$

可根据测定的 Fe^{3+}/Fe^{2+}-EDTA 络合体系的电势-pH 曲线选择较合适的脱硫条件。例如，低含硫天然气中 H_2S 含量约为 $1 \times 10^{-4} \sim 6 \times 10^{-4} kg \cdot m^{-3}$，在 25℃时相应的 H_2S 的分压为 $7.29 \sim 43.56 Pa$。

根据电极反应：

$$S + 2H^+ + 2e^- = H_2S(g)$$

在 25℃时，其电极电势：

$$\varphi/V = -0.072 - 0.0296 \lg\left[\frac{p_{H_2S}}{p^{\ominus}}\right] - 0.0591 pH$$

对于 H_2S 压力确定的 S/H_2S 体系，其 φ 和 pH 关系如图 1 曲线（2）所示。从图 1 中可

以看出，对任何具有一定 $\dfrac{m_{Fe^{2+}}}{m_{Fe^{3+}}}$ 比值的脱硫液而言，此脱硫液的电极电势与反应 $S+2H^+ +$ $2e^- \rightleftharpoons H_2S(g)$ 的电极电势之差值在电势平台区的 pH 范围内随着 pH 的增大而增大，到平台区的 pH 上限时，两电极电势的差值最大，超过此 pH 值，两电极电势差值不再增大而是为一定值。这一事实表明，任何具有一定 $\dfrac{m_{Fe^{2+}}}{m_{Fe^{3+}}}$ 比值的脱硫液在它的电势平台区的 pH 上限时，脱硫的热力学趋势达到最大，超过此 pH 值后，脱硫趋势不再随 pH 增大而增加。可见图 1 中 A 点以及大于 A 点的 pH 值是该体系脱硫的合适条件。

还应指出，脱硫液的 pH 值不宜过大，实验表明，如果 pH 大于 12，会有 $Fe(OH)_3$ 沉淀出来，在实验中必须注意。

三、仪器与试剂

1. 仪器

pH-3V 酸度电势测定仪，磁力搅拌器，复合电极，铂电极，150mL 夹套瓶。

2. 试剂

$FeCl_3 \cdot 6H_2O$（化学纯），$FeCl_2 \cdot 4H_2O$（化学纯），EDTA（四钠盐）（化学纯），NaOH（化学纯），HCl（化学纯），标准缓冲溶液，N_2。

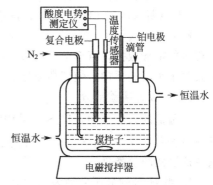

图 2　电势-pH 曲线测定装置图

四、实验步骤

（一）基础实验部分

1. 仪器装置

按如图 2 所示安装仪器和电极。若无复合电极，可用玻璃电极与甘汞电极代替。

2. 仪器的校正

pH-3V 酸度电势测定仪的面板视窗如图 3 所示。

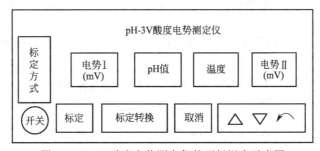

图 3　pH-3V 酸度电势测定仪的面板视窗示意图

（1）打开电源开关，仪器预热 15min，在仪器处于测量状态下，按下标定转换键，选择标定方式(1 点法或 2 点法，建议使用 2 点法比较准确)，按住标定键 3s 以上，标定指示灯亮，将电极、温度传感器放入装有标准缓冲溶液的小烧杯中，此时 pH 值显示窗口的小数点后第三位闪烁，等到电势 I 值稳定，根据所显示的温度确定标准溶液的标准 pH 值，如常用 pH 为 7 的磷酸盐标准缓冲溶液在 25℃ 的 pH 为 6.863，在 pH 小数点后第三位闪烁时，可用增加键△或减小键▽使显示窗口数值为 3，按换位键↰，小数点后第二位数字闪烁，仍用增加键△或减小键▽标定，使小数点后第二位数字为 6，依此类推，直至该缓冲溶液标定完毕。注意在标定过程中如果输入失误，可按取消键重新输入，另外，换位键只能从右向左逐位标定。

若设置 2 点法标定，则用 pH 为 7 的缓冲溶液标定后，还应将电极、温度传感器清洗干净，继续用 pH 为 4 的标准缓冲溶液重复上述操作，继续标定。

（2）第二次标定后，按换位键↶，仪器将自动进入测量状态，将复合电极、温度传感器用去离子水清洗干净，待用。

3. 溶液配制

分别配置 $4mol \cdot L^{-1}$ NaOH 溶液和 $4mol \cdot L^{-1}$ HCl 溶液放入相应的瓶中备用。

量取 100mL 蒸馏水放入夹套瓶中，通氮气，在水中加入 0.15g $FeCl_3 \cdot 6H_2O$ 和 16.4g EDTA，打开磁力搅拌器搅拌，持续通氮气 10min 后加入 3.80g $FeCl_2 \cdot 4H_2O$，继续搅拌。

4. 电池电动势和 pH 的测定

将清洗干净的复合电极、铂电极插入溶液中，用 $4mol \cdot L^{-1}$ NaOH 调节溶液的 pH 值（溶液颜色变为红褐色，pH 大约位于 7.5 至 8.0 之间），待仪器显示值稳定后（约 10min），可从仪器视窗直接读取溶液的 pH 值和电势数据（电势 Ⅱ 窗口）。滴加 $4mol \cdot L^{-1}$ HCl 溶液调节 pH（每次改变 pH 约 0.3），读取 pH 值和相应的电池电动势数据，直到溶液变浑浊为止。然后，再滴加 $4.00mol \cdot L^{-1}$ NaOH 溶液调节 pH（每次改变 pH 约 0.3），读取 pH 值和相应的电势数据，直至溶液的 pH 值为 8 左右，停止实验并及时取出复合电极和铂电极，用去离子水清洗干净，使仪器复原。

（二）设计实验部分

含硫低的天然气中，H_2S 含量约为（$1 \times 10^{-4} \sim 6 \times 10^{-4}$）$kg \cdot m^{-3}$，在 25℃时相应的 H_2S 的分压为 7.29～43.56Pa。根据测定的 Fe^{3+}/Fe^{2+}-EDTA 络合体系的电势-pH 曲线可选择适当的脱硫条件。

1. 当 H_2S 的分压分别为 7.29Pa、43.56Pa 时，根据电极电势：

$$\varphi/(V) = -0.072 - 0.02961 \lg \left[\frac{p_{H_2S}}{p^{\ominus}} \right] - 0.0591 pH$$

分别绘制 φ_{S/H_2S} 和 pH 关系曲线，即 $S + 2H^+ + 2e^- \Longrightarrow H_2S(g)$ 反应的电势 pH 曲线。

2. 设计系列 $\frac{m_{Fe^{2+}}}{m_{Fe^{3+}}}$ 比值的脱硫液，分别计算不同 pH 下脱硫液的电极电势 φ 值，并绘制系列 φ-pH 曲线，选择适当的 $\frac{m_{Fe^{2+}}}{m_{Fe^{3+}}}$ 比值，使 φ_{S/H_2S}-pH 曲线落在脱硫液 φ-pH 曲线的平台区内。

3. 根据所选择的 $\frac{m_{Fe^{2+}}}{m_{Fe^{3+}}}$ 比值，配制脱硫液，测定脱硫液的 φ-pH 曲线，确定最佳的脱硫液。

五、结果与讨论

1. 以表格形式正确记录数据，由测定的电池电动势求算出相对标准氢电极的电极电势，绘制电势-pH 曲线，由曲线确定 FeY^- 和 FeY^{2-} 稳定的 pH 范围。

$$E_{电池} = \varphi_{Pt} - \varphi_{SCE}$$

$$\varphi_{SCE}/(V) = 0.2415 - 7.6 \times 10^{-4}(T/K - 298)$$

2. 根据所设计的脱硫液，通过计算结果绘制的电势-pH曲线，确定合适的理论脱硫条件。

3. 通过实验测试结果，绘制脱硫液的电势-pH曲线，确定合适的脱硫条件。

六、注意事项

1. 搅拌速度必须加以控制，防止由于搅拌不均匀造成加入 NaOH 时，溶液上部出现少量的 $Fe(OH)_3$ 沉淀。

2. 复合电极不要与强吸水溶剂接触太久，在强碱溶液中使用应尽快操作，用毕立即用水洗净，玻璃电极球很薄，不能与玻璃杯等硬物相碰。

七、思考题

1. 写出 Fe^{3+}/Fe^{2+}-EDTA 体系的电势平台区、低 pH 和高 pH 值时，体系的基本电极反应及其所对应的电极电势公式的具体表示式，并指出各项的物理意义。

2. 脱硫液的 $\dfrac{m_{Fe^{2+}}}{m_{Fe^{3+}}}$ 比值不同，测得的电势-pH曲线有什么差异？

实验 21
固体超强碱的制备及表征

一、实验目的

1. 了解固体碱的性质，学会制备固体超强碱。
2. 掌握利用非水体系测定固体表面碱强度的方法，了解固体碱的表征技术。

二、实验原理

根据 Bronsted 和 Lewis 的定义，固体酸提供质子或接受电子对；而固体碱则接受质子或提供电子对。固体的酸强度被定义为它的表面将一种被吸附的碱转化为共轭酸的能力，可以用 Hammett 函数 H_0 来表示：

$$H_0 = pK_a + \lg \frac{[B]}{[BH^+]}$$

式中，$[B]$ 和 $[BH^+]$ 分别是碱和它的共轭酸的浓度。至于一种固体碱强度可定义为固体碱表面将被它吸附的酸转化为其共轭碱的能力。当一种酸在非极性溶剂中被吸附在固体碱表面时，被转化为它的共轭碱，可用 H_- 来表示它的碱强度。一种固体碱 B 和酸性指示剂 AH 的反应为：

$$AH + B \Longrightarrow A^- + BH^+$$

固体碱 B 的碱强度 H_- 可以表示为：

$$H_- = pK_{BH} + \lg \frac{[A^-]}{[AH]}$$

式中，$[AH]$ 和 $[A^-]$ 分别为酸式指示剂和其共轭碱的浓度。当指示剂的吸附层约 10% 为碱式吸附，即 $[A^-]/[AH]$ 之比达到 0.1 时，肉眼可观察到颜色变化。当指示剂的吸附层约 90% 为碱式吸附时，即 $[A^-]/[AH]$ 之比达到 0.9 时，肉眼只能观察到颜色进一步加深。假定碱式吸附达到 50％时，[A⁻]/[AH] ＝1，颜色适中，那么 H_0＝pK_a。

当一种固体酸的酸强度超过了 100％硫酸的强度时（H_0＝－11.9），我们称它为固体超强酸；对于一种固体碱，当它的碱强度 H_-≥＋26.5 时，我们称它为固体超强碱。虽然固体超强碱的研究仅仅开始 20 年，但由于它具有极高的活性和选择性，能使反应在温和条件下进行，不需要对产物精馏，分离容易，同时具有不腐蚀设备等独特的优点，从而使它的研究得到了迅速的发展。

迄今为止，已研究的固体超强碱有两类：一类为通过碱土金属在氢氧化物或碳酸盐的热分解得到的碱土金属氧化物；另一类为通过将碱金属蒸发或溶解在液氨中再负载在氧化物表面而制备的固体超强碱。已报道的固体超强碱的碱强度 H_-≥＋37.0。

最近报道的固体超强碱是将中性的钾盐负载于氧化物载体（Al_2O_3，ZrO_2），通过钾盐的分解来制备。

碱强度是利用 Hammett 指示剂法在非水体系中测定的，碱量可通过二氧化碳程序升温脱附来测定，固体碱的表面碱中心可通过红外光谱来表征。由于负载钾盐和载体之间的相互作用而形成的新物种可通过 X 射线粉末衍射法来表征。表面负载钾盐的分解可通过程序升温分解、热重分析法、NO_x 吸收比色法等来实现。

三、仪器与试剂

1. 仪器

红外光谱仪，X 射线衍射仪，热重分析仪，真空反应装置（见图 1），程序升温脱附装置，物理吸附仪。

2. 试剂

γ-三氧化二铝（A.R.），溴百里酚蓝（A.R.），硝酸钾（A.R.），2,4-二硝基苯胺（A.R.），4-硝基苯胺（A.R.），4-氯苯胺（A.R.），二苯基甲烷（A.R.），异丙基苯（A.R.），液氮、环己烷（A.R.）。

四、实验步骤

1. 固体超强碱的制备

（1）干燥样：按质量比为 26％ KNO₃ 与 74％ γ-Al₂O₃ 的比例混合研磨，再加入适量蒸馏水，研磨为糊状，110℃烘干，样品记为 26KNA。同法以 9％ KNO₃ 及 91％ TiO₂ 制备，样品记为 9 KNT。制备样品量为 10g。

（2）焙烧样：各取 4g 上述样品，600℃下焙烧 5h。

2. 比表面积测定

利用物理吸附仪测定 γ-Al₂O₃ 及 TiO₂ 的比表面积。

3. 表面物种及结构表征

分别测定 26KNA、9KNT 干燥样及焙烧样的红外光谱，分析特征峰及归属；测定

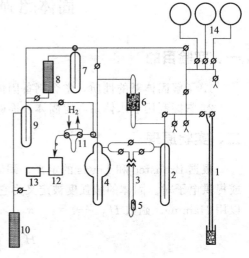

图 1　真空反应装置

1—压力计；2，4—缓冲瓶；3—反应管；
5—催化剂床层；6—循环系统；
7，9—液氮冷阱；8—扩散泵；10—机械泵；
11—取样管；12—气相色谱；
13—积分器；14—贮气瓶

26KNA、9KNT 干燥样及焙烧样在 $10°\sim75°$ 范围内的 X 射线粉末衍射图，分析样品焙烧前后的物相变化。

4. 热重分析法

分别测定 26KNA、9KNT 样品的 TG 图，温度范围为室温至 $700℃$。

5. 碱强度测定

分别测定 26KNA、9KNT 干燥样的碱强度。

称取 $60\sim100$ 目的样品 50mg 置于样品管中，与 $500℃$ 下抽真空活化 2h 后，冷至室温，在真空反应装置上通过真空蒸馏法将 5mL 环己烷转移至样品管中，将样品管移出真空装置，加入不同的 Hammett 指示 $2\sim3$ 滴，观察样品表面的颜色变化，当使指示剂由它的酸式色转变为其共轭碱的颜色时，即表示该固体碱的 H_- 大于这种指示剂的 H_-。

6. 碱量测定

分别测定 26KNA、9KNT 干燥样的碱量。

称取 $50\sim100$ mg 干燥样品在 $600℃$、氮气流中活化 1h，冷至室温，在一定的 CO_2 压力下饱和吸附 CO_2 后，室温下用 N_2 吹洗 30min，然后以 $10℃/min$ 程序升温脱附，终止温度为 $600℃$。CO_2 脱附峰的大小与碱量成正比，脱附温度的高低与碱中心的强度有关。

五、结果与讨论

1. 比表面积测定

测定样品的比表面积，列入表 1。

表 1

样品	比表面积/$m^2 \cdot g^{-1}$
γ-Al_2O_3	
TiO_2	

2. IR 光谱分析

将各样品焙烧前后的特征吸收峰及其归属列入表 2，推断空气中焙烧引起的变化。

表 2

样品		特征吸收峰/cm^{-1}			
26KNA	焙烧前				
	焙烧后				
9KNT	焙烧前				
	焙烧后				

3. X 射线粉末衍射

观察各样品的 X 射线粉末衍射图，将各物相的 2θ 值列于表 3 中。

表 3

样品	$2\theta/(°)$	样品	$2\theta/(°)$
KNO_3		26KNA	
γ-Al_2O_3		9KNT	
TiO_2			

由表 3 中数据分析 KNO_3 负载于 γ-Al_2O_3 和 TiO_2 的区别，是否有新物相形成。

4. 碱强度及碱量测定

将各样品的碱强度及碱量列入表 4 中。并从它们碱强度及 CO_2 程序升温（CO_2-TPD）

脱附峰的起始温度、终止温度、脱附峰面积比较样品的碱强度及碱量差异。

表 4

样品	碱强度（H_-）	碱量		
		起始温度/℃	峰值温度/℃	终止温度/℃
KNO_3				
$\gamma\text{-}Al_2O_3$				
TiO_2				
26KNA				
9KNT				

5. 热重分析

由各样品的 TG 图，写出热分解方程式，并与理论失重率相比较。

六、思考题

1. 比较样品 $KNO_3/\gamma\text{-}Al_2O_3$ 和 KNO_3/TiO_2 碱强度差别，试解释其原因。

2. 在 CO_2-TPD 实验中，可能引入的误差有哪些？

实验 22
固体酸的制备及催化合成油酸月桂酯

一、实验目的

1. 掌握酯化反应的一般操作方法与产物分离及分析的方法。
2. 掌握固体酸的概念及几种典型固体酸的制备及表征方法。

二、实验原理

羧酸酯是一类有用的有机化合物，品种多、用途广泛。如油酸月桂酯是一种优良的润滑剂，广泛应用于润滑油、化纤油剂等领域。工业上羧酸酯类产品的合成大多采用硫酸催化法，由于硫酸具有脱水和氧化性能，导致反应中的副反应多，严重腐蚀设备，产生严重的污染等问题。而固体酸不腐蚀设备，副反应少，大多可以回收利用，以固体酸代替液体酸作为催化剂是实现环境友好型催化新工艺的一条重要途径，是近年来的研究热点，此方面已有不少成功的尝试。本实验用 Hammett 指示剂测定固体酸表面的酸强度，用吸附吡啶的红外光谱表征固体酸的表面酸性，用柱色谱法分离纯化产物，用红外光谱分析产物的结构，目的是提高学生的综合能力，激发学生的学习兴趣。

三、仪器与试剂

1. 仪器

傅里叶变换红外光谱仪，差热分析仪，电光天平，电磁搅拌器，WAY 阿贝折光仪，调压器，电加热油浴锅，标准玻璃仪器，温度计。

2. 试剂

四氯化钛 $TiCl_4$，硫酸钛 $Ti(SO_4)_2$，硫酸 H_2SO_4，氨水，油酸，月桂醇，氢氧化钠，色谱硅胶，间硝基甲苯，蒽醌，结晶紫。

四、实验步骤

1. 固体酸的制备

（1）固体超强酸 TiO_2/SO_4^{2-} 的制备

取一定量的四氯化钛置于水中，用 12% 的氨水水解至溶液呈碱性，沉淀完全，静置 1h 后过滤，沉淀用蒸馏水反复洗涤至无氯离子，红外烘干后研磨至小于 100 目，用 0.5mol·L^{-1} 硫酸浸泡 15min，过滤，105℃烘干，于 500℃马弗炉中焙烧 3h，即得 TiO_2/SO_4^{2-}，置于干燥器中保存备用。

（2）$TiOSO_4$ 的制备

取一定量的硫酸钛，在 450℃下焙烧 3h，冷却后研细，过 100 目筛，即得 $TiOSO_4$，密封保存备用。

（3）$TiOSO_4/SiO_2$ 的制备

取一定量的层析硅胶，用等体积的 $Ti(SO_4)_2$ 溶液浸渍，小火蒸干水分，在 450℃的温度下焙烧 3h，调整 $Ti(SO_4)_2$ 的质量分数，制得负载量为 15% 的催化剂，冷却后置于干燥器中保存备用。

（4）$Ti(SO_4)_2$ 的差热分析

称取 300mg $Ti(SO_4)_2$ 样品，在差热分析仪上测定其差热图谱。

2. 固体酸的表征

（1）酸强度的测定

用间硝基甲苯（$H_0=-11.99$）、蒽醌（$H_0=-8.2$）和结晶紫（$H_0=+0.8$）3 种 Hammett 指示剂测定固体酸表面的酸强度。测定方法如下：配制含指示剂 0.5% 的无水环己烷溶液，用滴管将指示剂溶液滴在试样上，观察试样表面颜色的变化。

（2）酸性表征

采用吸附吡啶的红外光谱方法考察催化剂表面的酸性质，一般情况下，固体酸吸附吡啶的 IR 谱图中在 1450cm^{-1} 处的吸收峰为 Lewis 酸的特征峰，1540cm^{-1} 处的吸收峰为 Brönsted 酸的特征峰，Lewis 酸和 Brönsted 酸均可产生 1490cm^{-1} 处的吸收峰。样品的制备方法如下，先在 400℃抽真空活化处理催化剂，然后与吡啶饱和蒸气接触 5min，再于 150℃抽真空脱附 30min，冷却后用 KBr 压片，测红外光谱。

3. 固体酸催化合成油酸月桂酯及产物分析

（1）固体酸催化合成油酸月桂酯

分别称取 4.3g 油酸（15mmol，酸值 197mg·g^{-1}，摩尔质量 285g·mol^{-1}）、3.1g 月桂醇（16.5mmol）、10mL 甲苯、0.2g 催化剂、加入 50mL 圆底瓶中，装上分水器、回流冷凝管，电磁搅拌下加热至 155℃，回流分水，反应 1h 后停止加热，冷却后过滤回收催化剂。测定反应前后的酸值，根据酸值的变化计算转化率：

$$转化率＝(1-酸值/起始酸值)\times100\%$$

（2）油酸月桂酯的分离纯化及分析

柱色谱法分离产物，操作如下：反应混合物先在微负压下蒸馏出甲苯，取 3g 样品，2.5cm×25cm 色谱柱，色谱硅胶作填充剂，选择适当的洗脱剂（石油醚、环己烷等），薄层色谱跟踪洗脱进程，收集最先洗脱的成分，蒸馏除去溶剂，残留物即为产品，称重，计算产率。所得产品用于测定折射率和红外光谱。

五、结果与讨论

1. 固体酸的表征

（1）表面酸强度的测定

TiO_2/SO_4^{2-} 能使间硝基甲苯变色，具有超强酸性，$TiOSO_4$、$TiOSO_4/SiO_2$ 不能使蒽醌变色，只能使结晶紫变色，说明它们只具有中等或中等以下强度的酸性。

（2）$TiOSO_4$、$TiOSO_4/SiO_2$ 的表面酸性表征

$TiOSO_4$ 和 $TiOSO_4/SiO_2$ 吸附吡啶的 IR 谱图中，在 $1540cm^{-1}$ 附近有一中强吸收峰，此峰对应于催化剂表面的 Brönsted 酸中心，另外在 $1490cm^{-1}$ 附近有吸收峰，在 $1450cm^{-1}$ 附近未见明显吸收峰。

2. $Ti(SO_4)_2$ 的热分解方式分析

从差热图谱上分析 $Ti(SO_4)_2$ 受热情况下的可能分解方式，写出分解方程式。

3. 固体酸对油酸月桂酯合成的催化活性

所选择的几种固体酸（TiO_2/SO_4^{2-}、$TiOSO_4$、$TiOSO_4/SiO_2$）的催化活性都非常好，结果相差不大，油酸的转化率为 $90\% \sim 95\%$。

4. 产物结构分析

（1）产物性状：通过柱色谱得到的产物应为微黄色或淡黄色油状液体。

（2）产物的 IR 谱图应与结构相符：无羟基、羧基吸收峰（在 $3500cm^{-1}$ 附近无吸收峰或只有极小的吸收峰），有 C＝C—H（$3000 \sim 3020cm^{-1}$）、C＝O 和 C—O 键（$1730 \sim 1740cm^{-1}$、$1460cm^{-1}$、$1170cm^{-1}$）、顺式双键 RCH＝CHR（$720cm^{-1}$）等结构的特征吸收峰。

六、思考题

1. 混合物中未反应完全的油酸能否用氢氧化钠溶液洗涤？
2. 柱色谱分析为什么产物最先被洗下来？
3. 试提出固体酸催化酯化反应的可能机理。

实验 23
CdS 光催化剂的制备及催化活性研究

一、实验目的

1. 了解光催化剂 CdS 的制备方法。
2. 了解 CdS 光催化剂的催化活性的方法。

二、实验原理

半导体纳米材料的光催化特性正引起全世界的普遍关注。在目前广泛研究的光催化剂中 CdS 因吸收太阳光的波长范围宽而颇具优势。利用纳米粒子合成的超细 CdS 具有良好的催化活性和催化反应选择性，可以在废水治理、大气污染治理方面有所作为。目前，染料废水具有成分复杂、色度高、毒性大、可生化降解性差的特点，一直是废水处理中的难题，常用

的处理方法如生化法、混凝沉降法、电解法等，均难以满足排放标准要求，而在常规催化氧化法基础上发展起来的以纳米材料为催化剂的半导体光催化氧化处理技术已广泛用于各种废水的降解研究，并取得了较大的进展。

微乳液法制备纳米粉体是近十几年来发展起来的一种制备纳米微粒的有效方法。微乳液（micro emulsion）是指由热力学稳定、分散的互不相溶的两相液体组成的宏观上均一而微观上不均匀的液体混合物。微乳液体系一般由四个组分组成：表面活性剂、助表面活性剂、有机溶剂和水。有时也可不用助表面活性剂而由三个组分组成。常用的表面活性剂 AOT〔二(2-乙基己基)磺基琥珀酸钠〕，它不需要助表面活性剂存在即可形成微乳液。阴离子表面活性剂如 SDS（十二烷基硫酸钠）、DBS（十二烷基苯磺酸钠），阳离子表面活性剂如 CTAB（十六烷基三甲基溴化铵）以及非离子表面活性剂如 Triton X 系列（聚氧乙烯醚类）等也可用来形成微乳液。用于制备超细颗粒的微乳液中有机溶剂常用烷烃或环烷烃等非极性溶剂。水溶液一般为含有反应物质的溶液。微乳液是热力学稳定体系（图 1），其水核是一个"微型反应器"，这个"微型反应器"拥有很大的界面，在其中可以增溶各种不同的化合物，是非常好的化学反应介质，微乳液的水核尺寸是由增溶水的量决定的，随增溶水量的增加而增大。因此，在水核内进行化学反应制备纳米微粒时，由于反应物被限制在水核内，最终得到的颗粒粒径将受到水核大小的控制。

本实验选择十六烷基三甲基溴化铵（CTAB）作为表面活性剂，以正己醇为辅助表面活性剂，以环己烷为油相，硝酸镉溶液为水相配置微乳液。先用微乳液 W/O 型乳液体系，镉盐溶解在水相中，形成极其微小且被表面活性剂、油相包围着的水核，该水核具纳米级空间。然后加入硫化钠溶液，反应生成不溶于水的 CdS

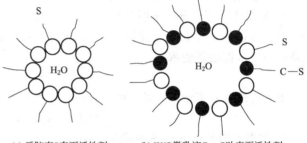

(a) 反胶束 S 表面活性剂　　(b) W/O 微乳液 C—S 助表面活性剂

图 1　微乳液的结构示意图

纳米微粉，反应完成后通过超速离心使纳米微粉与微乳液分离，用有机溶剂除去附着在表面的油相和表面活性剂，最后经真空干燥处理，即可得到纳米 CdS 粒子。

在实验室中，一般采用模拟光降解对催化剂的光催化特性进行研究，由于实际环境中的污染物大多为有机物，因此本实验选取甲基橙为分解对象，应用分光光度法对微乳液法制备的纳米 CdS 粉体进行催化活性的评价。

三、仪器与试剂

1. 仪器

光化学反应仪，超声波混合器，超级恒温槽，电热恒温干燥箱，离心机，磁力搅拌器，紫外-可见分光光度计，电子天平。

2. 试剂

硫化钠，硝酸镉，环己烷，正己醇，十六烷基三甲基溴化铵（CTAB），无水乙醇，丙酮，电导水。

四、实验步骤

1. 用电导水或重蒸蒸馏水配制 $0.5 \text{mol} \cdot \text{L}^{-1}$ 的硫化钠溶液和硝酸镉溶液。

2. 将三口瓶置于集热式恒温加热磁力搅拌器中，设定水浴温度为 25℃，依次加入 40mL 环己烷、10mL 正己醇、10g 十六烷基三甲基溴化铵（CTAB）及 20mL 硝酸镉溶液（$0.5mol \cdot L^{-1}$），搅拌至溶液透明为止，再滴加 $0.5mol \cdot L^{-1}$ 硫化钠溶液 40mL，生成黄色沉淀，陈化 2h，离心分离，依次轮流用丙酮（无水乙醇）、蒸馏水各洗涤 3 次，再将产品在 85℃下真空干燥即得。

3. 配制 $20mmol \cdot L^{-1}$ 甲基橙溶液，以蒸馏水为参比溶液，用紫外-可见分光光度计测定甲基橙溶液的吸收曲线，确定甲基橙溶液的最大吸收波长。

4. 在烧杯中加入 $20mmol \cdot L^{-1}$ 甲基橙溶液 100mL，0.1g 制备的 CdS，置于超声波混合器中超声混合，再放入光化学反应仪中，设定水浴温度为 25℃，开动磁力搅拌，待催化剂和反应液混合均匀后，开启紫外灯，并同时开始计时，反应 60min 后取样，经离心分离，取上层溶液用紫外-可见分光光度计进行分析测定。

5. 依次改变不同温度（20℃、30℃和35℃）、不同甲基橙溶液初始浓度（$10mol \cdot L^{-1}$、$30mol \cdot L^{-1}$）以及不同 pH（pH＝6、8 和 9）进行测定。

五、结果与讨论

1. 计算制备的 CdS 光催化剂的产率。

2. 分别计算不同条件下甲基橙的分解率，评价 CdS 光催化剂的催化活性。甲基橙溶液的初始浓度记为 c_0，初始吸光值为 A_0，光照降解后的吸光值记为 A_t，由式(1)可求出光照降解后甲基橙溶液的浓度 c_t。

$$A_t/A_0 = c_t/c_0 \tag{1}$$

甲基橙的分解率记为 $d\%$，可由式(2)计算：

$$d\% = (A_t - A_0)/A_0 \times 100\% \tag{2}$$

3. 比较不同条件下 CdS 的催化活性。

六、注意事项

1. 制备 CdS 微乳液时，必须搅拌至完全成透明溶液后再滴加硫化钠溶液。

2. 光降解后溶液离心分离不完全时，可进行过滤处理。

七、思考题

1. 目前常用哪些方法、手段来表征纳米粒子化学组成、颗粒大小及分布、表面特性？

2. 通过本实验总结 CdS 光催化剂较好的催化条件。

3. 微乳液法制备纳米粒子有什么特点？

实验 24
MCM-41 分子筛的合成与表征

一、实验目的

1. 了解介孔分子筛合成的基本原理。

2. 了解表征分子筛的常规方法。

二、实验原理

1992 年，美国 Mobil 公司 Kredge 等首次报道了一类新型介孔 SiO_2 材料 M41S，包括 MCM-41（六方相）、MCM-48（立方相）、MCM-50（层状相）。其中以 MCM-41 介孔分子筛最为引人瞩目，其特点是具有六方规则排列的一维孔道，孔径大小分布均匀，且在 1.5～10nm 范围内可连续调节，合成比较容易。此外，该类分子筛材料还具有比表面积大、吸附能力强、热稳定性好等特点，从而可将分子筛的孔径从微孔范围（孔径＜2nm）拓展到介孔领域（2nm＜孔径＜50nm）。这对在沸石分子筛中难以完成的大分子催化、吸附与分离等过程展示了广阔的应用前景。同时，介孔分子筛具有规则可调节的纳米级孔道结构，可以作为纳米粒子的"微反应器"，从而为人们从微观角度研究纳米材料的小尺寸效应、表面效应及量子效应等奇特性能提供了重要的物质基础。近十多年来，介孔分子筛材料已成为研究热点之一。介孔分子筛的合成体系较为复杂，反应机理也因反应条件而不同。例如，Mobil 的研究人员首先提出液晶模板机理（liquid-crystal template），他们认为在溶液中，表面活性剂［如十六烷基三甲基溴化铵（CTAB）］形成胶束，胶束聚结成液晶相，充当模板，无机物种（如硅酸根离子）聚集于胶束界面，无机物种的聚合反应织成孔壁结构，通过焙烧或溶剂提取等方法除去有机模板就得到介孔分子筛。对于介孔结构的形成，起决定作用的是表面活性剂形成的胶束液晶相。他们提出两种途径：一是在硅酸盐加入之前液晶相已经形成完好［图 1（A）］；另一种是硅酸盐的加入引起表面活性剂胶束的有序排列［图 1（B）］。

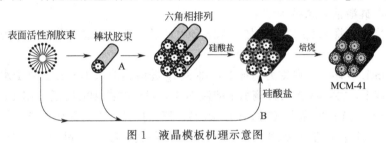

图 1　液晶模板机理示意图

常用 X 射线衍射（XRD）、透射电子显微镜（TEM）、氮气吸附等来表征分子筛。介孔分子筛规整的骨架结构能在小角度（2θ 为 $0.2°\sim5°$）产生 X 射线衍射峰，结构不同就会有不同的衍射峰出现，因此 XRD 是证明分子筛结构的最有力的手段，图 2 是文献中 MCM-41 的典型 XRD 谱图。TEM 可用来观察分子筛孔结构的形貌，也是判断孔径大小的直接手段。图 3 是文献报道的 MCM-41 的 TEM 照片。可看出其规整的六角形孔口，根据标尺可估计其孔径约为 2nm。通过氮气吸附可获得介孔分子筛的比表面积、孔体积、孔径分布等信息。

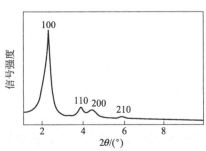

图 2　MCM-41 分子筛的 XRD 谱图

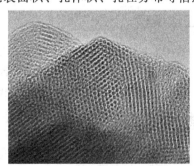

图 3　MCM-41 分子筛的 TEM 照片

本实验用十六烷基三甲基溴化铵（CTAB）作为模板剂，正硅酸乙酯（TEOS）在碱性条件下反应制备 MCM-41 分子筛。用 XRD、TEM 和氮气吸附对样品进行表征。

三、仪器与试剂

1. 仪器
内衬聚四氟乙烯的不锈钢水热反应釜，物理吸附仪，X 射线衍射仪，透射电子显微镜，磁力搅拌器，烧杯（100mL）。

2. 试剂
十六烷基三甲基溴化铵（A. R.，CTAB），氢氧化钠（A. R.），正硅酸乙酯（A. R.，TEOS），硅酸钠（A. R.）。

四、实验步骤

方法一　以正硅酸乙酯为原料。

称取一定量 CTAB 和 NaOH 加入定量蒸馏水中，搅拌至完全溶解，在快速搅拌下向溶液中滴加 TEOS，使体系中 TEOS、CTAB、NaOH、H_2O 的最终物质的量之比为 1∶0.13∶0.29∶130，室温下搅拌 30min。再装入有聚四氟乙烯内衬的不锈钢反应釜中，在 150℃晶化 24h，将产品过滤、洗涤、干燥，然后以 $1℃ \cdot min^{-1}$ 的升温速率将产品在 550℃空气中焙烧 6h 去除模板剂，即得合成产品。

方法二　以硅酸钠为原料。

在 50mL 烧杯中将 2.2g CTAB 加入 13mL 去离子水中，在加热状态下磁力搅拌至溶解，得溶液 A。

在另一 50mL 烧杯中，在磁力搅拌下，将 3.4g 硅酸钠溶入 10mL 去离子水中得溶液 B。

在磁力搅拌下，将溶液 A 缓慢滴加至溶液 B 中，继续搅拌 10min 后，用 $4mol \cdot L^{-1}$ 氢氧化钠溶液调节 pH 至 10.90 左右（用 pH 计检测）。停止搅拌，静置陈化 5min 后，装入有聚四氟乙烯内衬的不锈钢反应釜中密封，在 120℃烘箱中晶化 4d。将产品过滤、洗涤至中性，在90℃烘箱中干燥 6h，然后将产品在 550℃空气中焙烧 6h 去除模板剂，即可得合成产品。

用 XRD、TEM、氮气吸附对样品进行测试。

五、结果与讨论

根据 XRD 测试结果判断是否合成了 MCM-41 分子筛。从 TEM 观察分子筛孔道形貌特征，估算其孔径。通过氮气吸附测试样品的比表面积、孔体积、孔径分布等性质。

六、注意事项

1. 待 CTAB 溶解完全后才可加入 TEOS。
2. 加入 TEOS 不要太快，宜滴入而不是流入。
3. 反应釜放入烘箱之前要确保密封好。

七、思考题

1. 分子筛的制备大多使用水热合成法进行，不同的分子筛工艺差别不大，试总结一下几种常见分子筛水热合成法的关键所在。
2. 用十六烷基三甲基溴化铵作为模板剂的水热合成反应还有那些？

实验 25
Ni/SiO_2 催化剂的制备、表征和性能评价

一、实验目的

1. 了解催化剂制备的常用方法，掌握浸渍法制备负载型催化剂的基本原理和方法，并采用干式浸渍法制备 Ni/SiO_2 催化剂。

2. 掌握催化剂性能评价的基本原理和方法，熟悉有关实验装置，掌握气相色谱仪的工作原理和基本操作方法，考察 Ni/SiO_2 催化剂上甲烷部分氧化制合成气的反应性能并采用修正面积归一化法计算原料气的组成、反应的转化率和选择性。

3. 了解程序升温分析技术的特点及其应用，掌握其中的程序升温还原（TPR）分析方法。

4. 掌握有机蒸气吸附迎头色谱法测定固体催化剂比表面积的原理和方法，并利用该法测定 Ni/SiO_2 催化剂的比表面积。

二、实验原理

1. 催化剂的制备

催化剂的性能（活性、选择性和稳定性）不仅取决于催化剂的组分和含量，而且与催化剂制备的方法和工艺条件密切相关。催化剂制备的常用方法有：沉淀法（包括共沉淀）、溶胶-凝胶法、浸渍法、离子交换法、机械混合法、熔融法和特殊制备方法等。

浸渍法是一种常用的制备负载型金属或金属氧化物催化剂的方法，该方法所制备的催化剂的催化性能不仅与负载的金属或氧化物的种类、含量有关，而且多数情况下还与金属在载体上的分散度及载体的性质有关，此外还受制备方法、溶液的浓度、pH 值和后处理等因素影响。

浸渍方法可分为浸入式浸渍和干式浸渍。前一种方法是将载体浸入金属盐（硝酸盐、醋酸盐、氯化物、乳酸盐等）的浓溶液，排掉多余液体后，催化剂在热空气中处理以蒸发溶液并分解金属盐；后一种方法是让载体吸收相当于其孔体积的金属盐溶液，再经烘干、分解。

2. 催化剂性能评价

催化剂性能评价的内容包括活性、选择性和寿命三个因素。催化活性是在实验条件下催化剂促进反应物转化的速率和程度的量度，是衡量催化剂性能的一个非常重要的指标。但是因准确求出反应速率比较费事，在实际工作中，人们只需要在相同的实验条件下比较一下催化剂的效能，因此往往用反应物的转化率来表示催化剂的活性。以反应 $\nu_a A \rightleftharpoons \nu_p P + \nu_q Q$ 为例，反应物 A 的转化率（x_A）可表示为：

$$x_A = \frac{n_A^0 - n_A}{n_A^0} \times 100\%$$

式中，n_A^0 为 A 的起始物质的量；n_A 为未发生反应的 A 的物质的量。显然转化率只与反应物有关。除转化率外，催化剂的活性还可用生成目的产物 P 的单程收率（y_P）或时空产率（$y_{t,s}$）来表示。y_P 和 $y_{t,s}$ 的定义分别为：

$$y_P = \frac{v_a n_P}{v_P n_A^0} \times 100\%$$

$$y_{t,s} = \frac{m_P}{t V_c}$$

式中，n_P 为目的产物 P 的物质的量；m_P 为目的产物 P 的质量；t 为反应时间；V_c 为催化剂的体积。

选择性（s_P）是借助催化剂达到所期望的转化（生成目的产物）效率的真实量度，其定义为：

$$s_P = \frac{v_a n_P}{v_P (n_A^0 - n_A)} \times 100\%$$

寿命指的是催化剂达到指定最小活性所需的时间。催化剂寿命分为单程寿命（与反应物接触到必须活化再生的时间）和总寿命（从开始使用到无法再生的时间）。

催化剂性能评价装置流程图见图1。

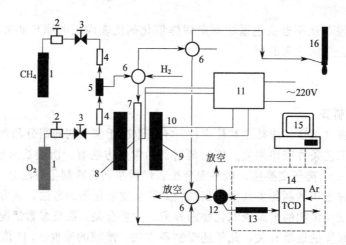

图 1　催化剂性能评价装置流程图

1—气体钢瓶；2—稳压阀；3—稳流阀；4—流量计；5—三通阀；6—四通阀；

7—固定床石英微型反应器；8—催化剂；9—电炉；10—控温热电偶；11—程序控温仪；

12—六通采样阀；13—色谱柱；14—热导检测器；15—色谱数据采集、处理系统；16—皂膜流速计

3. 程序升温还原法表征金属氧化物催化剂

程序升温还原（TPR）法是程序升温分析法的一种。在 TPR 实验中，将一定量金属氧化物催化剂置于固定床反应器中，还原性气流（通常为含低浓度 H_2 的 H_2/Ar 或 H_2/N_2 混合气）以一定流速通过催化剂，同时让催化剂以一定速率线性升温，当温度达到某一数值时，催化剂上的氧化物开始被还原：

$$MO(s) + H_2(g) \longrightarrow M(s) + H_2O(g)$$

由于还原气流速不变，故通过催化剂床层后 H_2 浓度的变化与催化剂的还原速率成正比。用气相色谱热导检测器连续检测经过反应器后的气流中 H_2 浓度的变化，并用记录仪记录 H_2 浓度随温度的变化曲线，即得到催化剂的 TPR 谱，呈峰形曲线。图中每一个 TPR 峰一般代表着催化剂中 1 个可还原物种，其最大值所对应的温度称为峰温（T_M），T_M 的高低反映了催化剂上氧化物种被还原的难易程度，峰形曲线下包含的面积大小正比于该氧化物的

多少。TPR 的研究对象为负载或非负载的金属或金属氧化物催化剂（对金属催化剂，需经氧化处理为金属氧化物），通过 TPR 实验可获得金属价态变化、两种金属间的相互作用、金属氧化物与载体间相互作用、氧化物还原反应的活化能等信息。

4. 测定固体物质比表面积

三、仪器与试剂

1. 仪器

化学吸附仪，物理吸附仪，容量瓶（100mL），坩埚（30mL），烧杯，玻璃棒，带刻度移液管，烘箱，马弗炉，催化剂性能评价装置（自装），气相色谱仪，色谱工作站，程序控温仪，计算机。

2. 试剂

$Ni(NO_3)_2 \cdot 6H_2O$(A.R.)，硅胶（40～60 目），蒸馏水或去离子水，CH_4（纯度为＞99.5%），O_2（纯度为＞99.5%），H_2（纯度为＞99.5%），Ar（纯度为＞99.995%），601 碳分子筛，苯（A.R.），N_2（纯度为 99.995%），$\varphi=5\%$ 的 H_2/Ar，$\varphi=5\%$ 的 O_2/Ar，用于配气的 H_2、O_2、Ar 等气体的纯度应大于 99.995%，否则气体需经净化处理，冷阱用乙醇/干冰浴冷却。

四、实验步骤

1. Ni/SiO_2 催化剂制备（以 $w=10\%$ 的 Ni/SiO_2 催化剂为例）

（1）用天平称取 43.62g $Ni(NO_3)_2 \cdot 6H_2O$ 于小烧杯中，加适量二次去离子水溶解，再定容于 100mL 容量瓶中，配成 1.500mol·L^{-1} $Ni(NO_3)_2$［0.08805g（Ni）·mL^{-1}］水溶液。

（2）取 1.500mol·L^{-1} $Ni(NO_3)_2$ 水溶液 6.31mL 于小烧杯中，加水稀释至总体积为 8.0mL。称取 5.0g 经烘干处理过的青岛产硅胶（40～60 目），快速将硅胶倒入装有稀释后 $Ni(NO_3)_2$ 水溶液的烧杯中并放置 10min。

（3）将上述样品放入烘箱中于 120℃ 干燥 4h，再转入坩埚于马弗炉中 600℃ 灼烧 6h 即得催化剂。

（4）实验者可参照上述方法制备负载量为 $w=4\%$～10% 的 Ni/SiO_2 催化剂及其他载体（如 Al_2O_3、La_2O_3 等）负载的 Ni 基催化剂。

2. Ni/SiO_2 催化剂上甲烷部分氧化制合成气反应催化性能评价

（1）打开气相色谱仪载气（Ar），将流速调至 30mL·min^{-1}。开启色谱仪电源开关，设置柱温：80～90℃。气化室温度：100℃，热导池温度：60℃，桥流：65mA。本实验以热导检测器检测原料气和反应尾气，以 601 碳分子筛柱（1.5m）分离 H_2、O_2、CO、CH_4 和 CO_2 等组分。

（2）量取 $w=10\%$ 的 Ni/SiO_2 催化剂 0.10mL 置于内径为 5～6mm 的固定床石英微型反应器中。控温热电偶（镍铬-镍铝）固定于反应管外侧，其测温端紧贴催化剂床层的前半部分。

（3）催化剂在 H_2 气流（约 30mL·min^{-1}）中升温（约 40℃·min^{-1}）至 800℃，在 800℃ 下还原 30min 后将催化剂恒温于反应温度（750～850℃）。

（4）打开 CH_4 和 O_2 气瓶，调整 CH_4 流速：40mL·min^{-1}，O_2 流速：20mL·min^{-1}，并分析原料气组成。将 V（CH_4）：V（O_2）＝2：1 混合气（GHSV＝36000h^{-1}）通入石英微型反应器，反应开始 3～5min 后定时采样分析反应尾气。

3. 程序升温还原法表征 Ni/SiO$_2$ 催化剂

4. 用物理吸附仪测定 Ni/SiO$_2$ 催化剂比表面积

五、结果与讨论

1. 催化剂制备

计算 Ni/SiO$_2$ 上 Ni 的负载量。

$$w(Ni)\% = \frac{Ni(g)}{Ni(g) + SiO_2(g)} \times 100\%$$

2. 催化性能评价

（1）采用修正面积归一化方法计算原料气组成和 POM 反应的 CH$_4$ 转化率和生成 H$_2$、CO、CO$_2$ 的选择性，具体计算公式如下：

原料气烷氧比 $[n(CH_4)/n(O_2)]$ $n(CH_4)/n(O_2) = \dfrac{A_{CH_4}F_{CH_4}}{A_{O_2}F_{O_2}}$

式中，A_{CH_4} 和 A_{O_2} 分别为原料气中 CH$_4$ 和 O$_2$ 的色谱峰面积；F_{CH_4} 和 F_{O_2} 分别是以 Ar 为载气时 CH$_4$ 和 O$_2$ 的相对摩尔校正因子。

CH$_4$ 转化率（x_{CH_4}）$x_{CH_4} = \dfrac{A_{CO}F_{CO} + A_{CO_2}F_{CO_2}}{A_{CH_4}F_{CH_4} + A_{CO}F_{CO} + A_{CO_2}F_{CO_2}} \times 100\%$

H$_2$ 选择性（s_{H_2}）$s_{H_2} = \dfrac{A_{H_2}F_{H_2}}{2(A_{CO}F_{CO} + A_{CO_2}F_{CO_2})} \times 100\%$

CO 选择性（s_{CO}）$s_{CO} = \dfrac{A_{CO}F_{CO}}{A_{CO}F_{CO} + A_{CO_2}F_{CO_2}} \times 100\%$

式中，A_i 为反应尾气中各组分的色谱峰面积；F_i 是以 Ar 为载气时各组分的相对摩尔校正因子。F_i 的自测参考值为：$F_{H_2} = 0.9961$，$F_{O_2} = 8.322$，$F_{CO} = 13.65$，$F_{CH_4} = 3.901$，$F_{CO_2} = 12.87$。实验者也可在各自的实验装置上用标准气自行测定各组分的 F_i 值。

（2）实验者可根据实际条件进一步考察负载量 $[w(Ni) = 4\% \sim 10\%]$、反应温度（750～850℃）和原料气空速（36000～200000h^{-1}）等因素对 Ni/SiO$_2$ 催化性能的影响。

3. 程序升温还原

（1）以 H$_2$ 浓度变化的信号值（mV）为纵坐标，样品温度变化值（℃）为横坐标作图，从图上找出每一个 TPR 峰最大值所对应的还原温度（即峰温 T_M）。

（2）H$_2$/Ar 的流速、升温速率和催化剂用量等因素可能会影响 TPR 谱图的峰形和还原峰温 T_M 的高低。

（3）载体的性质（如 SiO$_2$ 和 Al$_2$O$_3$ 等）、负载量和催化剂制备过程中干燥、分解及灼烧条件等均会影响催化剂的还原性能，实验者可自行改变某些因素并考察其影响。

4. 固体物质的比表面积

绘制吸附等温线，计算比表面积。

六、思考题

1. 采用干式浸渍法制备负载型催化剂，若浸渍溶液的体积与载体的孔容积相差太大，对所制备的催化剂有何影响？

2. 什么情况下可采用修正面积归一化方法计算混合物中各组分含量？本实验采用修正

面积归一化方法计算甲烷部分氧化制合成气反应的 CH_4 转化率和生成 H_2、CO、CO_2 的选择性，可能的误差来自何处？

3. 做 TPR 实验时，为何采用含低浓度的 H_2/Ar 混合气为载气？

实验 26
高聚物与表面活性剂双水相体系的制备及蛋白质分配系数的测定

一、实验目的

1. 通过制备高聚物双水相、正负离子表面活性剂双水相、非离子表面活性剂与高聚物共组双水相体系、高聚物与正负离子表面活性剂混合双水相，了解双水相体系的形成及制备，初步了解高聚物-高聚物、高聚物-表面活性剂的相互作用原理。

2. 通过应用紫外-可见分光光度计测定蛋白质在双水相体系两相中的浓度，掌握紫外-可见分光光度计的原理与使用方法及蛋白质浓度的测定方法。

3. 通过测定蛋白质在双水相体系中的分配系数，了解双水相体系分离蛋白质的原理及方法。

二、实验原理

双水相体系是指某些物质的水溶液在一定条件下自发分离形成的两个互不相溶的水相。双水相体系最早发现于高分子溶液。高分子双水相体系通常由两类不同的高分子溶液（如葡聚糖和蔗糖）或一种高分子与无机盐溶液（如聚乙二醇和硫酸盐）组成。由于其两相都是水溶液，可作为萃取体系用于生物活性物质的萃取分离及分析。双水相萃取是目前所有的分离纯化技术中，最有发展前景的一类。其最大的优势在于双水相体系可为生物活性物质提供一个温和的活性环境，因而可在萃取过程中保持生物物质的活性及构象。自从瑞典隆德大学 Albertsson 等于 20 世纪 50 年代首次将其用于蛋白质的萃取分离以来，高分子双水相萃取已经发展成为一种适用于大规模生产、经济简便、快速高效的分离纯化技术。除了高分子双水相体系，一些非离子表面活性剂和正负离子表面活性剂也能形成双水相，高聚物与表面活性剂混合物也可形成共组双水相体系。它们均可作为萃取体系，用于蛋白质等生物活性物质的萃取分离及分析。本实验制备不同双水相体系，测定蛋白质在不同双水相体系中的分配系数。

三、仪器与试剂

1. 仪器
离心机，紫外-可见分光光度计，电子天平，5mL 刻度试管（或比色管），2mL 移液管，滴管，注射器。

2. 试剂
聚乙二醇（PEG4000），聚乙二醇（PEG20000），Triton X-114，硫酸铵[$(NH_4)_2SO_4$]，十二烷基硫酸钠（SDS），辛烷基磺酸钠（C_8SO_3Na），十二烷基三乙基溴化铵（$C_{12}NE$），十二烷基三甲基溴化铵（$C_{12}NMe$），牛血清白蛋白（BSA）。

四、实验步骤

1. 制备双水相体系

制备双水相体系：高聚物双水相、正负离子表面活性剂混合双水相、非离子表面活性剂与高聚物共组双水相体系、高聚物与正负离子表面活性剂混合双水相。

(1) 高聚物双水相：30% PEG4000 和 20%（NH_4）$_2SO_4$ 以质量比 1:2 混合，混合后总质量 3g，振摇均匀，观察溶液状态。然后将试管置于离心机中，离心 10min。观察分相情况，记录上、下相体积。

(2) 正负离子表面活性剂混合体系双水相：取 1mL 0.1mol·L^{-1} 的 C_{12}NMe，逐渐加入 0.1mol·L^{-1} C_8SO_3Na（使 C_8SO_3Na 的总量依次为 2.4mL、2.5mL、2.6mL）振摇混匀，离心 10min。观察分相情况，记录上、下相体积随表面活性剂混合比例的变化。（注意：双水相形成区域与温度有关，如果实验时按照所给出的混合比例未出现双水相，则应在所给混合比例附近调节混合比以寻找双水相。）

(3) 非离子表面活性剂与高聚物共组双水相体系：取 2g 20% Triton X-114，加入 1g H_2O，然后逐渐加入 20% PEG20000（使 PEG 的总量依次为 0.4g、0.6g、0.8g、1.0g），振摇混匀，离心 10min。观察分相情况，记录上、下相体积随着 Triton X-114 与 PEG20000 质量比的变化。

(4) 高聚物与正负离子表面活性剂混合双水相：将 0.1mol·L^{-1} 的 C_{12}NE 和 SDS 以体积比 1.65:1 混合，混合后总体积为 3mL，然后加入 1g 20% PEG20000 振摇混匀，离心 10min。观察分相情况，记录上、下相体积。

2. 测定蛋白质在聚合物双水相体系中的分配系数

以牛血清白蛋白（BSA）为例，测定其在 PEG4000-（NH_4）$_2SO_4$ 双水相体系中的分配系数。

(1) 两个试管中分别加入 1.5g 30% 的 PEG4000、3g 20% 的（NH_4）$_2SO_4$。其中一个用于 BSA 的分配，另一个用作参比溶液。

(2) 将 0.45g 10mg·mL^{-1} BSA 加入其中一个双水相溶液中，将 0.45g H_2O 加入另一个双水相溶液中，混合均匀，离心 10min 使其分相，记录上、下相体积 V_t、V_b。（注意：BSA 或 H_2O 的加入量不要超过表面活性剂溶液总量的 1/10。）

(3) 用滴管分别取出两个双水相溶液的上、下相各约 1g，准确称重。

(4) 将取出的两相溶液分别用去离子水稀释 5 倍，充分混匀。

(5) 用加 H_2O 的上、下相作为参比溶液，用紫外-可见分光光度计测定 280nm 处的吸光度。

(6) 从标准工作曲线算出 BSA 在两相中的浓度。$[c (\text{mg·mL}^{-1}) = 1.733A - 0.05]$

(7) 计算 BSA 的分配系数 K；

$$K = c_t / c_b$$

式中，c_t 和 c_b 分别是上、下两相中 BSA 的平衡浓度。

3. 测定蛋白质在正负离子表面活性剂混合双水相体系中的分配系数

(1) 在两个试管中分别加入 1mL 0.1mol·L^{-1} 的 C_{12}NMe、2.5mL 0.1mol·L^{-1} 的 C_8SO_3Na。其中一个用于 BSA 的分配，另一个用作参比溶液。

(2) 将 0.4mL 10mg·mL^{-1} BSA 溶液加入其中一个双水相溶液中，将 0.4mL H_2O 加

入另一个双水相溶液中（此时溶液中表面活性剂的总浓度约为 $0.09\text{mol} \cdot \text{L}^{-1}$）。混合均匀，离心 10min 使其分相，记录上、下相体积 V_t、V_b。

（3）用注射器取出双水相的下相。

（4）用加水的下相作为参比溶液，用紫外-可见分光光度计测定 280nm 处的吸光度。

（5）从标准工作曲线算出 BSA 在下相中的浓度。$[c\ (\text{mg} \cdot \text{mL}^{-1}) = 1.733A - 0.05]$

（6）根据物质守恒计算 BSA 在上相中的浓度：

$$c_t = (m_{BSA} - c_b V_b)/V_t$$

式中，m_{BSA} 是加入的 BSA 的总质量。

（7）计算 BSA 的分配系数 K。

五、结果与讨论

1. 讨论实验所涉及的各种双水相体系的表观现象和表观性质（如黏度）。

2. 讨论正负离子表面活性剂混合体系双水相的相体积比（V_t/V_b）随表面活性剂混合比例的变化趋势，并作出解释。

3. 比较并讨论蛋白质在聚合物双水相体系和正负离子表面活性剂混合双水相体系中的分配系数。

六、思考题

1. 高聚物双水相体系的形成机理是什么？

2. 双水相分配的原理是什么？将其用于生物活性物质的分配有哪些优缺点？

实验 27
接触角和低能固体表面润湿临界表面张力的测定

一、实验目的

1. 了解润湿作用、接触角等概念；用液滴角度测量法测量水在石蜡、聚合物等固体表面上的接触角。

2. 了解低能固体表面润湿临界表面张力的意义；用 Zisman 方法测定石蜡、聚乙烯、聚氯乙烯、聚四氟乙烯、聚甲基丙烯酸甲酯等聚合物固体表面的润湿临界表面张力。

二、实验原理

润湿是自然界和生产过程中常见的现象。通常将固气界面被固液界面所取代的过程称为润湿。研究无机固体材料表面和有机固体材料表面的润湿性质不仅有助于了解许多生产过程（如浮选、润滑、洗涤、焊接、印染等）的基本原理，而且可以通过固体材料的表面改性改变或扩展它们的用途。通过接触角的测量可以了解固体的润湿性质，它是材料表面科学研究的重要方法。

当液体与固体接触后，体系的自由能降低。因此，液体在固体上润湿程度的大小可用这一过程自由能降低的多少来衡量。设有面积皆为 1cm^2 的液体及固体相接触，接触后原来的液气界面和固气界面消失形成新的固液界面。这一过程体系自由能的降低（$-\Delta G$）为

$$-\Delta G = \gamma_{SA} + \gamma_{LA} - \gamma_{SL} = W_{SL} \tag{1}$$

式中，γ_{SA}、γ_{LA}、γ_{SL} 分别为固气、液气和固液界面张力；W_{SL} 为粘附功，它的大小可衡量润湿的程度。由于尚无可靠的方法测定 γ_{SA} 和 γ_{SL}，故欲由式（1）求出 W_{SL} 需要用别的方法。

如果液体滴在固体表面上形成一液滴，在固、液、气三相交界处自固液界面经液体内部到气液界面的夹角称为接触角或润湿角，通常以 θ 表示。1805 年 Young 提出，在达到平衡时界面自由能和接触角间有下述关系：

$$\gamma_{SA} - \gamma_{SL} = \gamma_{LA} \cos\theta \tag{2}$$

此式称为 Young 方程或润湿方程，它是描述润湿作用的最基本公式。

将式（2）代入式（1），可得

$$W_{SL} = \gamma_{LA}(1 + \cos\theta) \tag{3}$$

由式（3）可知，只要测量出液体与固体间的接触角和测定出液体的表面张力即可由式（3）求出粘附功 W_{SL}。从而可衡量润湿程度。由式（3）还可看出，只有当 $\theta = 180°$ 时，W_{SL} 才为零，即为完全不润湿；当 $\theta = 0°$ 时称为完全润湿；$0° < \theta < 180°$ 时称为不完全润湿。在一般情况下 θ 总小于 $180°$，即液体在固体表面总有一定程度的润湿。应当指出的是，人们习惯上将 $\theta > 90°$ 称为不润湿，$\theta < 90°$ 称为润湿，θ 越小，润湿性能越好，这为判断润湿程度带来方便。

液滴角度测量法是测量接触角最常用的方法之一。它是在平整的固体表面上滴一小液滴，直接测量接触角的大小。为此可用低倍显微镜中装有的量角器测量，也可将液滴图像投影到屏幕上或拍摄图像再用量角器测量，这类方法都无法避免人为作切线的误差。

决定和影响润湿作用和接触角的因素很多。如，固体和液体的性质、杂质、添加物的性质、固体表面粗糙程度、表面不均匀和表面污染等。对于一定的固体表面，在液相中加入表面活性物质常可改善润湿性质，并且随着液体和固体表面接触时间的延长，接触角有逐渐减小并趋于定值的趋势，这是由于表面活性物质在各界面上的吸附。

直接精确测定，一般只能知道一个大致范围。已知一般液体（除汞外）的表面张力均在 $100\text{mN} \cdot \text{m}^{-1}$ 以下，故常以此为界将固体表面分为两类。表面自由能大于 $100\text{mN} \cdot \text{m}^{-1}$ 的称为高能表面，一般金属及其氧化物、硫化物、无机盐皆属此类；表面自由能低于 $100\text{mN} \cdot \text{m}^{-1}$ 的称为低能表面，如有机固体和聚合物。

近几十年来，高聚物在生产和生活中得到广泛应用，因而促进了对低能固体表面润湿性质的研究。Zisman 发现，同系有机液体在同一低能固体表面上的接触角 θ 随液体表面张力降低而变小，且以 $\cos\theta$ 对液体表面张力 γ_{LA} 作图可得一直线，该直线外延至 $\cos\theta = 1$ 处，相应的表面张力称此低能固体表面的（润湿）临界表面张力，以 γ_C 表示。若采用非同系有机液体，其 $\cos\theta$-γ_{LA} 图也常是直线或一窄带。将此窄带外延至 $\cos\theta = 1$ 处，相应的 γ_{LA} 下限即为 γ_C。临界表面张力的意义是，凡是表面张力小于 γ_C 的液体皆能在此固体表面上自行铺展，而表面张力大于 γ_C 的液体不能自行铺展；γ_C 值越大，在此固体表面上能自行铺展的液体越多，其润湿性质越好，因此 γ_C 是表征固体润湿性质的经验参数。

实验结果表明，高聚物固体的润湿性质与其分子的元素组成有关。多种元素的加入对润湿性的影响有如下的次序：

$$F < H < Cl < Br < I < O < N$$

且同一元素的原子取代越多，效果越明显。实验结果还表明，决定固体表面润湿性质的是固体表面层原子或原子团的性质及排列状况，而与体相结构无关。换言之，只要能改变固体表面性质就可改变其润湿性质。

三、仪器与试剂

1. 仪器

接触角（润湿角）测量仪，环法表面张力测定仪，注射器，烧杯，坩埚，容量瓶，表面皿，镊子。

2. 试剂

玻璃片，聚乙烯片，聚四氟乙烯片，聚甲基丙烯酸甲酯片，石蜡，正癸烷，正十二烷，正十四烷，正十六烷，苯甲醇，乙二醇，甘油，正丁醇，十二烷基硫酸钠，去离子水。

四、实验步骤

1. JJC-1 型润湿角测量仪的使用方法

（1）水平调节。调节调平手轮，使水准器中气泡在中间位置。

（2）光源调节。将光源可调变压器调节钮左旋至不动为止，接通电源，右旋调节钮至电压约为 2～4V（灯泡亮）。调节光源护筒支架上的手轮，使光线照射在样品盒的长方形小玻璃窗上。微调光源变压器调节钮使在目镜中可看到柔和的光线。

（3）将按照要求准备的固体样品片置于样品盒的平台上。

（4）调节调焦手轮、纵向移动手轮和升降手轮，使在目镜中看到清晰的固体样品片的横向面，并使其表面线与目镜中刻度板水平线重合。

（5）用注射器小心地滴一滴待测液体在样品片上（液滴直径以 1～3mm 为宜），液滴不宜太靠近样品片中部和边缘。调节横向移动手轮和横向微动手轮，使液滴进入光路。各种液体的注射器不得混用。

（6）使液滴一端的固-液-气三相交界点与目镜中刻度板中心点重合。调节转动手轮，使目镜中可转动线在刻度板中心（即液滴一端的三相交界点）与液滴相切，该线所指示角度即为接触角。每种液体和样品片都需多次测量，将所得结果取平均值。

（7）全部测量完毕后，关闭电源开关，切断电源并清拭仪器。

2. 接触角的测定

（1）固体样品的制备

石蜡片：将玻璃片洗净、干燥，浸入熔化的石蜡中，用镊子夹住玻片一角取出，控去多余石蜡，冷却后形成薄的石蜡层，备用。

聚合物固体片：聚乙烯、聚四氟乙烯、聚甲基丙烯酸甲酯片，先用洗衣粉等刷洗干净，用水冲洗，干燥后再用丙酮擦拭，干燥，备用。

玻璃片：将玻璃片先用去污粉洗净，干燥后再浸入热洗液中，数分钟后用水冲洗，干燥，备用。

（2）用下述接触角测定方法，测定水在石蜡、聚乙烯、聚四氟乙烯、聚甲基丙烯酸甲酯和玻璃片上的接触角。测定要进行多次，取其平均值。

（3）测 0.1％十二烷基硫酸钠水溶液液滴在石蜡片上接触角随时间的变化，每半分钟测一次，至接触角变化不大时为止（约 10min）。

3. 低能固体表面润湿临界表面张力的测定

（1）准备干净的石蜡、聚乙烯、聚四氟乙烯、聚甲基丙烯酸甲酯片（见前述步骤）。

（2）用环法表面张力仪测定烷烃系列（正癸烷、正十二烷、正十四烷、正十六烷）、正丁醇水溶液（$0.05\,mol \cdot L^{-1}$、$0.10\,mol \cdot L^{-1}$、$0.15\,mol \cdot L^{-1}$、$0.20\,mol \cdot L^{-1}$、$0.25\,mol \cdot L^{-1}$、$0.30\,mol \cdot L^{-1}$、$0.35\,mol \cdot L^{-1}$ 和 $0.40\,mol \cdot L^{-1}$）、苯甲醇、乙二醇、甘油、水的表面张力。应当注意的是，更换有机液体时所用盛液体的器皿及铂环必须清洗干净，铂环浸入丙酮中，再用煤气灯烧红以除去残存有机物，切勿使铂环扭曲。

（3）用上述接触角测定方法，测定烷烃系列在聚四氟乙烯上，及正丁醇水溶液、苯甲醇、乙二醇、甘油、水在石蜡、聚乙烯、聚甲基丙烯酸甲酯片上的接触角。用正丁醇溶液测定时需在 $30\,s$ 内完成。每种液体的接触角都需多次测定，取其平均值。

五、结果与讨论

1. 列表表示水在石蜡、聚合物片、玻璃片上接触角的实验结果。
2. 作十二烷基硫酸钠液滴在石蜡上接触角随时间变化的曲线，解释所得结果。
3. 列表表示环法测定各液体样品的表面张力的有关参数和计算出的 γ_{LA} 及各液体在石蜡及聚合物上的接触角。
4. 作各体系的 $\cos\theta$-γ_{LA} 图，求出各低能固体表面的 γ_C。
5. 比较各低能固体表面的 γ_C 的顺序，并进行讨论。

六、思考题

1. 为什么测量接触角时要特别仔细地处理样品片？测量时样品片为什么要保持水平？
2. 怎样才能得到可靠的接触角数据？
3. 由接触角和液体表面张力数据能够估算固体表面能吗？
4. γ_C 的物理意义是什么？
5. 环法测定液体表面张力 γ_C 需知道哪些基本数据？怎样才能测得准确结果？

实验 28
碳氟表面活性剂的制备及其与碳氢表面活性剂混合水溶液在油面上的铺展性能与铺展系数的测定

一、实验目的

1. 通过全氟辛酸与氢氧化钠反应制备全氟辛酸钠，以了解简单碳氟表面活性剂的制备方法。
2. 应用 pH 计指示反应终点，以掌握酸碱滴定原理及 pH 计使用方法。
3. 利用滴体积法测定所制备碳氟表面活性剂水溶液及其与碳氢表面活性剂混合水溶液的表面张力及油水界面张力，计算铺展系数，以掌握表面张力及界面张力的测定方法及铺展原理。
4. 测定所制备碳氟表面活性剂及其与碳氢表面活性剂混合水溶液在油面上的铺展性能及水膜对油面的密封性能，以了解碳氟表面活性剂及其与碳氢表面活性剂混合体系和普通表面活性剂的区别，了解碳氟表面活性剂及其与碳氢表面活性剂混合体系的用途及水成膜泡沫灭火剂的原理。

二、实验原理

碳氟表面活性剂是普通表面活性剂碳氢链中的氢原子部分或全部被氟原子取代的一种特种表面活性剂，是迄今为止所有表面活性剂中表面活性最高的一种，具有很多碳氢表面活性剂不可替代的重要用途。碳氟表面活性剂最突出的性质之一是其水溶液可在烃油表面铺展形成水膜，从而将油面与空气隔绝。一方面可阻止油的挥发，以避免油品挥发所造成的经济损失、安全隐患及环境污染；另一方面可作为高效灭火剂（即水成膜泡沫灭火剂），用于扑灭油类火灾。

欲使水溶液在油面上铺展，必须满足铺展条件，即铺展系数 $S_{w/o} > 0$：

$$S_{w/o} = \gamma_O - \gamma_W - \gamma_{w/o} > 0$$

式中，γ_O、γ_W、$\gamma_{w/o}$ 分别表示油、水溶液的表面张力及油水界面张力。

一般而言，正负离子表面活性剂混合溶液的表面活性大大超过单一组分的表面活性，显示了明显的增效作用。这种增效作用源于两表面活性剂正、负离子间的相互吸引。由于碳氟链和碳氢链的互憎性，单一氟表面活性剂水溶液的油水界面张力 $\gamma_{w/o}$ 无法降得很低。因此，为确保铺展系数 $S_{w/o} > 0$，可以加入与碳氟表面活性剂电性相反的碳氢表面活性剂。此时，加入的碳氢表面活性剂起两个作用：①正负离子表面活性剂的增效作用，进一步降低水溶液的表面张力 γ_W；②由于碳氢表面活性剂同时具有亲水亲油基团，可以在油水界面定向吸附，从而降低油水界面的界面张力。

三、仪器与试剂

1. 仪器

电磁搅拌器，pH 计，滴体积表面张力仪。

2. 试剂

$C_7F_{15}COOH$，$NaOH$，$C_8H_{17}N(CH_3)_3Br$，环己烷。

四、实验步骤

1. 氟表面活性剂的合成

反应方程式为

$$C_7F_{15}COOH + NaOH \longrightarrow C_7F_{15}COONa + H_2O$$

（1）用电子天平准确称量 0.1g 全氟辛酸，置于 50mL 烧杯中，烧杯中加入 20mL 去离子水，将 NaOH 溶液滴加到 $C_7F_{15}COOH$ 中，反应过程用电磁搅拌，用 pH 计指示反应终点（pH＝7 为反应终点）。

（2）将溶液全部转移到 50mL 容量瓶中，用去离子水稀释至刻度。

（3）计算 $C_7F_{15}COONa$ 的浓度。

2. 测定水溶液在油面上的铺展系数

用滴体积表面张力仪测定（测定方法见附件）：设水溶液的表面张力为 γ_W，油的表面张力为 γ_O，油水界面张力为 $\gamma_{w/o}$，计算铺展系数：

$$S = \gamma_O - (\gamma_W + \gamma_{w/o})$$

3. 测定水溶液在油面上的铺展性能

在直径 4cm 的烧杯中盛放 10mL 环己烷，用注射器将 0.1mL 碳氟表面活性剂及其与碳氢表面活性剂混合水溶液缓慢滴加到环己烷表面中心处，测定下列参数。

（1）铺展时间：从液滴与油面接触至变成液膜的时间，用 t_S 表示。以铺展时间小于 0.5s 作为迅速铺展的标准。

（2）铺展量：在同一位置滴加水溶液，出现第一滴水溶液下沉所加入的水溶液的体积，用 V_S 表示。

（3）临界铺展浓度：欲使水溶液在油面上迅速铺展，t_S 小于 0.5s 所需表面活性剂的最低浓度，用 c_S 表示。

上述参数中，t_S 和 c_S 越小、V_S 越大，铺展性能越好。

4. 测定水膜对油面的密封性能

在直径 4cm 的烧杯中盛放 10mL 环己烷，用注射器将 0.1mL 碳氟表面活性剂水溶液滴加到环己烷表面，每隔 10s 在离油面 1cm 高度处迅速过明火，观察环己烷是否被点燃。若被点燃，立即用湿布覆盖烧杯，隔绝空气。记录环己烷能被点燃的时间 t_b。

实验操作过程中注意安全。

五、结果与讨论

1. 可以在环己烷液面上铺展的混合溶液中，全氟辛酸钠和溴化辛基三甲铵的浓度比值存在两个边界值。找出这两个边界值，并说明为什么会存在这两个边界值。

2. 若要将本实验的混合溶液应用于实际灭火中，还应该考虑哪些问题？

六、思考题

已知单一的表面活性剂在有机溶剂上的铺展速度与铺展系数有下列关系：

$$\varepsilon = \left(\frac{4}{3}\right)^{\frac{1}{2}} \frac{S^{\frac{1}{2}}}{(\eta\rho)^{\frac{1}{4}}} t^{\frac{3}{4}}$$

式中，ε 为铺展距离；S 为铺展系数；η 为有机溶剂的黏度；ρ 为有机溶剂的密度；t 为时间。

计算要达到实验中所要求的快速铺展，铺展系数至少为多少？并讨论可能引起误差的因素。

实验 29
自组装膜的制备及其表征

一、实验目的

1. 了解 LB 膜制备技术以及影响单分子膜形成的因素。

2. 用循环伏安技术研究组装前后材料电性能行为变化，了解在不同膜压情况下液面上十八硫醇分子的烃链自由弯曲运动规律。

二、实验原理

有序有机超薄膜的制备与研究正在受到越来越多的重视。LB 膜、自组装膜是目前应用广泛、富有前途的对固体表面进行修饰的两种有序分子组装体系。利用 LB 技术和自组装技术可以简单、方便地制备出稳定性好、高度有序的超薄有机膜。

LB膜是Langmuir-Blodgett膜的简称，如图1所示。它的基本原理是将带有亲水头基和长疏水链的双亲性分子在液相表面铺展形成单分子膜（Langmuir膜），然后将这种气液界面上的单分子膜在恒定压力下转移到基片上，就形成了LB膜。从结构上讲，LB膜具有相对规整的分子排列、高度各向异性的层结构、人为可控的纳米尺度膜厚。这些特点使LB膜技术在许多领域都显示了一定的应用前景，可望在半导体技术、非线性光学材料、生物膜和生物传感器，以及分子电子学器件的制备等方面占据一席之地。但在LB膜中，分子与基片表面、层内分子之间以及单分子层之间多为弱的范德华力结合，因此LB膜对热、时间、化学环境以及外压的稳定性较弱。同时由于存在结构缺陷多、成膜分子结构受限制、设备复杂昂贵等不足，严重地影响了它的实用性。自组装技术（self-assembly）的引入和发展正是人们为了克服上述困难而进行的新探索。从传统的LB膜转向自组装膜，是当前分子组装研究领域的潮流。

自组装单分子膜（self-assembled monolayer，SAM）的主要优点是：高密度堆积、低缺陷、分子有序排列，可方便地设计分子结构单元以赋予膜体系特定的功能，从而真正地按着我们的意愿改变界面的物理化学性质。它可以作为一个简单的理想模型体系，帮助我们从本质上理解和研究自然界中自组装现象的机理，考察结构和功能的关系，加深对诸多界面现象，例如润湿、粘接、润滑及腐蚀等的认识，是目前研究的热点之一。

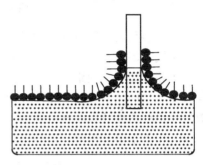

图1　LB膜构造示意图

自组装膜的形成依赖于特定头基和基底材料之间的强烈化学键合和分子链的定向排列。组装方法如图2所示，只需将基底材料在成膜分子的稀溶液中，常温常压下浸渍几分钟至几天，成膜分子就会在基底表面吸附并定向排列成有序致密的单分子层。成膜的动力基于特定头基和基底材料表面之间的化学键合以及分子链间的相互作用。自组装膜结构由头基、间链和尾基三部分组成。头基能和基底化学键合，保证有机分子牢固吸附在基底表面。间链之间存在相互作用，使膜有序化。在间链中可引入功能化基团使膜具有特定的物理化学性质。尾基可以是任何官能团，它对自组装膜的表面性质有重要影响。选择适当的尾基不仅可以赋予自组装膜特定的表面性质，还可为后续的进一步组装提供活性结合点。到目前为止，自组装膜可以分为五个主要的研究体系：脂肪酸单分子膜、有机硅烷单分子膜、含硫有机化合物单分子膜、硅表面脂肪链自组装单分子膜、双磷酸化合物形成的多层自组装膜。

硫化物在金属或半导体表面形成的自组装膜是目前研究得最广泛、最深入的一类。含硫化合物与过渡金属之间有比较强的亲和力，这是由于它们与金属表面原子簇之间存在多重键合作用。多种含硫有机物都可以在金的表面上形成自组装单分子膜。除了最常用的硫醇以外，还有硫醚、双硫化合物、苯硫酚、巯基吡啶、石油磺酸盐、Thiocarbaminates等。适用于含硫化合物形成自组装膜的基底材料除单晶或多晶的金以外，还包括银、铜、铂、汞、铁、纳米级的γ-Fe_2O_3粒子、胶体金微粒，以及砷化镓、磷化铟等。尽管如此，但绝大部分的研究工作还是在金表面上开展的。

关于硫醇在金表面的结合性质，一般认为是巯基与金发生化学反应并伴随氢分子的生成，反应过程可以简单地表示为

$$R{-}S{-}H + Au_n^o \Longrightarrow R{-}S^- Au^+ \cdot Au_n^o + 0.5H_2$$

在完全无氧的气相条件下可以同样地制备自组装单分子膜，是以上机理的证据之一。

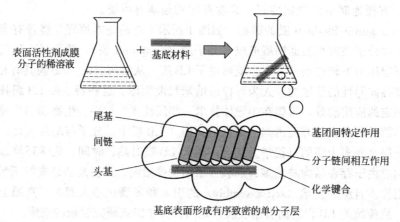

图 2　自组装膜的形成与结构示意图

自组装膜的表征技术关注以下三方面：①单层与基底的关系，如 Au-S 化合键键能、键角，不同基底材料、不同基底表面结构上含硫化合物的吸附行为等；②构成单层膜的分子之间的关系，如分子间距离与分子排列点阵结构、分子结构组成与分子取向、分子间相互作用与分子聚散的关系；③单层外表面及其与环境的关系，如 R 基团的大小、极性、变形性与取向、反应活性及表面自由能等。几乎所有灵敏的表面分析技术都已被用来表征自组装单分子膜，举例如表 1 所示。

表 1　自组装单分子膜结构和性质的分析研究技术

研究技术	研究内容
椭圆偏振（Ellipsometry）	厚度
光电子能谱（XPS）	表面组成分析
静态二次离子质谱（SSIMS）	表面组成分析
俄歇电子能谱（AES）	表面组成分析
接触角（Contacting Angle）	接触角、润湿性
石英晶体振荡微天平（QCM）	吸附动力学，表面吸附物质量测定
红外反射吸收光谱（IRRAS），拉曼光谱（Raman）	单层结构，分子取向与排列，分子间相互作用
电子衍射（LEED & HEED）	分子排列与取向，单层有序性
X 射线衍射（XRD）；NEXAFS	表面结构分析，单层有序性
低能氦原子衍射（LEHeD）	表面结构分析，表面层晶格参数
扫描隧道显微镜（STM），原子力显微镜（AFM），界面力显微镜（IFM）等	表面形貌，电子跨单层传递，界面作用力，表面层粘弹力，表面重组与重建
电化学（Electrochemistry）	厚度，通透性，缺陷；自组装机理，界面电子传递，法拉第过程

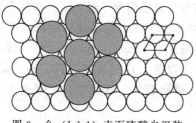

图 3　金（111）表面硫醇自组装单分子膜的点阵结构

硫醇自组装膜的结构是重要的研究方向之一。电子衍射、低能氦原子衍射原子力显微镜的研究均揭示了直链硫醇自组装膜的高度有序分子排列。在金（111）面上，硫原子呈六方堆积，相邻硫原子间距 0.497nm，以 $(\sqrt{3} \times \sqrt{3})R30°$ 结构覆盖金表面（图 3）。单个硫醇分子所占面积为 $0.214nm^2$。短链硫醇（C_4SH、C_6SH）在金上组装时，同时存在二维的液相态。链长增加后（C_8SH，$C_{10}SH$）则观察不到该现象。在短链硫醇的组装过程中，表现出比较慢的组装速度，先形成一个有序的局域结构（$p \times \sqrt{3}$，$8 \leqslant p \leqslant 10$），然后是一个生长过程。傅里叶红外光谱的研究表明，直链硫醇自组装膜中碳链与垂直方向的夹角介于 $26°\sim28°$ 之间，在分子轴向上的扭转角度约为 $52°\sim55°$。碳链的取向倾斜是为了增大范德华相互作用。

电化学是研究表面现象的强有力技术。使用电化学方法检测 SAM 制备过程中生成的过氧化氢，确认巯基与金的作用机理；微分电容技术可以用来表征 SAM 的厚度和离子通透性；欠电位沉积和 STM 结合测定 SAM 的缺陷分布；电化学技术还可以直接测定 SAM 的覆盖度；电化学循环伏安扫描技术可以用于检验 SAM 成膜质量，可以考察该自组装膜外界球反应的阻碍程度和考察金电极在组装单分子膜前后双电层电容的变化。

本实验通过比较组装自组装膜前后，在实验中充放电电流的变化以及氧化还原对电化学行为的影响来判断自组装膜是否形成及其成膜质量。

三、仪器与试剂

1. 仪器

金片电极，饱和甘汞电极，铂丝电极，电化学工作站。

2. 试剂

Piranha 溶液，H_2SO_4，H_2O_2，十八硫醇，$0.1mol \cdot L^{-1}$ KCl 溶液，$K_4Fe(CN)_6$，$K_3Fe(CN)_6$

四、实验步骤

1. 实验所用金基片预先已准备好，是利用真空蒸镀的方法得到的。

2. 在 100mL 烧杯中配制约 20mL Piranha 溶液（H_2SO_4 与 H_2O_2 的体积比为 70∶30），在水浴锅中加热到 90℃。注意：Piranha 溶液具有强烈的腐蚀性，要特别小心！将金片切成约 2cm×2cm 大小，用乙醇冲洗后，再用二次水冲洗，镀金一面朝上放入 90℃ Piranha 溶液中浸洗 5min，取出后用二次水和无水乙醇冲洗后置于约 1mmol·L^{-1} 十八硫醇的乙醇溶液中组装。之后，从组装液中取出，用无水乙醇和超纯水冲洗，然后保存在去离子水中。

3. 配制 $0.10mol \cdot L^{-1}$ 的 KCl 溶液和 $0.10mol \cdot L^{-1}$ KCl＋$0.001mol \cdot L^{-1}$ $K_3Fe(CN)_6$＋$0.001mol \cdot L^{-1}$ $K_4Fe(CN)_6$ 溶液。

4. 在上述溶液中以自组装膜修饰的金电极为工作电极，铂丝为参比电极，分别进行循环伏安研究。注意，要先做空白溶液实验。为对比起见，同时研究空白金片电极在上述溶液中的循环伏安行为。

五、思考题

1. 单分子膜成膜条件与研究方法之间的关系是什么？

2. 影响 I-A 曲线的因素有哪些？

实验 30
污水悬浮颗粒 Zeta 电位测量

一、实验目的

1. 掌握 Zeta 电位的概念和测定方法。

2. 了解 Zeta 电位在污水处理等方面的应用。

二、实验原理

Zeta 电位（Zeta potential）是指剪切面（Shear Plane）的电位，又叫电动电位或电动电势（ζ 电位或 ζ 电势），是表征胶体分散系稳定性的重要指标。

由于分散粒子表面带有电荷而吸引周围的反号离子，这些反号离子在两相界面呈扩散状态分布而形成扩散双电层。根据 Stern 双电层理论（图 1）可将双电层分为两部分，即 Stern 层和扩散层。Stern 层定义为吸附在电极表面的一层离子（IHP or OHP）电荷中心组成的一个平面层，此平面层相对远离界面的流体中的某点的电位称为 Stern 电位。稳定层（stationary layer，包括 Stern 层和滑动面 slipping plane 以内的部分扩散层）与扩散层内分散介质（dispersion medium）发生相对移动时的界面是滑动面（slipping plane），该处对远离界面的流体中的某点的电位称为 Zeta 电位，即 Zeta 电位是连续相与附着在分散粒子上的流体稳定层之间的电势差。它可以通过电动现象直接测定。

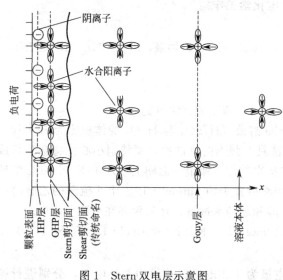

图 1　Stern 双电层示意图

油田污水中含有各种悬浮物，一般采用絮凝沉淀法予以清除。为了解悬浮物聚集沉降的难易程度，需测定污水中悬浮物颗粒的 Zeta 电位，为絮凝剂的选择提供依据。Zeta 电位可以衡量颗粒之间相互排斥力或吸引力的强度，它的数值与胶态分散的稳定性相关。将待测溶液放入电泳池，在电泳池两端外加电压后，带负电荷的悬浮粒子会向正极移动，移动速度与其带电量和施加的电压成正比。当外加电压一定时，悬浮粒子的带电量越大，移动速度越快，得到的 Zeta 电位越高。Zeta 电位越高，体系越稳定，即溶解或分散可以抵抗聚集；反之，Zeta 电位越低，越倾向于凝结或凝聚，即吸引力超过了排斥力。

目前测量 Zeta 电位的方法主要有电泳法、电渗法、流动电位法以及超声波法，其中以电泳法应用最广。本实验采用电泳法测量 Zeta 电位。

三、仪器与试剂

1. 仪器
电泳仪，CCD，100mL 容量瓶，塑料吸管，50mL 烧杯。

2. 试剂
油井采出污水，H_2SO_4（A.R.），NaOH（A.R.）。

四、实验步骤

在 28～34℃的实验室条件下，将过滤后的水样，取 100mL 于烧杯中，用 $0.5mol \cdot L^{-1}$ 的 H_2SO_4 和 $1mol \cdot L^{-1}$ 的 NaOH 调节水样 pH 值至 8.4 左右，搅拌 3～5min 后，取

0.5mL 样品注入电泳杯，调节所需电压，输入样品 pH 值，插上电极，在电泳仪上测 Zeta 电位值，测定后的电泳杯、标尺和电极用去离子水反复冲洗干净。采用计算机多媒体技术，对放大 1500 倍后的悬浮物颗粒进行连续截图，提供四幅灰度图像进行分析。

五、结果与讨论

Zeta 电位与胶态分散的稳定性相关，是表征胶体分散系稳定性的重要指标，通过测量污水 Zeta 电位，可根据电位的不同而选择不同絮凝剂的用量；当 Zeta 电位值为 0 时，污水中的悬浮物质处于最高量聚集和沉淀范围内，此时为最佳絮凝效果的絮凝剂质量浓度，达到最佳除油和絮凝效果。

六、思考题

1. 影响 Zeta 电位大小的因素有哪些？
2. 使胶体聚沉的因素有哪些？

实验 31
牛奶中酪蛋白和乳糖的分离和鉴定

一、实验目的

1. 通过调节牛奶的 pH 值分离出酪蛋白和乳糖，并采用醋酸纤维薄膜电泳、颜色反应、薄层色谱法（TLC）和旋光测定等方法鉴定酪蛋白和乳糖。
2. 掌握分离纯化生物大分子的方法，为参加生命科学研究打下基础。

二、实验原理

酪蛋白是牛奶中的主要蛋白质，其含量约为 $35g \cdot L^{-1}$，是含磷蛋白质的复杂混合物。蛋白质是两性化合物。当调节牛奶的 pH 值达到酪蛋白的等电点（pI = 4.8）时，蛋白质所带正、负电荷相等，呈电中性，此时酪蛋白的溶解度最小，从牛奶中析出沉淀。而乳糖仍存在于牛奶中，通过离心分离出酪蛋白和乳糖。在牛奶中含有 4%～6% 的乳糖。乳糖是由一分子半乳糖及一分子葡萄糖所组成的二糖。在乳糖分子中，仍保留着葡萄糖部分的半缩醛羟基，所以乳糖是还原性二糖，它的水溶液有变旋光现象，达到平衡时的比旋光度是 +53.5°。含有一分子结晶水的乳糖熔点为 210℃。酪蛋白的鉴定可通过电泳或蛋白质的颜色反应；乳糖则可通过旋光仪及 TLC 或糖脎的生成鉴定。

三、仪器与试剂

1. 仪器

电泳仪，pH 计，离心机，布氏漏斗，旋光仪。

2. 试剂（均为市售国产 A. R. 或 C. P. 级）

去脂牛奶，冰醋酸，95% 乙醇，乙醚，NaOH，硫酸铜，浓硝酸，茚三酮，巴比妥，醋酸纤维薄膜（8cm×2cm），Coomassiea R 250，甲醇，重蒸水，浓氨水，浓硫酸，碳酸钠，盐酸苯肼，醋酸钠，硅胶 G，乙酸乙酯，异丙醇，吡啶，苯胺，二苯胺，磷酸，葡萄糖，半乳糖，乳糖，硅胶层析板。

四、实验步骤

1. 牛奶中酪蛋白的分离和鉴定

（1）酪蛋白的分离

取 50mL 去脂牛奶置于 150mL 烧杯内，在水浴锅中小心加热至 40℃，保持温度，边搅拌边慢慢滴加冰醋酸（体积比为 1∶9），此时即有白色的酪蛋白沉淀析出，继续滴加冰醋酸溶液，直至酪蛋白不再析出为止（约 2mL），混合液 pH 值为 4.8。冷却到室温。将混合物转入离心杯中，3000r/min 离心 15min。上清液（乳清）经漏斗过滤于蒸发皿中，作乳糖的分离与鉴定。沉淀（酪蛋白）转移至另一烧杯内，加 95% 乙醇 20mL，搅匀后用布氏漏斗抽气过滤，以体积比为 1∶1 的乙醇-乙醚混合液小心洗涤沉淀 2 次（每次约 10mL），最后再用 5mL 乙醚洗涤 1 次，吸滤至干。将干粉铺于表面皿上，烘干，称重并计算牛奶中酪蛋白的含量。取 0.5g 酪蛋白溶解于含 0.4mol·L^{-1} NaOH 的 5mL 生理盐水中，分别用于蛋白质的颜色反应和蛋白质的醋酸纤维薄膜电泳的鉴定。

（2）酪蛋白的颜色反应

① 缩二脲反应　在小试管中加入 5 滴酪蛋白溶液和 5 滴 5% NaOH 溶液，摇匀后加入 2 滴 1% 硫酸铜溶液。将试管振摇，观察颜色变化。

② 蛋白黄色反应　在小试管中，加入 10 滴酪蛋白溶液及 3 滴浓硝酸，在水浴中加热，生成黄色硝基化合物。冷却后再加入 15 滴 5% NaOH 溶液，溶液呈橘黄色。

③ 茚三酮反应　在小试管中加入 10 滴酪蛋白溶液，然后加 4 滴茚三酮试剂，加热至沸，即有蓝紫色出现。

（3）酪蛋白的醋酸纤维薄膜电泳

将 8cm×2cm 的醋酸纤维薄膜浸于巴比妥缓冲液（pH 为 8.6，离子强度为 0.06）中，待完全浸透后，取出薄膜放于滤纸上，轻轻吸去多余的缓冲液。用毛细管将酪蛋白溶液点在离薄膜（无光泽的一面）的一端 1.5cm 处，在电泳槽内进行电泳。电极液为巴比妥缓冲液，将薄膜的点样一端放在负极，电压为 120V，线电流约为 0.4～0.6mA·cm^{-1}，电泳时间约 40～60min。电泳结束后，取出薄膜浸入 Coomassiea 染色液（0.5g Coomassiea R 250 溶于 1L 乙酸∶甲醇∶重蒸水=1∶5∶5 的溶液）。5min 后取出，浸入漂洗液（甲醇∶乙酸∶重蒸水=1∶1.5∶17.5）中进行漂洗，约 10min 后可见 3 条酪蛋白谱带。

2. 乳糖的分离与鉴定

（1）乳糖的分离

将上述实验中所得的上清液（即乳清）置于蒸发皿中，用小火浓缩至 5mL 左右，冷却后，加入 95% 乙醇 10mL，冰浴中冷却，用玻棒搅拌摩擦，使乳糖析出完全，经布氏漏斗过滤，用 95% 乙醇将乳糖晶体洗涤 2 次（每次 5mL），即得粗乳糖晶体。将粗乳糖晶体溶于 8mL 50～60℃水中，滴加乙醇至产生浑浊，水浴加热至浑浊消失，冷却，过滤，用 95% 乙醇洗涤晶体，干燥后得含一分子结晶水的纯乳糖。

（2）乳糖的变旋光现象

准确称取 1.25g 乳糖，用少量蒸馏水溶解，转入 25mL 容量瓶中定容，将溶液装于旋光管中，立即测定其旋光度。每隔 1min 测定 1 次，至少测定 6 次，8min 内完成，记录数据。10min 后，每隔 2min 测定 1 次，至少测 8 次，20min 内完成。记录数据并计算出比旋光度。立即迅速在样品管中加入 2 滴浓氨水摇匀，静置 20min 后测其旋光度并计算出比旋光度。

（3）乳糖的水解及水解物的 TLC 鉴定

① 乳糖的水解　取 0.5g 自制的乳糖置于大试管中，加入 5mL 蒸馏水使其溶解，取出 1mL 乳糖溶液置于另一小试管中，备作糖脎鉴定，在余下的 4mL 乳糖溶液中加入 2 滴浓硫酸，于沸水浴中加热 15min。冷却后，加入 10% 碳酸钠溶液使呈碱性。

② 糖脎的生成　在 1mL 上述乳糖水解液及备用的 1mL 乳糖溶液中，分别加入新鲜配制的盐酸苯肼-醋酸溶液 1mL 摇匀，置沸水浴中加热 30min 后取出试管，自行冷却。取少许结晶在低倍显微镜下观察两种糖脎结晶形状。

③ 糖类的硅胶 G（TLC）鉴定　用 0.02mol·L^{-1} 醋酸钠调制的硅胶 G 铺板，用乙酸乙酯∶异丙醇∶水∶吡啶＝26∶14∶7∶27 的溶剂进行展层。展层后用苯胺-二苯胺-磷酸为显色剂，喷洒后在 110℃ 烘箱加热至斑点显出。进行硅胶 TLC 鉴定时用 10g·L^{-1} 葡萄糖、10g·L^{-1} 半乳糖及 10g·L^{-1} 乳糖进行对照。

五、结果与讨论

鉴定酪蛋白和乳糖的方法有哪些？

六、思考题

展开 TLC 溶剂的溶剂选取有何要求？

实验 32
红外光谱法测定简单分子的结构参数

一、实验目的

1. 熟悉红外光谱的实验方法，了解红外光谱仪的基本原理和使用操作。

2. 熟悉通过谱图分析计算分子解离能、零点振动能、力常数和核间距等一系列结构参数的方法。

二、实验原理

1. 分子的振动能级发生跃迁总是伴有转动能级的跃迁，所得的振动-转动光谱出现有红外波段，因此分子的振动-转动光谱又称为红外光谱。异核双原子分子如 HCl、CO 气体的红外光谱为振动-转动光谱的典型例子。

双原子分子的转动一般可考虑用刚性转子的物理模型，并用量子力学处理得转动能量：

$$E_{\tau} = BJ(J+1)hc \tag{1}$$

式中，J 为转动量子数；h 为普朗克常数；c 为光速；B 为转动常数。

$$B = \frac{h}{8\pi^2 cI} = \frac{h}{8\pi^2 c\mu R^2} \tag{2}$$

式中，I 为转动惯量；R 为核间距；μ 为折合质量。

分子的振动，采用非简谐振子的物理模型，用量子力学处理，得振动能量

$$E_\nu = \left(\nu + \frac{1}{2}\right)hc_e\widetilde{\omega}_e - \left(\nu + \frac{1}{2}\right)^2 x_e hc_e\widetilde{\omega}_e \tag{3}$$

式中，ν 是振动量子数；$\widetilde{\omega}_e$ 是振动频率；c_e 为非谐性系数，下标 e 表示平衡态的相应值。因此分子的振动能量若以 cm^{-1} 表示，则

$$\frac{E}{hc} = \frac{E_\nu + E_\tau}{hc} = \left(\nu + \frac{1}{2}\right)\widetilde{\omega}_e - \left(\nu + \frac{1}{2}\right)^2 x_e\widetilde{\omega}_e + B_\nu J(J+1) \tag{4}$$

式中，B_ν 为振动和转动相互作用后的转动常数。振动能量的增高使平均核间距增大，引起转动常数变化。

$$B_\nu = B_e - \alpha_e\left(\nu + \frac{1}{2}\right) + \cdots \tag{5}$$

式中，B_e 为平衡转动常数，$B_e = \dfrac{h}{8\pi^2 c\mu R_e^2}$；$\alpha_e$ 为平衡时振动-转动耦合常数，是个小的正数。

当分子的振动-转动能级由 E''（ν''，J''）跃迁至 E'（ν'，J'）时，吸收的辐射波数为：

$$\widetilde{\nu} = \frac{E' - E''}{hc} = \frac{E_\nu' - E_\nu''}{hc} + \frac{E_r' - E_r''}{hc} = \widetilde{\nu}_0 + B_\nu' J'(J'+1) - B_\nu'' J''(J''+1) \tag{6}$$

式（6）中

$$\widetilde{\nu}_0 = \frac{E_\nu' - E_\nu''}{hc} \tag{7}$$

$\widetilde{\nu}_0$ 称为谱带零线或基线，是纯振动能级跃迁（ν''，$J''=0 \rightarrow \nu'$，$J'=0$）时所吸收的光的波数。

当 $\nu''=0$，$\nu'=1$ 时，将式（3）代入式（7），可得 $\widetilde{\nu}_0 = (1-2x_e)\widetilde{\omega}_e$。

当 $\nu''=0$，$\nu'=2$ 时，按上述方法，测得 $\widetilde{\nu}_0 = 2(1-3x_e)\widetilde{\omega}_e$，称为倍频或第一泛频。

当 $\Delta J = J' - J'' = -1$ 时，为 P 支谱线，代入式（6）整理得：

$$\widetilde{\nu}_p = \widetilde{\nu}_0 - (B_\nu' + B_\nu'')J'' + (B_\nu' - B_\nu'')J''^2$$

令 $m = -J'' = -1, -2, -3, \cdots$ 则：

$$\widetilde{\nu}_p = \widetilde{\nu}_0 + (B_\nu' + B_\nu'')m + (B_\nu' - B_\nu'')m^2 \tag{8}$$

当 $\Delta J = J' - J'' = +1$ 时，为 R 支谱线，代入式（6）整理得：

$$\widetilde{\nu}_R = \widetilde{\nu}_0 + (B_\nu' + B_\nu'')(J''+1) + (B_\nu' - B_\nu'')(J_\nu''+1)^2$$

令 $m = J'' + 1 = 1, 2, 3, \cdots$ 则：

$$\widetilde{\nu}_R = \widetilde{\nu}_0 + (B_\nu' + B_\nu'')m + (B_\nu' - B_\nu'')m^2 \tag{9}$$

合并式（8）和式（9），得：

$$\widetilde{\nu} = \widetilde{\nu}_0 + (B_\nu' + B_\nu'')m + (B_\nu' - B_\nu'')m^2 \tag{10}$$

式中，$m = -1, -2, -3, \cdots$ 为 P 支；$m = 1, 2, 3, \cdots$ 为 R 支。

当 HCl 吸收红外光，振动能级从 $\nu''=0$ 跃迁到 $\nu'=1$ 时，其吸收波数为：

$$\widetilde{\nu} = \widetilde{\nu}_0 + (B_1 + B_0)m + (B_1 - B_0)m^2 \tag{11}$$

根据大量实验结果，将双原子红外谱图的谱线频率拟合可得经验公式：

$$\tilde{\nu} = c + dm + em^2 \tag{12}$$

对照式(11)，不难求出谱带零线或基线的波数 $\tilde{\nu}_0$、基态和 $\tilde{\nu}_1$ 态的转动常数 B_0、B_1，由此可以进一步求出异核双原子分子的结构参数。

2. SO_2 在红外光谱中有很高的灵敏度。在中等分辨率下就可观察 SO_2 中具有红外活性的振动。电子衍射的研究表明，SO_2 是一个对称的非线性分子。对于含有 N 个原子的非线性分子，有 $3N-6$ 个振动自由度，称为简振模式（图1）。简振模式的频率叫基频，对 SO_2 来说有3个基频（ν_1、ν_2、ν_3）都具有红外活性，其中弯曲振动 ν_2 出现在最低频，而反对称伸缩振动 ν_3 出现在较高频率。

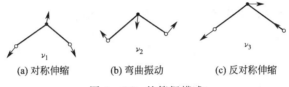

(a) 对称伸缩   (b) 弯曲振动   (c) 反对称伸缩

图1　SO_2 的简振模式

（1）力常数

SO_2 的振动模式可以用原子质量（m_s 和 m_o）、O—S—O 键角（2α）和几个力常数来表示，由它们决定分子的势能。这些力常数和胡克定律非常相似。SO_2 的势能公式可写成如下形式：

$$U = \frac{1}{2}\left[k_1(r_1^2 + r_2^2) + k_\delta \delta^2\right] \tag{13}$$

式中，r_1 和 r_2 为两个 S—O 键长的变化值；δ 是键角的变化值。S—O 键平衡时的键长为 l。k_1 和 k_δ 分别表示伸缩振动和弯曲振动的力常数。将经典的谐振子理论用于 SO_2，可得以下公式：

$$4\pi^2 \nu_3^2 = \left(1 + \frac{2m_o}{m_s}\sin^2\alpha\right)\frac{k_1}{m_o} \tag{14}$$

$$4\pi^2(\nu_1^2 + \nu_2^2) = \left(1 + \frac{2m_o}{m_s}\cos^2\alpha\right)\frac{k_1}{m_o} + \frac{2}{m_o}\left(1 + \frac{2m_o}{m_s}\sin^2\alpha\right)\frac{k_\delta}{l^2} \tag{15}$$

$$16\pi^4 \nu_1^2 \nu_2^2 = 2\left(1 + \frac{2m_o}{m_s}\right)\frac{k_1}{m_o^2}\frac{k_\delta}{l^2} \tag{16}$$

对于 SO_2，$2\alpha = 119.5°$，$l = 0.1432$nm。

（2）配分函数

气体的热容量可以看成平动、转动和振动的共同作用。在室温以上，分子的转动和平动对摩尔热容 $\overline{C_V}$ 的贡献是一定的，并与温度无关。对于非线性多原子分子 SO_2，转动和平动的摩尔热容分别为：

$$\overline{C_V}(\text{trans}) = \frac{3}{2}R \tag{17}$$

$$\overline{C_V}(\text{rot}) = \frac{3}{2}R \tag{18}$$

而振动对 $\overline{C_V}$ 的贡献随温度而改变，可以用振动的配分函数 q_{vib} 来计算：

$$\overline{C_V}(\text{vib}) = R \frac{\partial}{\partial T}\left(T^2 \frac{\partial \ln q_{\text{vib}}}{\partial T}\right) \tag{19}$$

其中
$$q_{\text{vib}} = \prod_{i=1}^{3N-6} q_i^{HO} \tag{20}$$

式中，q_i^{HO} 是频率 ν_i 的第 i 个正则系综的谐振配分函数。

谐振子的能级是由 $\left(\nu+\dfrac{1}{2}\right)h\nu$ 决定：

$$q_i^{HO} = \sum_{\nu=0}^{\infty} e^{-(\nu+\frac{1}{2})h\nu_i/KT} = \frac{e^{-h\nu_i/KT}}{1-e^{-h\nu_i/KT}} \tag{21}$$

式中，h 为 Planck 常数；K 为玻尔兹曼常数；T 为绝对温度；ν 为振动量子数；ν_i 为振动频率。

由式(21) 代入式(20)，再代入式(19)，求导计算可得：

$$\overline{C_V}(\text{vib}) = R \sum_i \frac{u_i^2 e^{-u_i}}{(1-e^{-u_i})^2} \tag{22}$$

式中，$h\nu_i/KT = 1.4388\, \overline{\nu_i}/T = 3.3 u_i$。

3. FTIR 光谱仪简介

本实验所用的 FTIR 光谱仪的主体是一台迈克尔逊干涉仪。其结构原理如图 2 所示。光源 S 发射的红外光进入干涉仪，干涉仪是由相互成直角的平面镜和与它们成 45°的分束器组成。M_2 是动镜，M_1 是固定镜。分束器是覆盖在 KBr 透明基底上的镀锗薄膜，它能将光源 S 发出的红外光一半的光直接透射到固定镜 M_1，另一半光经反向到达动镜 M_2，这两束光分别从固定镜 M_1 反射和动镜 M_2 透射回分束器，在分束器重新组合，并根据动镜对固定镜的相对位置产生相长干涉和相消干涉。随着动镜每移动 1/4 波长，就重复相长干涉和相消干涉形成正弦波形。这束相干光通过样品产生选择吸收，然后到达检测器 D 进行检测。检测器 D 所得的信号是所有这些调制的正弦波的加和，产生如图 3（a）所示的干涉图。相干图曲线可用傅里叶变换公式表示。

$$I(x) = \int_0^{\infty} B(\nu)\cos 2\pi\nu x \, d\nu \tag{23}$$

式中，$I(x)$ 干涉图；x 为光程差；ν 为波数；$B(\nu)$ 是光谱分布图。因为干涉仪得到的是光谱的干涉图，为了看到直观的红外光谱图，必须对上式进行傅里叶逆变换，得到普通的红外光谱图如图 3（b）所示。这一变换由计算机进行。

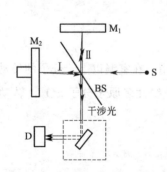

图 2　FTIR 光谱仪结构示意图

M_1—固定镜；M_2—动镜；S—光源；

D—检测器；BS—分束器

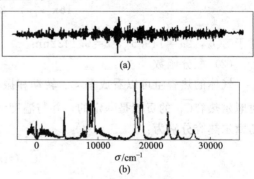

图 3　傅里叶变换前后的红外光谱图

$$B(\nu) = \int_0^\infty I(x)\cos 2\pi\nu x\,\mathrm{d}\nu \qquad (24)$$

由于本仪器相干图的每一个信息都来自所给定的整个频率范围,检测器同时检测所有的频率,它使测量速率大大加快。若增加扫描次数,进行多次测量平均,可提高信噪比。在干涉仪中由于没有色散和滤波装置,不用狭缝,所以能量损失极小。仪器的分辨率取决于动镜移动距离,移动距离越大,分辨率越高。这样干涉仪在高分辨率的情况下仍能收集到大量的能量,从而提高了灵敏度。

本实验所用的 NICOLET FTIR360 仪带有 FT-IR 光谱的高级软件包 OMNICESP,具有智能化平台。作为窗口软件的应用程序,其菜单式排列可以灵活地采集、显示和处理谱图数据。

三、仪器与试剂

1. 仪器

Nicolet 360 红外光谱仪,真空系统,窗口为 NaCl 和 KCl 单晶的气体样品池。

2. 试剂

浓 HCl,浓 H_2SO_4,SO_2 气体。

四、实验步骤

1. 系统检漏

按图 4 接好真空系统。开启真空泵,对系统及储气瓶抽气后,关闭抽气活塞。如果真空表读数在数分钟内不变,则认为系统正常。如果读数有变化,则必须检查系统,直到正常。

2. 气体制备

(1) HCl 气体

以浓盐酸缓慢滴入浓硫酸中制得 HCl 气体,再通过浓硫酸进一步干燥后存入已抽成真空的储气瓶备用。

红外气体样品池以 NaCl 单晶为窗口(注意防潮,样品池放入内有干燥剂的塑料袋,扎紧袋口,仅露出抽气管),将样品池接上真空系统后抽空系统及样品池,再依次关闭样品池的活塞及系统进气活塞。慢慢打开储气瓶活塞,放出很少量气体,同时观察真空表头,往样品池中通入约 6Pa(45mmHg)HCl 气体,即关闭储气瓶活塞和样品池活塞,并抽空系统。取下 HCl 气体样品池待测。

(2) CO 气体

在抽真空的气体池中通入少量煤气备用。

(3) SO_2 气体

取一干净的带两个夹子的球胆,与 SO_2 钢瓶相连,注意小心开启钢瓶阀门(防止吸入鼻内!),放松夹子,装入适量(<101.3kPa)的 SO_2 气体,关闭阀门,球胆用夹子夹紧以防漏气。将装好气的球胆接在真空系统的进气活塞的接口上,系统抽气后关闭抽气活塞,依次开启进气活塞和储气瓶活塞,打开夹子,挤压球胆,将气体转移至真空系统上的储气瓶中关紧活塞,供长期保存备用。

将气体样品池(KCl 单晶为窗口)接上真空系统,抽空样品池,再依次关闭样品池的活塞及系统活塞。小心慢慢打开储气瓶活塞,放出很少量气体,同时观察真空表头,往样品池中能入约 10Torr(1333.2Pa)的 SO_2 气体,随即关闭储气瓶活塞和样品池活塞,并抽空系

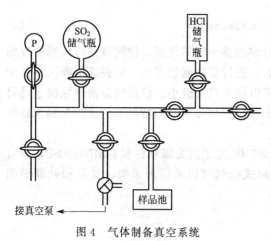

图 4　气体制备真空系统

接真空泵 ←

（图中标注）P、SO₂储气瓶、HCl储气瓶、样品池

统。取下 SO_2 气体样品池待测。

3. 红外光谱测量

分别对上述已制备的气体样品进行测量。把气体样品池放入 FTIR 光谱仪的样品室中，调整气体池的位置，使透过率最大。设定扫描范围 $4000 \sim 400 cm^{-1}$，扫描次数为 32；分辨率为 $4 cm^{-1}$。对 HCl 样品则再以小于 $2 cm^{-1}$ 分辨率扫描一次，得到清晰区分 ^{35}Cl 和 ^{37}Cl 同位素振动-转动精细结构的红外谱图。实验的本底可在相同条件下对空光路或空池的扫描得到。放大 HCl 谱图，标明各个谱峰的波数，打印实验结果。

在 CO 样品谱图中找出基频为 $2100 cm^{-1}$ 处附近的 P 支和 R 支，放大其精细结构，标峰并打印。

4. 实验结束后，将样品池抽空复原，关闭真空系统。

五、结果与讨论

1. HCl

（1）在 HCl 谱图上标出 P 支和 R 支，并分别标出 $H^{35}Cl$ 和 $H^{37}Cl$ 各谱线频率对应的 J'' 和 J' 值。确定 $\tilde{\nu} = c + dm + em^2$ 中的 c、d、e 值，并与理论值公式比较。计算基态转动常数 B_0 和 $\nu = 1$ 时的转动常数 B_1。

（2）分别计算 $H^{35}Cl$ 和 $H^{37}Cl$ 的平衡转动常数 B_e，平衡振动-转动耦合常数 α_e，并求出相应的核间距 R_e、R_0 和 R_1。

（3）若已知 HCl 振动倍频谱带的 $\tilde{\nu}_{0 \to 2} = 5668.0 cm^{-1}$，计算机械振动频率 $\tilde{w}_e$、非谐性系数 x_e 和力常数 k_e。

（4）计算光谱离解能 D_e、零点振动能 E_0、热力学解离能 D_0 和摩尔解离能。

（5）求出摩斯势能曲线的 β、D_e，并绘出摩斯势能曲线。

（6）按玻尔兹曼（Boltzmann）分布得 $\tilde{n}_J \propto (2J+1) e^{-J(J+1)\Theta_r/t}$，其中 $\Theta_r = \dfrac{h^2}{8\pi^2 Ik}$，称转动特征温度。求转动能级相对集居数达最大时的 J_{max} 值，并与实验中谱线的相对强度进行比较。

2. CO

找出煤气的 IR 谱图中的 CO 峰，同上处理。已知 CO 振动倍频谱带的 $\tilde{\nu}_{0 \to 2} = 4263.84 cm^{-1}$。

3. SO₂

（1）对 SO_2 红外谱图指认基频 $\tilde{\nu}_1$、$\tilde{\nu}_2$ 和 $\tilde{\nu}_3$，说明理由，并解释其余的谱峰。

（2）计算力常数 $k_1 k_\delta / l^2$。

（3）计算配分函数

根据所测的 $\tilde{\nu}_1$、$\tilde{\nu}_2$ 和 $\tilde{\nu}_3$ 及 $\overline{C}_V = 3R + \overline{C_V}(vib)$ 分别计算在 $298K$ 和 $500K$ 的 $\overline{C}_V$（由热化学方法直接测量 $\overline{C}_p$，从 $\overline{C_V} = \overline{C}_p - R$ 得到 $298K$ 和 $500K$ 时的 $\overline{C}_V$ 值分别为 $30.5 J \cdot K^{-1}$

和 $37.7J \cdot K^{-1}$）。

六、思考题

1. 为什么在红外区能看到转动谱线的结构？它和在微波区的纯转动谱线是否一致？

2. 讨论公式 $\tilde{\nu}=c+dm+em^2+gm^3$ 中 c、d、e 和 g 的物理意义。

3. 为什么 HCl 的相邻谱线间隔随 m 的增加而减小？

4. 在水煤气中，一般含有比例不定的 CO、CO_2、H_2O、CH_4、$HCHO$ 等气体，能否在红外谱图上逐一指认？

5. 在 SO_2 谱图上，除三个最强的基频外还有另外的谱峰，请指出它们对应于什么分子的振动，并作出谱峰的归属。

实验 33
"原位"红外光谱追踪铑膦催化剂的活化与氧气氛下的变化

一、实验目的

1. 了解傅里叶变换红外光谱仪的工作原理及其在催化研究方面的应用。
2. 学习运用红外光谱仪对催化反应进行"原位"动态追踪的操作技术。
3. 了解母体催化剂的活化过程及在氧气氛下铑膦催化剂的变化。

二、实验原理

1. "原位"红外技术

原位（in situ）监测是近十年发展起来的新技术，它可以直接得到化学反应过程中各种动态信息，大型测试仪器（如电子显微镜、通谱、X 射线衍射、核磁共振、质谱）的出现为催化研究提供了多种手段。以往由仪器测得的信息都是静态的、间接的。红外光谱仪是研究有机化合物结构的有力工具。在催化研究中，使红外光谱仪进行动态追踪以研究催化剂在催化过程中结构的变化、表面吸附态、表面中间物及其表面反应等。自行设计的"原位"红外装置，既是载样品的支架，又是微型反应器，即可进行反应的红外池。将催化剂载于窗口材料片（KBr、$NaCl$、CaF_2 等）上，通入反应气，使红外池窗口置于红外光路中，可随时追踪反应进行的情况。该池可用于气液、气固、液固等反应，它可在常温常压或加温加压下使用。

2. 丙烯的氢甲酰化反应及工业化背景

氢甲酰化（hydroformylation）反应是石油化学工业中一个极为重要的反应。直链烯烃在氢及一氧化碳存在下，通过过渡金属（Co、Ir、Rh 和 Re 等）络合物催化剂的作用，在适当的温度和压力下，可以得到比烯烃多一个碳原子的醛。若原料为丙烯，反应产物即为丁醛。其反应式为：

$$CH_3—CH=CH_2+CO+H_2 \xrightarrow[100℃,20atm]{Rh} C_3H_7CHO$$

在反应过程中，丙烯首先与铑催化剂活性组分 A 配位得到烷基物 B，再发生 CO 插入（或烷基转移），生成羰基化合物 C，随后对羰基化合物 C 催化加氢得到络合物 D，继之消除产物醛，催化剂本身成为单羰基络合物 E，它再与 CO 配位生成活性组分 A，即完成一个催化循环过程，其反应循环为：

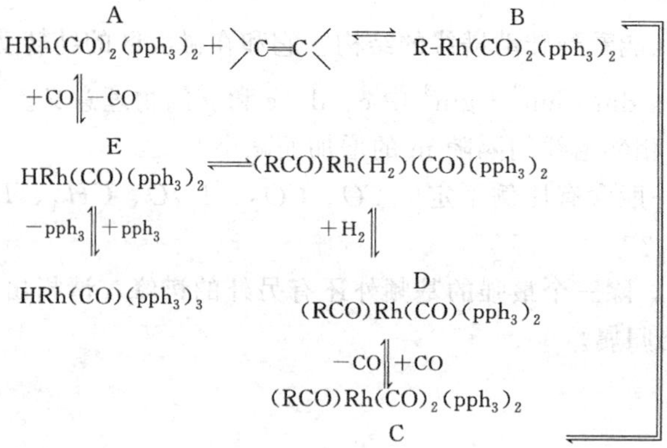

$$
\begin{array}{c}
\text{A} \qquad\qquad\qquad\qquad\qquad\qquad \text{B} \\
HRh(CO)_2(pph_3)_2 + {>}C{=}C{<} \rightleftharpoons R\text{-}Rh(CO)_2(pph_3)_2 \\
+CO\ \|\ -CO \\
\text{E} \\
HRh(CO)(pph_3)_2 \rightleftharpoons (RCO)Rh(H_2)(CO)(pph_3)_2 \\
-pph_3\ \|\ +pph_3 \qquad\qquad +H_2\ \| \\
HRh(CO)(pph_3)_3 \qquad\qquad \text{D} \\
(RCO)Rh(CO)(pph_3)_2 \\
-CO\ \|\ +CO \\
(RCO)Rh(CO)_2(pph_3)_2 \\
\text{C}
\end{array}
$$

新近研究结果表明，上述 ABCDEA 循环只是一条主要途径，反应还可沿其他循环途径进行。除 A 外，Rh 的其他配位络合物也有催化活性。配体的电子效应和空间效应是影响催化剂活性的重要因素。A 物种是一种比较合适的结构。

该反应由于使用了铑膦络合物催化剂，反应条件温和易于控制，而且活性高，20 世纪 70 年代已实现了工业化。但铑资源稀少且价格昂贵，目前工业所用铑催化剂由于对 S、Cl、O 等杂质极为敏感，致使催化剂部分或全部失去活性。为延长催化剂使用寿命，研究这些杂质导致铑膦络合物催化剂失活的机理，具有极为重要的科学及经济价值。

3. 铑膦络合物催化剂的活化及其在氧气氛下催化剂的变化

母体催化剂 [Rh (acac)(CO)(pph$_3$)，乙酰丙酮羰基三苯基膦铑] 在室温及干燥空气中很稳定，经核磁共振谱鉴定，其结构式如图 1 所示。

在反应条件下，当有 CO、H$_2$ 及过量 pph$_3$ 存在时，正丁醛溶剂、配体 pph$_3$、反应温度及气体，均能导致乙酰丙酮基脱落，从而形成一组 HRh(CO)$_x$(pph$_3$)$_y$ 络合物，其中 $x+y=4$。存在下列平衡：

$$HRh(CO)(pph_3)_3 \rightleftharpoons HRh(CO)_2(pph_3)_2 \rightleftharpoons HRh(CO)_3pph_3$$

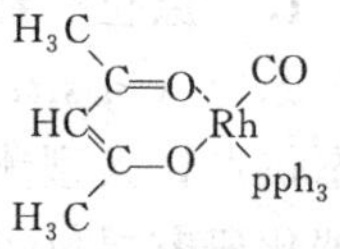

一般认为起催化作用的主要形式是 HRh (CO)$_2$ (pph$_3$)$_2$，即二羰基络合物，称之为活性组分。丙烯与它配位即开始催化反应循环。由母体催化剂形成活性组分的特征是乙酰丙酮基（acac）的脱落，也就是 Rh—O 键的消失和 Rh—H 键的形成（Rh—H 振动一般较难观察到）。通过"原位"红外可监测到 Rh—O 键断裂后首先生成的是 HRh (CO)$_2$ (pph$_3$)$_2$ 及 HRh(CO)$_2$ (pph$_3$)$_2$ 络合物，活性组分在 CO 及 H$_2$ 气氛中还可产生歧化，形成下列平衡：

$$
\begin{array}{c}
HRh(CO)(pph_3)_3 \rightleftharpoons HRh(CO)_2(pph_3)_2 \overset{\text{歧化}}{\rightleftharpoons} HRh(CO)_3pph_3 \\
\text{歧化}\ \| \\
HRh(CO)(pph_3)_3
\end{array}
$$

有时在体系中还存在二聚物 [HRh(CO)$_2$ (pph$_3$)$_2$]$_2$ 及溶剂化物 S (pph$_3$)$_2$ (CO) Rh-Rh(CO)(pph$_3$)$_2$S。在缺少氢的情况下，还可形成多羰基络合物 [Rh$_x$(CO)$_y$(pph$_3$)$_x$] 及桥联羰基物：

图 1 催化剂母体

$$(pph_3)_2(CO)Rh \diamond Rh(CO)(pph_3)_2$$

上述各种铑膦络合物在反应体系中的关系，见图 2。由上述可知，铑膦络合物催化体系是很复杂的，但每种络合物中的羰基都有其特征吸收峰，根据它们的特征吸收峰位，便可用"原位"红外去追踪反应体系的变化。

当催化剂活化后，立即通入氧气，可观察到活性组分逐渐消失，体系中 CO 不断减少，CO_2 不断增多，同时有多羰基物生成。由于活性组分的消失，催化剂失去了丙烯配位的能力，也就是催化剂在氧气氛作用下失去了活性。

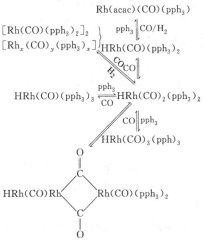

图 2　铑膦络合物在反应体系中的关系

三、仪器与试剂

1. 仪器

FT-IR 光谱仪 1 台，原位红外反应池 1 套（包括加热恒温套），控温装置 1 套。

2. 试剂

母体催化剂 Rh（acac）（CO）（pph₃）（北京化工研究院提供），正丁醛（AR），三苯基膦（A. R.），钢瓶装高纯混合气体（CO 与 H_2 体积比 1∶1），钢瓶装普通 O_2，钢瓶装高纯 N_2。

四、实验步骤

实验装置流程如图 3 所示。

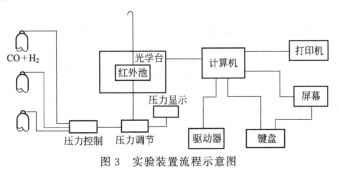

图 3　实验装置流程示意图

1. 启动红外光谱仪。

2. 安装好"原位"红外池，放入加热恒温套中。

3. 将加热恒温箱放入样品室，对准光路，使光通量达到最大值。

4. 用 N_2 检查红外池是否漏气。N_2 压力调至 2MPa。吹扫管路置换 O_2。

5. 取出红外池，在盐片上涂上母体催化剂［由约 5mg 催化剂母体，过量 pph₃（约 50mg），滴加数滴正丁醛溶剂调制而成］。再安装好红外池，放少许 N_2 吹扫红外池气路中的氧气（动作要快），重新输入 N_2 至 1MPa，对好光路。插入加热电偶。

6. 打开加热电源，设定加热温度（100℃），打开控温器开关，恒温套开始升温。

7. 扫描母体催化剂样品，记录谱图。

8. 当红外池升至 70℃ 左右时，可以泄放 N_2 至 0.1MPa。通入 $CO+H_2$，压力升至 1.5MPa，扫描样品。此时屏幕上出现新谱图，观察 ν_{Rh-O} 强度逐渐减小，并观察 $2000\sim$ $1800cm^{-1}$ 各峰值的变化，特别是 $1945cm^{-1}$ 出峰情况，记录新吸收峰的频率，思考各峰的归属。

9. 待 $HRh(CO)_2(pph_3)_2$ 的羰基峰 $1945cm^{-1}$ 明显可见，Rh-O 的 $585cm^{-1}$ 峰明显减弱或消失时，泄放掉部分 CO、H_2 混合气，通入 O_2，细心观察 O_2 存在下催化剂的变化。失活需要一个过程，特征是活性组分吸收峰消失，CO_2 峰逐渐增强，$2060cm^{-1}$ 处出现多聚物 $[Rh_x(CO)_y(pph_3)_2]$ 峰，原 $1974cm^{-1}$ 处的羰基峰位移至 $1982cm^{-1}$。待上述现象基本上观察到了，并且谱图不再明显变化后，可以关闭加热电源，取出红外池。

10. 将失活后的谱图与（CO）pph_3+pph_3（苯溶剂）、pph_3（苯溶剂）谱图比较，在 $1197cm^{-1}$、$1118cm^{-1}$（O=P）、$723cm^{-1}$、$697cm^{-1}$ 处看有无特征吸收峰，思考失活机理。

11. 拆卸红外池，用丙酮清洗盐片及池体，并在红外灯上烘干，重新装配好。

要求在整个实验过程中注意观察信号的变化，积极思考问题。

五、注意事项

1. 用 N_2 尽量将管路中的 O_2 吹扫干净，以防对活性组分的破坏。

2. 注意检漏以维护反应过程中压力恒定，减少合成气的消耗，并防止 CO 泄漏对环境的污染。

3. 涂膜时，各组分比例要合适，膜厚度要适中。

六、结果与讨论

分析并解释催化剂的活性过程以及氧气氛下催化体系的变化。

七、思考题

1. 化合物的红外吸收频率由什么因素决定？

2. 羰基铑络合物催化体系的特征吸收频率各是多少？为什么它远离一般的醛、酮的羰基吸收频率？

3. 试用过渡金属与羰基形成配位络合键原理解释 $HRh(CO)_x(pph_3)_y$ 三种络合物之间羰基特征频率的差别（$x+y=4$）。

4. 在本实验的催化体系中应跟踪哪些特征吸收峰？

5. "原位"红外还有哪些应用？

实验 34
相对介电常数和分子电偶极矩的测定

一、实验目的

1. 熟悉溶液法测定乙酸乙酯的相对介电常数、密度和折射率，并由此计算其电偶极矩。

2. 掌握测定液体电容的基本原理和技术。

二、实验原理

1. 分子的电偶极矩与摩尔极化度的关系

分子中正、负电荷中心有重合和不重合的两种情况，前者称为非极性分子，后者称为极性分子。用电偶极矩 μ 表示分子极性的大小，其定义为

$$\mu = qr \tag{1}$$

式中，q 为正、负电荷中心所带电量；r 为正、负电荷中心间的距离。在 SI 单位制中，电偶极矩的单位为 C·m（库·米）。过去常以 D（德拜）作为电偶极矩单位。两者关系是：$1D = 3.3356 \times 10^{-30} C \cdot m$。

当外电场不存在时，无论分子是否有极性，对于大量分子的体系，由于分子热运动，分子的平均电偶极矩总是为零。

在电场作用下，无论分子是否有极性，都可被电场极化。一般极化分为电子极化、原子极化和定向极化三种。极化的程度可用摩尔极化度 P 表示。

在静电场或低频电场中，摩尔极化度即为这三者之和：

$$P_{低频} = P_{电子} + P_{原子} + P_{定向} \tag{2}$$

由于 $P_{原子}$ 的值约只为 $P_{电子}$ 的 $5\% \sim 10\%$，与总摩尔极化度相比较，$P_{原子}$ 只占很小一部分，在做粗略测定时可以忽略不计，故 $P_{低频} \approx P_{电子} + P_{定向}$。

在高频电场中，由于极性分子的转向运动和原子的极化均跟不上电场频率的变化，$P_{定向} = 0$，所以 $P_{高频} = P_{电子}$。由此可得：

$$P_{低频} - P_{高频} \approx P_{定向} \tag{3}$$

由玻尔兹曼分布可以证明：

$$P_{定向} = \frac{1}{4\pi\varepsilon_0} \frac{4}{3}\pi L \frac{\mu^2}{3kT} = \frac{1}{9} L \frac{\mu^2}{\varepsilon_0 kT} \tag{4}$$

式中，ε_0 为真空介电常数，$8.854 \times 10^{-2} F \cdot m^{-1}$；$L$ 为阿伏伽德罗常数，$6.022 \times 10^{23} mol^{-1}$；$\mu$ 为分子的永久电偶极矩；k 为玻尔兹曼常数，$1.3806 \times 10^{-23} J \cdot K^{-1}$；$T$ 为热力学温度。

2. 低频与高频电场下摩尔极化度的测定

根据克劳修斯-英索第-德拜（Clausius-Mosotti-Debye）方向，对分子间没有相互作用的体系，可得到物质的摩尔极化度与相对介电常数的关系：

$$P = \frac{\varepsilon_r - 1}{\varepsilon_r + 2} \frac{M}{\rho}$$

式中，ε_r 为相对介电常数；M 为摩尔质量；ρ 为密度。而在静电场或低频电场下，则有：

$$P_{低频} = \frac{\varepsilon_r - 1}{\varepsilon_r + 2} \frac{M}{\rho} \tag{5}$$

在实验测定中，为避免在气态下进行实验的困难，常以非极性液体为溶剂的无限稀释溶液中极性溶质的摩尔极化度 P_B 表示式(5) 中的 $P_{低频}$。此时，溶液的相对介电常数 ε_r、密度 ρ 与溶质摩尔分数 x_B 的关系可近似地用直线方程表达：

$$\varepsilon_r = \varepsilon_{r.A}(1 + k_1 x_B) \tag{6}$$

$$\rho = \rho_A(1 + k_2 x_B) \tag{7}$$

考虑到稀溶液中有关物理量的加和性，可导得

$$P_{低频}=P_{B}^{\infty}=\lim_{x_{B}\to 0}P_{B}=\frac{3k_{1}\varepsilon_{r.A}}{(\varepsilon_{r.A}+2)^{2}}\frac{M_{A}}{\rho_{A}}+\frac{\varepsilon_{r.A}-1}{\varepsilon_{r.A}+2}\frac{M_{B}-k_{2}M_{A}}{\rho_{A}} \tag{8}$$

式中，ε_{r}、ρ_{A}、M_{A} 分别为溶剂的介电常数、密度和摩尔质量；M_{B} 为溶质的摩尔质量；k_{1} 和 k_{2} 分别为式(6)、式(7) 中 ε_{r} 对 x_{B} 与 ρ 对 x_{B} 所得直线斜率有关的常数。

根据光的电磁理论可以证明，在同一频率的高频电场下，各向同性的透明物质的相对介电常数 ε_{r} 与折射率 n 有如下的关系 $\varepsilon_{r}=n^{2}$。前已述及，高频区的摩尔极化度即为电子的极化度。用摩尔折射度 R_{B} 表示 $P_{高频}$，根据式(5) 可得

$$P_{高频}=R_{B}=\frac{n^{2}-1}{n^{2}+2}\frac{M}{\rho} \tag{9}$$

利用在稀溶液中 n 与 x_{B} 之间的直线关系，即

$$n=n_{A}(1+k_{3}x_{B}) \tag{10}$$

可得

$$P_{高频}=R_{B}^{\infty}=\lim_{x_{B}\to 0}R_{B}=\frac{n_{A}^{2}-1}{n_{A}^{2}+2}\frac{M_{B}-k_{2}M_{A}}{\rho_{A}}+\frac{6n_{A}^{2}M_{A}k_{3}}{(n_{A}^{2}+2)^{2}\rho_{A}} \tag{11}$$

式中，R_{B}^{∞} 为无限稀释溶液中溶质的摩尔折射度；n_{A} 为溶剂的折射率；k_{3} 为与式(10) 直线斜率有关的常数。

3. 电偶极矩的计算

由式(3)、式(4)、式(8)、式(11) 可得

$$P_{定向}=P_{B}^{\infty}-R_{B}^{\infty}=\frac{1}{9}L\frac{\mu^{2}}{\varepsilon_{0}kT} \tag{12}$$

所以

$$\mu=\sqrt{\frac{9\varepsilon_{0}kT}{L}(P_{B}^{\infty}-R_{B}^{\infty})}$$

即

$$\mu=42.7\times 10^{-30}\sqrt{(P_{B}^{\infty}-R_{B}^{\infty})T} \tag{13}$$

上式根号内的极化度 P_{B}^{∞}、摩尔折射度 R_{B}^{∞} 与温度 T 分别是以 $m^{3}\cdot mol^{-1}$ 和 K 为单位的纯数。

由此可见，只要通过相对介电常数、密度、折射率等物质宏观性质的测定即可求得微观性质摩尔极化度 P_{B}^{∞} 和摩尔折射度 R_{B}^{∞} 以及分子电偶极矩 μ。

4. 相对介电常数的测定

物质的相对介电常数 ε_{r} 定义为同一电容器中用该物质为电介质时的电容 C 和真空时的电容 C_{0} 的比值：

$$\varepsilon_{r}=C/C_{0} \tag{14}$$

当我们用电容仪测定该物质的电容时，实际上还包括仪器线路的分布电容 C_{d}。为此需先用已知相对介电常数 $\varepsilon_{r标}$ 的标准物质来测定 C_{d}。

当电容池充以标准物质时测得的电容 $C'_{标}$，应为其真实电容 $C_{标}$ 与分布电容 C_{d} 之和：

$$C'_{标}=C_{标}+C_{d} \tag{15}$$

同理，测得电容池中不放样品时空气的电容 $C'_{空}$ 应为

$$C'_{空}=C_{空}+C_{d} \tag{16}$$

将上两式相减，可得

$$C'_{标}-C'_{空}=C_{标}-C_{空} \tag{17}$$

由于 $C_空 \approx C_0$，由式(19-14) 得

$$\varepsilon_{r标} = \frac{C_标}{C_空} \tag{18}$$

联立此两式，可解得

$$C_空 = \frac{C'_标 - C'_空}{\varepsilon_{r标} - 1} \tag{19}$$

代入式(16)，即可求得 C_d。然后将待测溶液充入电容池，测得电容 C'，则其真实电容 $C = C' - C_d$。据此求得待测溶液的相对介电常数 $\varepsilon_r = \dfrac{C' - C_d}{C_空}$。

三、仪器与试剂

1. 仪器

阿贝折射仪，PCM-1A 型精密电容测量仪，比重管，油浴超级恒温槽，电吹风，干燥器，电容池，25mL 容量瓶。

2. 试剂

乙酸乙酯 $CH_3COOC_2H_5$（A.R.），环己烷 C_6H_{12}（A.R.）。

四、实验步骤

1. 溶液的配制

用称重法配制 $CH_3COOC_2H_5$ 的摩尔分数分别为 $0.050\,mol \cdot L^{-1}$、$0.100\,mol \cdot L^{-1}$ 和 $0.150\,mol \cdot L^{-1}$ 左右的 $CH_3COOC_2H_5$-C_6H_{12} 溶液各 20mL，分别放入三个容量瓶中。为了防止溶质和溶剂的挥发以及吸收水蒸气，溶液配好后迅速盖上瓶塞，并放在干燥器中。

2. 折射率的测定

用阿贝折射仪测定 25℃ 下溶剂环己烷 C_6H_{12} 及各溶液的折射率。每个样品重复测定多次，取其平均值。

3. 相对介电常数的测定

本实验采用 PCM-1A 型精密电容测量仪测定介电常数。以 C_6H_{12} 为标准物质，其相对介电常数与温度的关系如下：

$$\varepsilon_{r标} = 2.052 - 1.55 \times 10^{-3} t/℃ \tag{20}$$

精密电容测量仪用超级恒温槽控温在 25℃ 下测定 $C'_环$（即 $C'_标$）和 $C'_空$。然后测定溶液电容。每次测得 C' 后需测 $C'_空$。每次溶液测定数据相差应小于 0.05pF。

4. 溶液密度的测定

溶液密度测定常用的比重瓶是玻璃吹制的带有毛细管孔的瓶塞的容器（图 1）。为防止瓶中液体挥发，容器口还加以盖帽。测量方法如下。

（1）调节恒温槽温度为 $(25 \pm 0.1)℃$

（2）在电子天平上称得洗净、干燥的空比重瓶质量 m_0。

（3）用针筒向比重瓶内注入去离子水，直至完全充满为止。置于恒温槽中恒温 15min，用滤纸吸去带毛细管孔的瓶塞上溢出的水后，取出擦干瓶外壁，称得质量为 m_1。

（4）倒掉比重瓶中的去离子水，用热风吹干比重瓶。在瓶内注入待测溶液，盖上盖帽，恒温后同步骤（3）操作，称得质量为 m_2。

（5）由下式计算各溶液的密度。

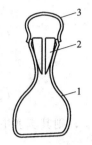

图 1　比重瓶
1—瓶身；2—带毛细
管孔的瓶塞；3—盖帽

$$\rho_2 = \frac{m_2 - m_0}{m_1 - m_0} \rho_1 \qquad (21)$$

五、结果与讨论

1. 将各实验测定值列表。

2. 计算各溶液中的 $CH_3COOC_2H_5$ 的摩尔分数。

3. 计算 C_6H_{12} 及各溶液的密度 ρ，作 $\rho\text{-}x_B$ 图，由直线斜率根据式(7)求得 k_2 值。

4. 作 $n\text{-}x_B$ 图，由直线斜率根据式(10)求得 k_3 值。

5. 由 $C'_{标}$、$C'_{空}$ 和 $\varepsilon_{r标}$，根据式(19)和式(16)算出 C_0 和 C_d。

6. 由各溶液的电容测定 C'，算出各溶液的电容 C，根据式(14)求得各溶液的相对介电常数 ε_r。

7. 作 $\varepsilon_r\text{-}x_B$ 图，由直线斜率根据式(6)求得 k_1 值。

8. 根据式(8)算出 P_B。

9. 根据式(11)算出 R_B。

10. 根据式(13)算出乙酸乙酯分子的永久电偶极矩 μ。

六、思考题

1. 什么是分子摩尔极化度？它与分子的电偶极矩之间存在什么关系？如何由极化度求算分子的电偶极矩？

2. 测定电容时，为什么要先测已知相对介电常数的标准物质？

3. 为什么本实验用的油浴超级恒温槽的加热电功率要比一般水浴恒温槽小？

4. 本实验测定的折射率、密度与相对介电常数中，哪一个引起的实验结果误差最大？如何改进？

实验 35
煤催化加氢裂解液化

一、实验目的

1. 了解三氟甲磺酸的物理化学性质，掌握溶胶-凝胶法的基本原理并利用该法制备负载性固体酸催化剂。

2. 通过煤及其模型化合物的加氢裂解反应和反应混合物的分析，掌握高压反应釜和 GC/MS 的使用方法。

二、实验原理

合理和有效利用煤资源对我国国民经济的可持续发展非常重要，了解煤的组成结构是有效利用煤的重要前提。煤的催化加氢裂解是研究煤的组成结构和以煤为原料获取高附加值产品的重要手段。通过催化加氢裂解深入了解煤的组成结构的关键是在温和条件下选择性地断裂煤中有机质桥键和侧链。

本实验以三氟甲磺酸为活性组分、以二氧化硅为载体制备负载型超强酸催化煤及其模型化合物的加氢裂解，继而用气相色谱-质谱联用仪（GC/MS）分析反应混合物的组成，推断煤中有机质桥键和侧链的断裂方式，了解煤的组成。

煤的组成结构非常复杂，含有大量的芳环。煤中的芳环部分以缩合芳环的形式存在，部分以芳环或缩合芳环与侧链相连的形式存在，部分（包括芳环和缩合芳环）通过桥键相连接构成大分子体系。不同的桥键和侧链的反应性差别很大，从而影响煤的定向解聚。固体超强酸在温和条件下通过加氢裂解可以使煤中桥键和侧链有效断裂，这不仅有助于了解煤的大分子结构，而且有望实现煤的定向解聚和后续的高附加值利用。

煤的催化加氢裂解指在一定的温度和压力下，通过氢和催化剂的作用，煤的大分子断裂为中小分子的过程。

根据路易斯酸碱理论，能够接受电子的单质或者化合物称为路易斯酸（Lewis acid），而根据布朗斯特酸碱理论，能够释放质子的化合物称为布朗斯特酸（Bronsted acid）。与其他类型的催化剂相比，酸性催化剂可以在较温和的条件下催化煤及其模型化物的反应，因此引起了众多研究者的关注。

三氟甲磺酸作为有机最强酸，具有强酸性和优异的热稳定性，被广泛地应用于合成精细化学品中，且可以在温和条件下催化煤及其模型化合物中桥键的断裂。但是，三氟甲磺酸作为液体催化剂，难以回收利用，从而造成严重的环境污染和资源浪费。将其负载至固体载体上制成负载型催化剂，用来催化煤有机质中桥键和侧链的断裂，可以避免腐蚀设备。氧化硅是一种多羟基化合物，可以作为三氟甲磺酸的载体。

溶胶-凝胶法是用含高化学活性组分的化合物作为前驱体，在液相下将这些原料均匀混合，并进行水解、缩合化学反应，在溶液中形成稳定的透明溶胶体系，溶胶经陈化胶粒间缓慢聚合，形成三维网络结构的凝胶，凝胶网络间充满了失去流动性的溶剂，形成凝胶。凝胶经过干燥、烧结固化制备出分子乃至纳米亚结构的材料。

本实验首先以正硅酸四乙酯为前驱体、采用溶胶-凝胶法制备氧化硅，再以氧化硅为载体，采用回流法在甲苯中将三氟甲磺酸负载至载体上。最后，以所制备出的负载型三氟甲磺酸为催化剂，催化煤及其模型化合物的加氢裂解反应。本实验解决了液体酸催化剂使用后不易回收的问题，同时避免了对设备的腐蚀。所制备出的催化剂可以用红外光谱（FTIR）分析，反应后的体系固液分离后，液体用 GC/MS 检测。

三、仪器与试剂

1. 仪器

高压反应釜，真空干燥箱，氮气钢瓶，水浴锅，油浴锅，磁力搅拌器，马弗炉，三口烧瓶（50mL），量筒（100mL），一次性注射器（1mL），烧杯（1000mL、500mL）。

2. 试剂

三氟甲磺酸，正硅酸四乙酯（TEOS），无水乙醇，甲苯，环己烷，氨水，二苄醚（BE），2-甲氧基萘，2-萘乙醚，原煤。

四、实验步骤

1. 催化剂载体的制备

配制 160mL 无水乙醇、40mL 水和 1.2mL 正硅酸四乙酯的混合溶液，滴加 4mL 氨水溶液，边滴加边搅拌，滴加完成后，搅拌 8h，再经过静置、分离和水洗得到产品。在 65℃

下的真空干燥箱中烘干，得到二氧化硅。

2. 催化剂的制备

首先称取 0.5g 载体至三口烧瓶中，加入 15mL 甲苯。将三口烧瓶浸在油浴锅中，中间口接磁力搅拌器，左边口接 Y 型管，右边口用玻璃塞堵死。Y 型管的一口接球形冷凝管，另一口用玻璃塞堵死。搭好装置后，打开油浴锅开始加热，加热至 90℃时，将 Y 型管一口的玻璃塞取下，接氮气瓶，打开氮气，同时将三口瓶右边口的玻璃塞取下，用注射器取一定量的三氟甲磺酸滴入三口瓶。滴入后，停止通氮气，并升温至 110℃，维持 2h。然后把三口瓶转移至冰水浴中，静置 1h。

最后，将反应混合物从三口烧瓶中转移至烧杯中，用吸管吸去甲苯后放进真空干燥箱中，80℃下烘 12h 得到催化剂，用 FTIR 表征制备的催化剂。

3. 煤及其模型化合物的催化加氢裂解

实验前先进行煤的工业分析。在小型高压釜中加入 1mmol 二苄醚、2-萘乙醚或者 2-甲氧基萘，0.3g 催化剂和 40mL 环己烷，置换釜内空气并封闭后充入氢气至 5MPa，在磁力搅拌下快速升温至 140~220℃，恒温反应 1~11h，迅速冷却至室温后取样用 GC/MS 分析。

在小型高压釜中加入 0.3g 煤、0.3g 催化剂和 40mL 环己烷，置换釜内空气并封闭后充入氢气至 5MPa，在磁力搅拌下快速升温至 200~300℃，恒温反应 1~11h，迅速冷却至室温后将液体混合物取出，用 GC/MS 分析，固体残渣烘干后称量。

五、结果与讨论

1. 计算煤催化加氢裂解反应的收率 X

$$X = \left[1 - \frac{m_渣 \times 100}{(100 - A_{ad} - M_{ad})m_煤 + m_催} \right] \times 100\%$$

$$X = \left[1 - \frac{m_渣 \times 100}{(100 - A_{ad} - M_{ad})m_煤 + m_催} \right] \times 100\%$$

式中，所加入催化剂的质量为 $m_催$；所加入煤的质量为 $m_煤$；反应后残渣质量为 $m_渣$；A_{ad} 和 M_{ad} 分别为原煤的分析基灰分和水分。

2. 谱图解析

了解催化剂和产物的组成结构。

六、思考题

1. 在制备催化剂过程中通氮气起何作用？
2. 请思考三氟甲磺酸为什么能够负载至氧化锆、氧化硅或者活性炭上？

实验 36
水热法制备纳米氧化铁材料

一、实验目的

1. 了解水热法制备纳米材料的原理与方法。
2. 加深对水解反应影响因素的认识。

3. 熟悉分光光度计、离心机、酸度计的使用。

二、实验原理

水解反应是中和反应的逆反应，是一个吸热反应。升温使水解反应速率加快，反应程度增加；浓度增大对反应程度无影响，但可使反应速率加快。对金属离子的强酸盐来说，pH 值增大，水解程度与速度皆增大。在科研中经常利用水解反应来进行物质的分离、鉴定和提纯，许多高纯度的金属氧化物如 Bi_2O_3、Al_2O_3、Fe_2O_3 等，都是通过水解沉淀来提纯的。

纳米材料是指晶粒和晶界等显微结构能达到纳米级尺度水平的材料，是材料科学的一个重要发展方向。纳米材料由于粒径很小，比表面很大，表面原子数会超过体原子数。因此纳米材料常表现出与本体材料不同的性质，呈现出热力学上的不稳定性。如：纳米材料可大大降低陶瓷烧结及反应的温度，明显提高催化剂的催化活性、气敏材料的气敏活性和磁记录材料的信息存贮量。纳米材料在发光材料、生物材料方面也有重要的应用。

氧化物纳米材料的制备方法很多，有化学沉淀法、热分解法、固相反应法、溶胶-凝胶法、气相沉积法、水解法等。水热水解法是较新的制备方法，通过控制一定的温度、pH 值条件，使一定浓度的金属盐水解，生成氢氧化物或氧化物沉淀。若条件适当可得到颗粒均匀的多晶态溶胶，其颗粒尺寸为纳米级，对提高气敏材料的灵敏度和稳定性有利。

为了得到稳定的多晶溶胶，可降低金属离子的浓度，也可用配位剂络合法控制金属离子的浓度，如加入 EDTA，可适当增大金属-I_3^- 的浓度，制得更多的沉淀，同时对产物的晶形也有影响。若水解后，生成沉淀，说明成核不同步，可能原因是玻璃仪器未清洗干净、水解液浓度过大或者水解时间太长。此时的沉淀颗粒尺寸不均匀，粒径也比较大。

$FeCl_3$ 水解过程中，由于 Fe^{3+} 转化为 Fe_2O_3，溶液的颜色发生变化，随着时间增加，Fe^{3+} 量逐渐减小，Fe_2O_3 粒径也逐渐增大，溶液颜色也趋于一个稳定值，可用分光光度计进行动态监测。

本实验选用 $FeCl_3$，考察 $FeCl_3$ 的浓度、溶液的温度、反应间与 pH 值等对水解反应的影响。

三、仪器与试剂

1. 仪器

台式烘箱，721 或 722 型分光光度计，医用高速离心机或 800 型离心沉淀器，pHS-2 型酸度计，多用滴管，20mL 具塞锥形瓶，50mL 容量瓶，离心试管，5mL 吸量管。

2. 试剂

$1.0mol \cdot L^{-1}$ $FeCl_3$ 溶液，$1.0mol \cdot L^{-1}$ 盐酸，$1.0mol \cdot L^{-1}$ EDTA 溶液，$1.0mol \cdot L^{-1}$ $(NH_4)_2SO_4$ 溶液。

四、实验步骤

1. 玻璃仪器的清洗

实验中所用一切玻璃器皿均需严格清洗。先用铬酸洗液洗，再用去离子水冲洗干净。然后烘干备用。

2. 水解温度的选择

本实验选定水解温度为 105℃，有兴趣的同学可做 95℃ 和 80℃ 对照。

3. 水解时间对水解的影响

按 1.8×10^{-2} mol·L^{-1} FeCl$_3$ 溶液、8.0×10^{-4} mol·L^{-1} EDTA 的要求配制 20mL 水解液，通过多用滴管滴加 1mol·L^{-1} HCl，以酸度计监测，调节溶液的 pH 值至 1.3，置于 20mL 具塞锥形瓶中，放入 105℃ 的台式烘箱中，观察水解前后溶液的变化。每隔 30min 取样 2mL，于波长 550nm 处观察水解液吸光度的变化，直到吸光度（A）基本不变，观察到橘红色溶胶为止，绘制 A-t 图。约需读数 6 次。

4. 水解液 pH 值的影响

改变上述水解液的 pH 值分别为 1.0、1.5、2.0、2.5 和 3.0，用分光光度计观察水解液 pH 值对水解的影响，绘制 pH-t 图。

5. 水解液中 Fe^{3+} 浓度对水解的影响

改变步骤 3 中水解液的 Fe^{3+} 浓度，使之分别为 2.5×10^{-2} mol·L^{-1}、5×10^{-3} mol·L^{-1} 和 1.0×10^{-2} mol·L^{-1}，用分光光度计观察水解液中 Fe^{3+} 浓度对水解的影响，绘制 A-t 图。

6. 沉淀的分离

取上述水解液一份，迅速用冷水冷却，分为两份，一份用高速离心机离心分离，一份加入 $(NH_4)_2SO_4$ 使溶胶沉淀后用普通离心机离心分离。沉淀用去离子水洗至无 Cl$^-$ 为止（怎样检验？）。

五、结果与讨论

1. 观察水解液 pH 值对水解的影响。
2. 比较两种分离方法的效率。
3. 观察水解液吸光度的变化。

六、思考题

1. 影响水解的因素有哪些？如何影响？
2. 水解器皿在使用前为什么要清洗干净，若清洗不净会带来什么后果？
3. 如何精密控制水解液的 pH 值？为什么可用分光光度计监控水解程度？
4. 氧化铁溶胶的分离有哪些方法？哪种效果较好？

实验 37
手性 Co(Ⅲ) 络合物的不对称自催化合成和表征

一、实验目的

1. 掌握自催化不对称合成 $\varDelta$-（＋）或 $\varDelta$-(－)-cis-[CoBr(NH$_3$)(en)$_2$]Br$_2$。
2. 基本掌握手性络合物组成、结构和手性性质的各种表征方法，特别是 CD 光谱和有色溶液的比旋光度测定方法。
3. 从实践和理论上探讨不对称自催化在绝对不对称合成手性 Co(Ⅲ) 络合物中的作用。

二、实验原理

在配位化学创立初期，含非手性双齿配体的具有手性金属中心的六配位金属络合物的发现、合成和拆分，从实验上证明了这类络合物主要具有八面体几何结构特征，对络合物立体化学理论的建立作出了极其重要的贡献。例如 Werner 及其助手花了近 14 年时间（1897—1911 年）寻求合适的消旋络合物和拆分剂，希望拆解出含手性金属中心的六配位金属络合物作为他所提出理论的决定性证据，终于在 1911 年由他的学生 King 采用溴代樟脑磺酸银为拆分剂首次成功地拆分了 cis-$[CoCl(NH_3)(en)_2]X_2$（X=Cl、Br 或 I，见图 1）。随后 Werner 及其助手在短时间内陆续合成和拆分出多种含非手性双齿配体的、具有手性金属中心的光学活性 M(III) 络合物（M=Co、Cr），共 40 个系列。这些出色的工作使 Werner 获得 1913 年诺贝尔化学奖。但是 Werner 似乎错过了立体化学史上的一个重要发现的机会——他所合成的一些经典络合物在某些特定条件下可以通过形成外消旋混合物（conglomerate）而实现自发拆分，虽然他已经观察到这些手性对称性破缺（chiral symmetry breaking）现象的存在。

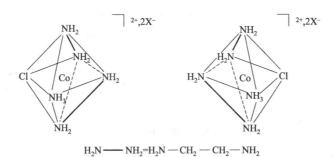

图 1 cis-$[CoCl(NH_3)(en)_2]X_2$（X=Cl、Br 或 I）的一对对映异构体

所谓不对称自催化是指某个手性化合物的自我复制（automultiplication）过程，其中手性产物就是促使它自身从非手性反应物中产生的手性催化剂（图 2）。不对称自催化与常规不对称催化相比较有如下优点：①催化效率高；②在反应进程中，新手性催化剂的量不断增加（因而不存在催化剂失活的问题）；③由于手性产物和催化剂的结构是相同的，反应结束后不需从产物中分离出催化剂。由此产生的"新一代"不对称催化合成反应既方便又经济。1990 年 Soai 等首次在 3-吡啶甲醛和二烷基锌的反应中发现了高对映选择性的不对称自催化体系。Asakura 等对 （＋）$_D$-或（－）$_D$-cis-$[CoBr(NH_3)(en)_2]Br_2$ 的不对称自催化合成体系的反应机理进行了系统而深入的研究，测定了 Δ-（＋）$_D$-cis-$[CoBr(NH_3)(en)_2]Br_2$ 的晶体结构并进行了其绝对构型和旋光符号的关联。Bernal 等确定了 Δ-cis-$[CoBr(NH_3)(en)_2]_2S_4O_6$ 晶体的绝对构型并对其自发拆分现象进行了探讨。

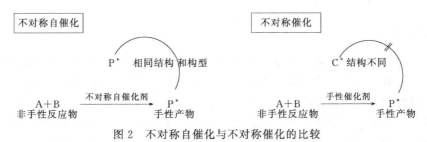

图 2 不对称自催化与不对称催化的比较

本实验将通过在自行合成的三核钴络合物（A）中加入一定比例的溴化铵和水，通过不对称自催化获得按统计规律分布的单一对映体过量的溴化顺式-溴-氨-二（乙二胺）合钴（Ⅲ）cis-$[CoBr(NH_3)(en)_2]Br_2$（图3），主要通过可见-紫外分光光度计、圆二色（CD）光谱和旋光度测定来确定cis-$[CoBr(NH_3)(en)_2]Br_2$的浓度和对映体过量百分率（ee）。

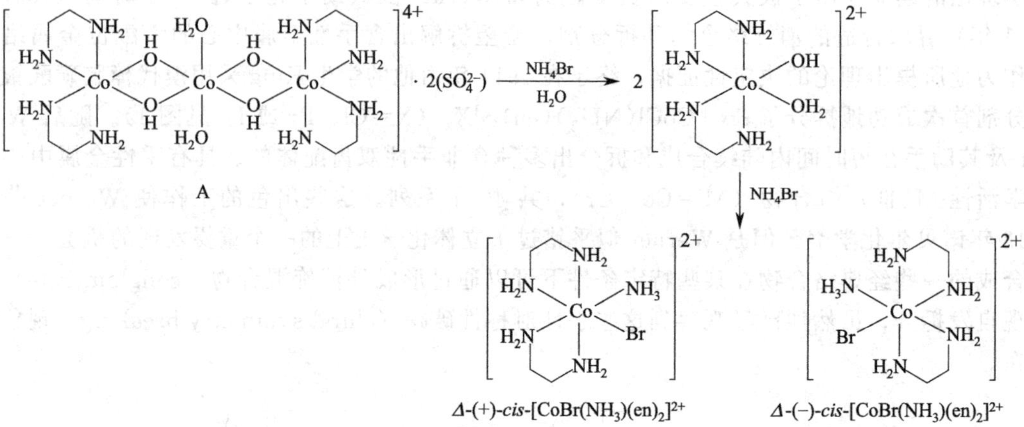

图3　cis-$[CoBr(NH_3)(en)_2]Br_2$的制备

A sakura 等在研究中发现，在图3所示反应的初始阶段，很快通过自拆分产生的$Δ$-（＋）或$Δ$-（－）-cis-$[CoBr(NH_3)(en)_2]Br_2$晶体随即成为催化自身对映异构体产生的催化剂和抑制相反对映异构体产生的负催化剂（anticatalyst，或称催化毒物），使反应的某一对映异构体过量迅速增值，从而实现了不对称自催化这一手性对称性破缺过程。

三、仪器与试剂

1. 仪器

双向磁力搅拌器，恒温水浴锅，电冰箱，抽滤装置，色谱柱，JASCO J-810 型圆二色分光偏振仪（CD），SHMADZU UV2501 PC 紫外-可见分光光度计（UV-Vis），WZZ-2S 型数字式自动旋光仪。

注：在使用 CD 和 UV-Vis 仪定量测定中，所配制络合物样品的含量大约为 $1.5mg \cdot mL^{-1}$，光程分别为 1cm（CD 和 UV-Vis）和 10cm（旋光度）。

2. 试剂

乙二胺，硫酸钴（$CoSO_4 \cdot 7H_2O$），溴化铵，氢溴酸，乙醇，乙醚，葡聚糖凝胶（NH_4^+型 SP-Sephadex C-25），（＋）-$α$-溴代樟脑-$π$-磺酸铵 $[NH_4(＋)-O_3SOC_{10}H_{14}Br$，简称 $NH_4(d$-BCS)$]$。

所用试剂纯度均为分析纯。

四、实验步骤

本实验首先合成羟基桥联的三核钴络合物（A），继而采用文献中自催化效果较好的反应体系（即三核钴络合物、溴化铵和水按确定的配比在一定条件下反应），获得自催化合成的含某一对映体过量的手性产物（＋）$_D$ 或（－）$_D$-cis-$[CoBr(NH_3)(en)_2]Br_2$，表征方法可采用元素分析、比旋光度、电导、磁化率测定、紫外-可见分光光度计、CD 仪等，来分析所得产物的组成、纯度、结构和光谱性质及对映体过量百分率（ee）。有条件的综合化学实验室可以拆分所合成的消旋 $cis\text{-}[CoBr(NH_3)(en)_2]Br_2$ 并对手性产物进行所有表征。

1. 合成

(1) $\{Co(H_2O)_2[(\mu\text{-}OH)_2Co(en)_2]_2\}(SO_4)_2 \cdot 7H_2O$ 的制备

将 72.5g（0.26mol）七水合硫酸钴（Ⅱ）溶解入 90mL 水，在此溶液中加入 150mL 10% 乙二胺（0.25mol）；将混合物搅拌 10min，并使它直接暴露在空气中进行静置氧化。在随后几个小时内开始有暗红棕色的沉淀生成。将反应混合物静置 3~4 天。将析出的产物抽滤，依次用水（洗至滤液显粉红色）、乙醇和乙醚充分洗涤沉淀，自然风干。

(2) $cis\text{-}[CoBr(NH_3)(en)_2]Br_2$ 晶体的制备

将 $\{Co(H_2O)_2[(\mu\text{-}OH)_2Co(en)_2]_2\}(SO_4)_2$（2.14g）、溴化铵（6.86g）和 6.80mL 水混合后磁力搅拌 1min，形成悬浮液，然后置于 50℃ 水浴中加热并搅拌 5min，冷却后在冰箱（4℃）中保持 20h 以上，可获得更多结晶。将析出的红紫色晶状固体过滤，先后用乙醇和乙醚洗涤以除去溴化铵和其他副产物。用最少量的 5% 氢溴酸溶液对粗产物进行重结晶，将饱和溶液在室温下静置析晶，必要时可加入一颗同手性的微小晶种来诱导较多量单一手性晶体的形成。

(3) $cis\text{-}[CoBr(NH_3)(en)_2]Br_2$ 的不对称自催化合成和色谱分离

将 $\{Co(H_2O)_2[(\mu\text{-}OH)_2Co(en)_2]_2\}(SO_4)_2$（0.8g）、溴化铵（4g）和 4mL 水分别置于 3 个具塞锥形瓶中，在室温下用特定的磁子（长 2.5cm、直径 0.8cm）进行正向（或反向）磁力搅拌约 1min 形成悬浮液，然后置于 50℃ 恒温水浴中加热并搅拌 5min。随即将每份混合液的上层清液分别小心地负载于 150mm×10mm 葡聚糖凝胶离子交换色谱柱（NH_4^+ 型 SP-Sephadex C-25）上，待其被葡聚糖凝胶完全吸收后，先以 0.2mol·L^{-1} 溴化铵，然后再以 0.5mol·L^{-1} 溴化铵淋洗分离。仔细收集不同组分的淋出液，进行下一步表征实验。

2. 表征

(1) CD 光谱和比旋光度分析色谱分离产物的对映体过量百分率（ee）将合成步骤（3）中色谱分离产物的第一、二色带淋出液进行 CD 光谱和比旋光度测定，以确定手性产物的 ee 值。参考文献中给出的 (+)-$cis\text{-}[CoBr(NH_3)(en)_2]Cl_2$ 的摩尔椭圆度 $[\theta]_{561}$ 数值为 1143，根据 $[\theta]_\lambda$ 和 $\Delta\varepsilon_\lambda$ 之间的换算关系式 $[\theta]_\lambda = 3298.2\Delta\varepsilon_\lambda$，可以计算出 (+)-$cis\text{-}[CoBr(NH_3)(en)_2]Cl_2$ 的 $\Delta\varepsilon_{561} = +0.347$。本文将此数据和 $[\alpha]_D = +103°$ 近似作为光学纯 (+)-$cis\text{-}[CoBr(NH_3)(en)_2]Br_2$ 的 $\Delta\varepsilon$ 和比旋光度参考值。一般在色谱分离的第二色带可能出现 CD 信号。

(2) UV-Vis 分析及色谱法分离产物

分别对上一步骤中具有 CD 信号的色谱分离产物进行可见光谱测定（波长扫描范围 400~800nm，已知 $cis\text{-}[Co(OH)(H_2O)(en)_2]Br_2$ 和 $cis\text{-}[CoBr(NH_3)(en)_2]Br_2$ 的 λ_{max} 分别为 512nm 和 542nm，后者的摩尔吸光系数为 81L·mol^{-1}·cm^{-1}）然后根据图 4 所示的吸光度-浓度工作曲线对每份样品中 $cis\text{-}[CoBr(NH_3)(en)_2]Br_2$ 的浓度 c 进行分析。实验中要求学生自行定量配制一定浓度梯度的 $cis\text{-}[CoBr(NH_3)(en)_2]Br_2$ 溶液，测定其吸光度并绘制工作曲线。

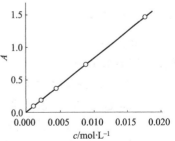

图 4　$cis\text{-}[CoBr(NH_3)(en)_2]Br_2$ 的吸光度-浓度工作曲线

五、结果与讨论

文献中都提及手性 $cis\text{-}[CoBr(NH_3)(en)_2]Br_2$ 的溶液

不论在室温下放置或加热都不会发生外消旋，但是实验中用二次蒸馏水直接配制的手性 cis-[CoBr(NH$_3$)(en)$_2$]Br$_2$ 溶液在室温下放置后颜色会逐渐从红紫色变为酒红色，使得其 CD 和 UV-Vis 光谱曲线都发生改变，这可能是 cis-[CoBr(NH$_3$)(en)$_2$]$^{2+}$ 在水溶液中逐渐水解转变为 cis-或 trans-[Co(NH$_3$)(H$_2$O)(en)$_2$]$^{3+}$ 以及 cis 或 trans-[Co(OH)(NH$_3$)(en)$_2$]$^{2+}$，而在酸性介质（HBr）中则基本上不发生这些变化。因此不论是过柱后的各个色带或是析出的手性晶体配制溶液的光学纯度和光谱表征都应当尽快进行，否则需使溶液呈酸性并在冰箱中保存，以免样品发生水解或消旋化而影响测定结果，当对粗产物进行重结晶时需在 HBr 介质中进行。

六、思考题

可能导致产物发生外消旋作用的因素有哪些？

实验 38
简单体系石墨烯的电子结构计算

一、实验目的

1. 初步学习使用 vasp.5.2 软件计算材料的能带和态密度等微观信息的模拟实验过程。
2. 了解 vasp.5.2 软件在处理周期体系电子结构方面的应用。
3. 理解石墨烯的超高导电性和超高导热性等宏观性质。

二、实验原理

石墨烯是一种典型的二维材料，有很多优良的物理和化学特性，诸如超高的电导和热导、量子霍尔效应等，而电子结构对这些性能都有直观的描述。电子结构是体系电子波函数、电子态的能量分布（态密度）以及电子能量与波矢的关系（能带）的统称。本实验基于量子力学从头计算和密度泛函理论，采用 vasp.5.2 软件计算石墨烯的能带和态密度，获得石墨烯的电子结构信息。

本实验把量子力学的抽象语言转化成学生能直观理解的物理图像，并通过图像来理解材料的性质，方便学生理解石墨烯的超高导电性和超高导热性等宏观性质，并对其他材料的设计及应用有一定的指导作用。

三、实验步骤

计算在 paw_pbe 的泛函下进行，以石墨烯的原始结构为例，确定参数设置，石墨烯单胞示意图如图 1 所示。

1. 以六角的石墨烯单胞（有两个碳原子）为例，晶格常数为 2.476Å，以 0.05Å 为间隔取 9 个点，进行自洽计算。通过 origin 软件进行二次曲线拟合，确定能量最低的晶格。在最优晶格下，进行离子弛豫，得到最优的结构。

2. 能带和态密度的计算均以结构优化后自洽产生的 CHGCAR 文件作为输入文件进行非自洽计算（ICHGCAR＝11），对于能带，K 点变成在高对称点之间的撒点，即为红线围成的不可约部分。而对于态密度，K 点和自洽的设置形式一样，但不可约的点变成原来的两倍。石墨烯是零带隙的半导体，在 K 点（0.333，0.333，0）处有个狄拉克锥（Dirac cone）。如果发生能带和态密度对不上的情况，要考虑态密度有没有减掉费米能级（Fermi level），或者能带的不可约区有没有取完整。实验中布里渊区（Brillouin zone）路径的产生界面如图 2 所示。

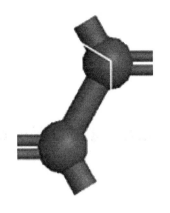

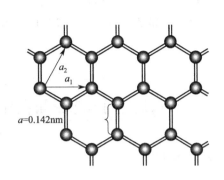

图 1　石墨烯的单胞示意图　　　　　图 2　布里渊区路径产生界面

3. 将模拟实验结果获得的晶格常数扫描后的晶格对应能量，进行二次曲线拟合，得到石墨烯的晶格常数拟合数据，确定最优的格矢；绘制出优化的石墨烯单胞的结构，并在结构图上标出相应的结构参数，将得到的晶格参数和实测数据进行比较，列于表 1。

表 1　实测和计算所得的晶格参数比较

晶格参数	晶格长度/Å	d_{C-C}/Å
拟合数据		
实测数据		

4. 用 origin 软件处理相关结果，得到石墨烯单胞的电子结构信息。从能带和态密度可以看出，石墨烯是一种零带隙的半导体，在费米能级处有很高的占据，并且在 K 点能量与波矢 k 呈线性关系，存在量子霍尔效应，在此处电子的有效质量为零，所以有超高的电导；由于碳是 sp^2 杂化，并且剩余的一个 p 电子垂直于 sp^2 碳组成的平面，导致体系有离域的大 π 键，故也有超高的热导。

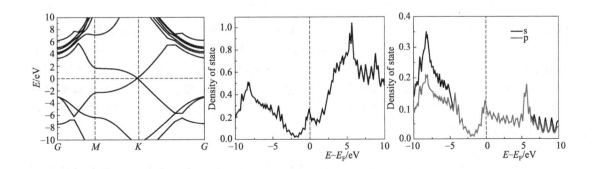

图 3　石墨烯单胞的 band、tdos 和 pdos（从左到右）

四、结果与讨论

计算所得晶格参数和实测数据（图3）进行比较，结果说明什么问题？

五、思考题

1. 什么是费米能级和量子霍尔效应？
2. 通过计算结果说明石墨烯导电的原因。

<hr>

实验 39

三十六烷在石墨表面自组装结构的扫描隧道显微镜观测

一、实验目的

1. 了解扫描隧道显微镜的基本原理和功能。
2. 了解分子自组装现象。
3. 熟悉扫描隧道显微镜的操作。
4. 利用 STM 观察三十六烷在石墨表面的自组装结构。

二、实验原理

自组装（self-assembly）是自然界中普遍存在的现象，它广泛存在于从微观原子直到宇宙天体的各种尺度的体系中。分子自组装是分子之间通过相互识别而自发组织成有序结构的过程。研究这一现象可以为人们了解分子之间的相互作用力提供丰富的信息，同时它也与生命起源问题有着紧密的联系。在当今蓬勃发展的纳米科学与技术领域，分子自组装作为一种"自下而上"构建微纳米结构的基本方法，为人们提供了一种高效的大规模制备纳米器件的可能途径。分子自组单层（self-assembled monolayer，SAM）的畴区（domain）往往比较小，对它的研究非常困难，也更具挑战性；分子组装体也是其他组装体的基础，对于人们认识其他尺度较大的组装体的帮助是显而易见的。这些分子有序结构的尺寸一般在纳米量级，必须借助显微学的方法才能进行探测与表征。扫描隧道显微镜（scanning tunneling microscopy，STM）是由 IBM 瑞士苏黎世实验室的 Binnig 和 Rohrer 在 1982 年发明的，它帮助人们第一次在实空间（而非倒易空间）看到了原子的图像。两个发明者也因此获得了 1986 年的诺贝尔物理学奖。迄今为止，它仍然是唯一能够在实空间探测固体表面的局域结构并且达到原子级分辨率的高技术表征仪器，是物理学、化学、材料科学、信息科学、生命科学等相关前沿研究领域中最强大的表征工具之一，对纳米科学技术的发展起到了巨大的推动作用。在固体表面形成的分子自组装结构的特征尺寸往往在 $1 \sim 10nm$ 范围，对于这个尺度的微观结构，必须借助 STM 方可进行直接观测。因此，STM 是研究各种分子的表面自组装结构不可或缺的表征手段。

1. STM 的工作原理

STM 是借助于微细针尖与导电基底之间在距离很近的情况下发生的量子隧穿效应来工作的。首先简单讲一下量子隧穿效应。量子隧穿效应的概念可以由一维势阱来解释，如图 1 所示。在经典力学中，能量为 E 的电子在势场 $U(z)$ 中的运动可描述为：

$$\frac{P_z^2}{2m}+U(z)=E$$

式中，m 为电子质量，其值为 9.1×10^{-29} g。在 $E>U(z)$ 的区域中，电子具有非零动量 P_z。另一方面，电子不可能穿越 $E<U(z)$ 的区域（或叫做势垒）。

而在量子力学中，上述电子的状态由波函数 $\psi(z)$ 表示，满足薛定谔方程：

$$-\frac{\hbar^2}{2m}\frac{\mathrm{d}^2}{\mathrm{d}z^2}\psi(z)+U(z)\psi(z)=E\psi(z)$$

式中，$-\frac{\hbar^2}{2m}\frac{\mathrm{d}^2}{\mathrm{d}z^2}$、$U(z)$ 和 E 分别为动能、势能和总能量算符。这个方程的数学解为：

（1）$E>U(z)$ 时，其解为 $\psi(z)=\psi(0)^{e^{\pm ikz}}$，这同经典的情况一样。

（2）$E<U(z)$ 时，其解为 $\psi(z)=\psi(0)^{e^{-kz}}$，而在经典情况下是无解的。

式中的 $k=\frac{\sqrt{2m(U-E)}}{\hbar}$ 是衰减常数，描述波函数沿 $\pm z$ 方向衰减的状态。

我们从如上简单的一维模型即可以看出，隧穿效应是区别于经典力学的一种量子效应，它说明在很大势垒（大于粒子的总能量）存在的情况下粒子仍然有可能穿越势垒。如图 1 中所示，关在高墙内的狮子在经典力学中不可能穿过墙壁跑出来，而在量子力学的情况下则有这样的可能。

图 1　一维势箱中经典力学结果和量子力学结果的差别

我们继续用一维势箱模型来简单讨论一下 STM 成像的机理。如上所述，STM 是借助针尖与基底之间在一定偏压下的隧穿电流而成像的。在假设针尖状态不变的情况下，隧穿电流的大小将正比于针尖与基底之间的有效叠加的波函数的数目，即基底费米能级附近的局域态密度（local density of states，LDOS）的大小，那么在距离表面 z 处的隧穿电流大小为

$$I\propto\sum_{E_n=E_F-ev}^{E_F}|\varphi_n(0)|^2e^{-2kz}\propto V\rho_S(0,E_f)e^{-2kz}$$

此处的 k 值仍然是类似一维势箱中的衰减常数。对于特定的样品和针尖，z 的指数因子 $-2k$ 也是定值。在一般情况下，$-2k$ 的值约为 -2 Å^{-1}，所以针尖样品距离每增加 1 Å，隧穿电流降低 $e^2\approx7.4$ 倍。这就是 STM 能够获得原子量级表面起伏的原因。

图 2 是 STM 的工作原理示意图。我们可以看到 STM 主要由几个核心部件组成：金属探针（metal tip）、扫描管（piezo tube）、反馈电路（feedback circuit）和计算机

（computer）。工作时，预先在金属探针和样品基底之间加上一个偏压（bias voltage，V），给电路设定相应的隧穿电流值（tunneling current，I），然后在扫描管的控制下将针尖与样品间的距离逐渐拉近直到所产生的隧穿电流达到设定值，最后让扫描管按照设定的参数对表面进行扫描。扫描过程中，通过反馈电路来控制扫描管沿 z 轴方向的运动（z-control）以便隧穿电流维持在设定值，而扫描管的 x-y 运动则由计算机记录并成像，这就得到表面的形貌像。

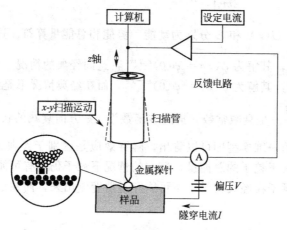

图 2　STM 工作原理示意图

2. 石墨的结构

石墨、金刚石和富勒烯都是碳元素的同素异构体。因为它化学惰性较高，很容易剥离获得洁净而且是原子级平整的表面，所以它在分子自组装的研究中常被选用为基底。石墨的碳原子都是 sp^2 杂化，其表面原子是价键饱和的，即使在空气中也仍然能够保持相当清洁，不至于因为吸附而产生重构。常温常压下，石墨与吸附质之间一般不会形成化学键，分子在石墨表面的吸附一般都是物理吸附。

石墨的晶体结构如图 3 所示，它属于六方晶系，具有 D_{6h}^4 对称性；它是由具有蜂窝状结构的石墨片层按照 ABAB⋯ 的方式堆砌形成的。图 3（a）是石墨表面的俯视图，可以看到每一层内 C—C 键之间的键长为 1.42Å，而标注的六方晶胞晶格参数则是：$u = v = 2.46$Å；夹角 $g = 120°$。图 3(b) 是石墨晶格的侧视图，可以看到石墨层间面距离约为 3.345Å，而通常所划分的晶胞中的沿 z 轴方向的参数为 $\omega = 6.70$Å 左右。在 STM 实验中我们通常只能够看到如图中所示的 β 位置的碳原子，而看不到 α 位置的碳原子，因为 β 处的表面局域态密度比 α 处的要高得多。实验中使用的石墨是一种经过特殊方法合成的多晶石墨，称为高取向裂解石墨（highly oriented pyrolytic graphite，HOPG）。这种石墨因为其化学纯度高和易制成相应尺寸的块体材料而被人们选用。

3. 分子在石墨表面的自组装

迄今为止，人们已经利用 STM 研究了各种各样的分子体系在石墨表面的自组装行为。如前所述，分子在石墨表面的吸附一般是物理吸附，分子与表面之间的相互作用力是范德华（van der Waals）作用力。为了降低体系的能量，分子往往铺展在石墨表面以形成较大的范德华作用力。这时 STM 可以很好地分辨吸附组装的分子的形貌特征，直接对分子进行识别。在本实验中通过将溶液直接滴加在石墨表面来制备分子的自组装单层，这个过程中，自组装的形成往往都是瞬时的，而且在其形成后仍然不断地与体相溶液进行分子交换，处于动

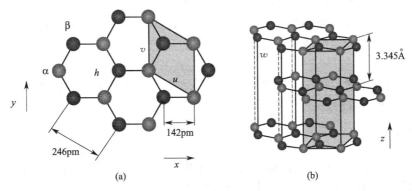

图 3　石墨的晶体结构

态平衡状态。

4. STM 对吸附到固体表面分子的成像

吸附到固体表面的分子往往都是绝缘体材料，然而实验证实确实可以通过 STM 对这些分子进行成像。一般认为这是由于分子的电子轨道和石墨表面原子的电子轨道形成一定的交叠，使表面向垂直于表面的空间施压的情况下即产生隧穿电流。对于烷烃及其衍生物在石墨表面的吸附组装，人们已经开展了很多研究。由于碳碳单键的键长跟石墨的长轴与石墨层中的"之"字形（zigzag）碳链平行，这样的取向能够使分子与基底最佳匹配，从而形成最大的相互作用力，实现体系整体能量的最优化。关于烷烃分子在石墨表面的组装结构及其相应的 STM 图像计算可以参见文献。

三、仪器与试剂

1. 仪器

STM

2. 试剂

高取向石墨，三十六烷（98％，Aldrich），辛基苯（98％，Acros）。

四、实验步骤

1. 称量一定质量的三十六烷（约 1mg），然后用辛基苯配制成约 $1mg \cdot mL^{-1}$ 的溶液。

2. 用透明胶剥离石墨表层获得新鲜石墨表面。

3. 用 STM 扫描获得石墨表面形貌像以及原子像，成像条件为：−50mV、800pA。

4. 用微量进样器将约 $1\mu L$ 的溶液滴加在石墨表面，然后用 STM 扫描获得三十六烷在石墨表面的组装图像，成像条件为：800mV、500 pA。至少应该获得两幅图像：其一为大范围扫描结果，如 100nm×100nm；其二为高分辨结果，如 15nm×15nm。

5. 改变成像条件观察组装图像的清晰度和对比度的变化。成像条件包括成像偏压（bias voltage）、设定电流（current setpoint）、扫描角度（scan angle）和扫描速率（scan rate）等。偏压设定不得低于 10mV（绝对值），电流设定不得高于 5nA。

五、结果与讨论

由仪器将实验数据拷入数据处理计算机，并且用相应软件进行参数测量和图像处理等。实验报告应含有以下数据。

1. 确定石墨原子像中的晶轴方向，测量晶轴长度和晶轴间的夹角（附在图上）。

2. 通过大范围扫描图像测量三十六烷分子自组装结构的分子笼的宽度。

3. 在获得高分辨图像的情况下测量三十六烷分子的实际长度以及分子笼内的相邻分子间的距离。

4. 根据高分辨图像推测三十六烷分子在石墨表面上的排列方式。特别是相邻分子笼之间的甲基末端的相对取向。

六、注意事项

本实验主要是本着让同学们接触前沿、开阔眼界以及激发科研兴趣的宗旨而开设的，所以并不会有很多定量的要求。但是在实验中仍然要注意以下一些方面。

1. 实验中的试剂基本无毒，但是均为进口试剂，价格较高，请同学们务必节约。一般情况下辛基苯溶剂使用量保持在 1mL 左右。

2. 爱护实验室的仪器设备，尤其是大型仪器。操作仪器时必须严格按照指导老师的要求去做。

3. 实验中不包含剪切针尖这一对实际实践经验要求非常高的内容，所以一旦无法获得正常图像，立即向指导老师提出更换探针。

4. 实验仪器只有一台，而参加实验的同学较多，所以本实验采取多人合作的方式进行。课后思考题不作为评分标准，但还是要求同学们通过独立思考与查阅文献等来给出自己的答案。

七、思考题

1. 为什么选用 Pt/Ir 合金丝作为 STM 的针尖？可以使用其他金属材料吗？

2. 为什么改变扫描角度会明显地改变扫描图像？

3. 在扫描过程中可以看到图像的清晰度、对比度等常常会不断地变化，这是什么原因？

4. 一般观察到的畴区大小为多大？畴区的大小与使用的溶液浓度有关吗？为什么？相邻畴区的分子笼方向的夹角一般为多少？怎么去解释这个现象？

5. 高分辨图像中三十六烷分子中的亮斑共有几个？为什么？

实验 40
X 射线衍射法测定晶胞参数

一、实验目的

1. 了解 X 射线衍射仪的简单结构及使用方法。

2. 掌握 X 射线粉末法的原理，测出 NaCl 或 NH_4Cl 晶体的点阵形式、晶胞常数以及晶体的密度。

二、实验原理

1. 晶体是由具有一定结构的原子、原子团（或离子团）按一定的周期在三维空间重复排列而成的。整个晶体结构的最小单元称为晶胞。晶胞的形状及大小可通过夹角 α、β、γ

和三个边长 a、b、c 来描述。因此 α、β、γ 和 a、b、c 称为晶胞常数。

一个立体的晶体结构可以看成由其最邻近两晶面之间距为 d 的这样一簇平行晶面所组成，也可以看成由另一簇面间距为 d' 的晶面所组成……当某一波长的单色 X 射线以一定的方向投射晶体时，晶体内的这些晶面像镜面一样反射入射线而产生衍射。但不是任何的反射都产生衍射。只有那些面间距为 d，与入射的 X 射线的夹角为 θ，且两相邻晶面反射的光程差为波长的整数倍 n 的晶面簇在反射方向的散射波，才会相互叠加而产生衍射，如图 1 所示。光程差 $\Delta = AB + BC = n\lambda$，而 $AB = BC = d\sin\theta$，所以

$$2d\sin\theta = n\lambda \tag{1}$$

上式称为布拉格（Bragg）方程。

如果样品入射线夹角为 θ，晶体内某一簇晶面符合布拉格方程，其衍射方向与入射线方向夹角为 2θ，见图 2。对于多晶体样品，在晶体中存在着各种可能方向的晶面取向，与入射线成 θ 角的面间距为 d 的晶簇面晶体不止一个，而是无穷多个，且分布在以半顶角为 2θ 的圆锥面上，见图 3，在单色 X 射线照射多晶体时，满足布拉

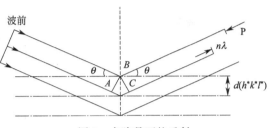

图 1　点阵晶面的反射

格方程的晶面不止一个，而是有多个衍射圆锥相应于不同面间距 d 的晶面簇和不同的 θ 角。当 X 射线衍射仪的计数管和样品绕试样中心轴转动时（试样转动 θ 角，计数管转动 2θ），参看图 3，就可以把满足布拉格方程的所有衍射线记录下来。衍射峰位置 2θ 与晶面间距（即晶胞大小与形状）有关，而衍射线的强度（即峰高）与该晶胞内（原子、离子或分子）的种类、数目以及它们在晶胞中的位置有关。由于任何两种晶体其晶胞形状、大小和内含物质总存在着差异，所以 2θ 和相对光强（I/I_0）可作为物相分析的依据。

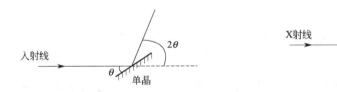

图 2　衍射线方向和入射线的夹角　　　　图 3　半顶角为 2θ 的衍射圆锥

2. 晶胞大小的测定。以晶胞常数 $\alpha = \beta = \gamma = 90°$，$a \neq b \neq c$ 的正交系为例，由几何结晶学可推出

$$\frac{1}{d} = \sqrt{\frac{h^{*2}}{a^2} + \frac{k^{*2}}{b^2} + \frac{l^{*2}}{c^2}} \tag{2}$$

式中，h^*、k^*、l^* 为密勒指数（即晶面符号）。

对于四方晶系，因 $a = b \neq c$，$\alpha = \beta = \gamma = 90°$，式（2）可简化为

$$\frac{1}{d} = \sqrt{\frac{h^{*2} + k^{*2}}{a^2} + \frac{l^{*2}}{c^2}} \tag{3}$$

对于立方晶系，因 $a = b = c$，$\alpha = \beta = \gamma = 90°$，式（2）可简化为

$$\frac{1}{d} = \sqrt{\frac{h^{*2}+k^{*2}+l^{*2}}{a^2}} \tag{4}$$

对于六方、三方、单斜和三斜晶系的晶胞常数、面间距与密勒指数间的关系可参阅有关 X 射线结构分析的书籍。

因为衍射指数 h、k、l 与密勒指数的关系为 $h=nh^*$、$k=nk^*$、$l=nl^*$，将式(2)、式(3)和式(4)两边同时乘以 n 整理得：

对于正交系

$$\frac{n}{d} = \sqrt{\frac{h^2}{a^2}+\frac{k^2}{b^2}+\frac{l^2}{c^2}} \tag{2'}$$

对于四方晶系

$$\frac{n}{d} = \sqrt{\frac{h^2+k^2}{a^2}+\frac{l^2}{c^2}} \tag{3'}$$

对于立方晶系

$$\frac{n}{d} = \sqrt{\frac{h^2+k^2+l^2}{a^2}} \tag{4'}$$

从衍射谱中各衍射峰所对应的 2θ 角，通过布拉格方程求得相对应的各 $\dfrac{n}{d}\left(=\dfrac{2\sin\theta}{\lambda}\right)$ 值。因此，若已知入射线的波长 λ，从衍射谱中直接读出各衍射峰的 q 值，通过布拉格方程（或直接从 Tables for Conversion of X-ray diffraction Angles to Interplaner Spacing 的表中查得）可求得所对应的各 n/d 值，如又知道各衍射峰所对应的衍射指数，则就可算出立方（或四方或正交）晶胞的晶胞常数。这一寻找对应各衍射峰指数的步骤称为"指标化"。

对于立方晶系，指标化最简单，由于 h、k、l 为整数，各衍射峰 $(n/d)^2$（或 $\sin^2\theta$）之比为 $\dfrac{\left(\frac{n}{d}\right)_1^2}{\left(\frac{n}{d}\right)_1^2} : \dfrac{\left(\frac{n}{d}\right)_2^2}{\left(\frac{n}{d}\right)_1^2} : \dfrac{\left(\frac{n}{d}\right)_3^2}{\left(\frac{n}{d}\right)_1^2}\cdots$ 将式(1)代入，得 $\dfrac{\sin^2\theta_1}{\sin^2\theta_1} : \dfrac{\sin^2\theta_2}{\sin^2\theta_1} : \dfrac{\sin^2\theta_3}{\sin^2\theta_1}\cdots$ 所得数列应为一整数列。属于立方晶系的晶体有三种点阵形式：简单立方（T）、体心立方（I）和面心立方（F），其各点阵形式的 $\dfrac{\sin^2\theta_1}{\sin^2\theta_1} : \dfrac{\sin^2\theta_2}{\sin^2\theta_1} : \dfrac{\sin^2\theta_3}{\sin^2\theta_1}\cdots$ 的比值见表1。

表1 立方晶系各种点阵形式的 $\sin^2\theta$ 之比

点阵形式	$\dfrac{\sin^2\theta_1}{\sin^2\theta_1} : \dfrac{\sin^2\theta_2}{\sin^2\theta_1} : \dfrac{\sin^2\theta_3}{\sin^2\theta_1}\cdots$
简单立方(T)	$1:2:3:4:5:6:8\cdots$（缺 7,15,23$\cdots$）
体心立方(I)	$2:4:6:8:10:12:14:16:18\cdots$（或 1,2,3,4,5,6,7,8,9$\cdots$）
面心立方(F)	$3:4:8:11:12:16:19:20:24\cdots$

由表1可以看到，简单立方和体心立方的差别在于简单立方缺 7、15、23 衍射线，面心立方具有二密一稀分布的衍射线。因此可根据表1中的整数列来确定立方晶系的点阵形式。表2列出了立方点阵三种形式的衍射指标及平方和。

表 2 立方点阵三种形式的衍射指标及平方和

$h^2+k^2+l^2$	简单(P)	体心(I)	面心(F)	$h^2+k^2+l^2$	简单(P)	体心(I)	面心(F)
1	100			14	321	321	
2	110	110		(15)*			
3	111		111	16	400	400	400
4	200	200	200	17	410,320		
5	210			18	411,330	411,330	
6	211	211		19	331		331
(7)*				20	420	420	420
8	220	220	220	21	421		
9	300,221			22	332	332	
10	310	310		(23)*			
11	311		311	24	422	422	422
12	222	222	222	25	500,430		
13	320			...			

注：* 不存在三个整数的平方和等于 7，15，23 的情况。

如不符合上述任何一个数值，则说明该晶体不属立方晶系，需要用对称性较低的四方、六方等由高到低的晶系逐一来分析尝试决定。知道了晶胞常数，立方晶系的密度可由下式计算

$$\rho = \frac{Z(M/L)}{a^3} \tag{5}$$

式中，Z 为晶胞中摩尔质量或化学式分子量为 M 的分子或化学式单位的个数；L 为阿伏伽德罗常数。

三、仪器与试剂

1. 仪器

Shimadzu XD-3A X 射线衍射仪（Cu 靶、Shtmadzu VG-108R 测角仪），玛瑙研钵。

2. 试剂

NaCl（C. P.）、NH$_4$Cl（C. P.）。

四、实验步骤

1. 把欲测样品于玛瑙研钵中研磨至 300～400 目，将样品倒在下面放有玻璃板的特制铝板的长方形框中，如图 4 所示，样品要均匀且略高于铝框，用不锈钢刮刀压紧样品，使样品紧密且表面光滑平整，然后将铝板放于测角仪的样品架上。

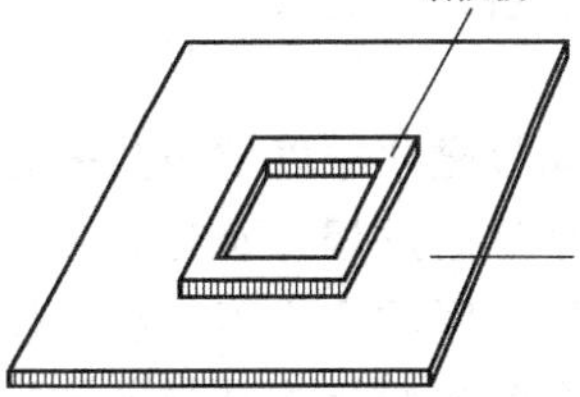

2. 打开循环冷却水，使水压为 2.452×10^5 Pa，然后开启 X 射线衍射仪总电源，在管压为 35kV、管流为 15mA（Cu 靶）、扫描速度为 4(°)·min^{-1}（扫描范围 2θ 为 25°～100°）、量程（CPS）为 5K、时间常数为 0.1×20、记录纸走速为 20mm·min^{-1} 的条件下用 Cu Kα 线（λ=

图 4 压制样品的铝框板

0.15405nm）进行摄谱，具体操作规则见该仪器说明书。

3. 实验完毕，按开启时的相反步骤关闭各开关，然后切断总电源。10min 后再将水压降至 9.806×10^4 Pa（否则会损坏阴极），关闭循环冷却水。最后取出样品架上的铝板，倒出框中的样品。

五、结果与讨论

1. 标出 X 射线粉末衍射图中各衍射峰的 2θ 值及峰高值，计算各衍射线的 $\sin^2\theta$ 之比，与表 1 比较，确定 NaCl 的点阵形式。

2. 根据表 2 标出各衍射线的指标 h、k 和 l，求取晶胞常数。

3. 按式（5）计算 NaCl 的密度。

4. 用相同的方法处理 NH_4Cl 的衍射图。

六、思考题

1. X 射线对人体的危害有哪些？应如何防护？

2. 计算晶胞参数时，为什么要用较高角度的衍射线？

实验 41
核磁共振法研究乙酰丙酮在不同溶剂中的烯醇互变异构现象

一、实验目的

1. 用 ^{1}H NMR 谱测定酮-烯醇混合物的平衡组成。
2. 研究溶剂对乙酰丙酮的化学位移和平衡常数的影响。
3. 了解动态核磁共振在化学动力学中的初步应用。
4. 进一步熟悉和掌握核磁共振波谱仪的基本操作。

二、实验原理

在核磁共振氢谱中，峰面积与其对应的氢原子成正比。虽然通常在高场的峰面积比在低场的峰面积（相同氢原子数）略大，但仍不失为一种很好的定量方法。在核磁共振氢谱中，如采用特定的脉冲序列，较少脉冲倾倒角，增长脉冲之间的间隔，也可以达到较好的定量关系。

对一个混合物系统来说，如果其中的每一个组分都能找到一个不与其他组分相重叠的氢谱峰组，可以用氢谱进行定量分析，因氢谱的灵敏度高，定量性好。如果氢谱不能满足上述要求，可采用碳谱定量，因为碳谱的分辨率较高，不容易发生谱线的重叠。核磁共振用于混合物中各组分的定量分析往往优于其他方法，能在维持平衡系统的条件下进行各组分的定量分析。

动态核磁共振以核磁共振为工具，研究一些动力学过程，得到动力学和热力学参数，如跟踪化学反应过程，研究同一分子存在的构象转变、互变异构间的转变、配体与配合物（或配离子）之间的交换等。动态核磁共振可以选择系统中合适的氢原子的峰面积变化、自旋-自旋耦合常数变化等进行定量研究。

两种或两种以上异构体能相互转变，并共存于一动态平衡中，这种现象称为互变异构现

象。互变异构是有机化合物中比较普遍存在的现象，从理论上说，凡具有 $-\overset{\overset{\textstyle O}{\|}}{\underset{\underset{\textstyle H}{|}}{C}}-\overset{|}{C}-$ 基本结构

的化合物都可能有酮式和烯醇式两种互变异构体存在。酮式和烯醇式的比例主要取决于分子结构，要有明显的烯醇式存在，分子必须具备如下条件：分子中的亚甲基氢受两个吸电子基团的影响，酸性增强；形成烯醇式产生的双键应与羰基形成π-π共轭，使共轭系统有所扩大和加强，热力学能有所降低；烯醇式可形成分子内氢键，构成稳定性更大的环状螯合物。酮式和烯醇式互变异构体所占比例除受分子结构影响外，也与溶剂、温度和浓度有关。通常非极性溶剂和高温有利于烯醇式的存在。

酮式和烯醇式互变异构体的质子化学环境差别很大，这些形式之间的转换速率很慢，以致可以得到两种形式不同的核磁共振谱。在常温下分子内—OH质子的传递很快，以致观测到单一（平均）的—OH共振。

因此，预计只有两种互变异构体有不同的波谱，而这些波谱可用来测定酮式转变为烯醇式的平衡常数：

$$K = \frac{[\text{烯醇式}]}{[\text{酮式}]} \tag{1}$$

当用化学位移差别较大的酮式亚甲基氢和烯醇式烯基氢的峰面积 A 定量时，可按照式（2）计算烯醇式所占质量分数及平衡常数 K：

$$w(\text{烯醇式}) = \frac{A(\text{烯醇式})}{A(\text{烯醇式}) + A(\text{酮式})/2} \tag{2}$$

$$K = \frac{A(\text{烯醇式})}{A(\text{酮式})/2} \tag{3}$$

溶剂对测定 K 起重要作用，这可能通过特定的溶质-溶剂相互作用如氢键或电荷转移而发生作用。此外，可通过稀释而减少溶质-溶质的相互作用，从而改变平衡。在极性溶剂中，易形成分子间氢键，酮式异构体相对更稳定，如在水中，烯醇式乙酰丙酮约占 15%，而在非极性溶剂中，则易形成分子内氢键，因此烯醇式异构体更稳定，如在正己烷中约占 90%。

三、仪器与试剂

1. 仪器
高分辨核磁共振（CW-NMR 或 PFT-NMR），1mL 精密刻度移液管，标准核磁管。
2. 试剂
氘代四氯化碳，氘代甲醇，乙酰丙酮，四甲基硅烷（TMS）。

四、实验步骤

1. 以氘代四氯化碳、氘代甲醇为溶剂，分别配制摩尔分数为 0.2 的乙酰丙酮溶液，在室温下放置 24h 以达到平衡。
2. 分别测试上述两份溶液及纯乙酰丙酮（各加入 1 滴 TMS）的 ^{1}H NMR 谱图。

五、结果与讨论

1. 讨论乙酰丙酮的化学位移和自旋-自旋分裂的理论谱，分析 3 张 ^{1}H NMR 谱图中互变异构体各峰的归属。
2. 根据相关谱峰的峰面积，计算互变异构体的组成、平衡常数和 ΔG。

六、思考题

1. 比较乙酰丙酮在四氯化碳和甲醇中的平衡常数，讨论溶剂的影响。
2. 核磁共振方法适用于研究哪些化学动态方程？
3. 烯醇式互变异构体化学交换过程是否可以通过红外光谱、紫外光谱进行研究？试说明原因。

实验 42
离子液体水溶液的有机/无机性质与缔合作用研究

离子液体由于其特殊的性质广泛应用于合成、催化、分析分离和电化学等领域。通常离子液体研究主要集中在离子液体的离子性。当应用离子液体时，离子液体通常表现出一些类似无机盐的性质，如较高的电导率、良好的热稳定性、高的沸点、宽的电位窗。同时，离子液体还具有一些与无机盐不同的性质，如熔点低、良好溶解有机化合物和降低水的表面张力等，这些性质在很大程度上与有机物类似。从组成的观点来看，这可能是由有机组成的加入导致的。

已经有大量的文献研究离子液体的物化性质，主要有熔点、密度、黏度、电导、表面张力等。

一、实验目的

1. 了解离子液体的概念。
2. 掌握离子液体的物化性质的测试方法。
3. 探讨离子液体及其混合物的性质与结构之间的关系。

二、实验原理

1. 离子液体的物化性质

（1）离子液体的熔点。熔点和液程是评价离子液体的关键指标，也是重要的性质之一。例如，咪唑盐离子液体的熔点非常低，通过调节不同咪唑阳离子取代基或者阴离子都可以影响离子液体的熔点。许多咪唑离子液体没有熔点，只有玻璃化转变温度，而胺型离子液体的熔点相当低。

（2）离子液体的密度。所有的咪唑型离子液体的密度都大于 $1g \cdot cm^{-3}$，除一些吡咯盐和胍盐外，其他大部分密度为 $1.1 \sim 1.6g \cdot cm^{-3}$。离子液体密度主要由阴、阳离子的类型而定，阴离子对密度的影响大于阳离子。阴离子越大，离子液体密度越大；有机阳离子体积越大，离子液体密度越小。值得注意的是，杂质对离子液体的密度有一定的影响，如少量水就可以导致密度的变化。

(3) 离子液体的黏度。与传统的有机溶剂相比，离子液体的黏度通常高出1~3个数量级。如此大的黏度给化工生产带来很多负面影响。高黏度使得离子液体暴露在空气中易吸收空气中的水分。水作为杂质对离子液体的性质有很大影响。因此，水对离子液体的影响已经成为目前研究热点之一。

(4) 离子液体的电导。离子液体优良的导电性是离子液体应用于电化学的前提。EmimCl-AlCl$_3$ 离子液体的电化学窗口高达4V。而电导率与黏度、密度、离子大小等存在一定的关系。电导率与黏度成反比，黏度越大，电导率越小。而密度对电导率的影响正好相反。当密度和黏度两者接近时，摩尔质量和离子大小则决定了离子液体的电导率。温度同样对电导有很大影响。

$$\sigma(T) = \frac{A}{\sqrt{T}} \exp\left(\frac{-B}{T - T_0}\right) \tag{1}$$

式中，A、B 为与活化能有关的频率因子；T_0 为理想玻璃化温度。可见，温度越高，导电性越好。

(5) 离子液体的表面张力。离子液体表面张力的数据比较有限。总体上，离子液体的表面张力低于水的表面张力，而比传统的有机溶剂高。此外，离子液体的结构对表面张力影响较大，当阴离子相同时，表面张力随阳离子的链长增加而降低；当阳离子相同时，阴离子尺寸变大，表面张力则增大。

2. 离子液体混合物的物化性质

离子液体在使用过程中通常以混合物的形式参与。离子液体与水的混合物的性质研究尤为重要，并且已经有很多文献报道。离子液体混合物的性质包括密度、电导、过量体积、过量摩尔焓和过量摩尔自由能等。

(1) 离子液体混合物的密度。离子液体混合物的性质与组成密切相关。第二组分的加入会对离子液体的物化性质产生影响。离子液体水溶液混合物的密度数据均有报道，混合物的密度与组成有关。

(2) 离子液体混合物的过量体积。二元混合物的过量体积可以根据所测的密度数据和摩尔质量计算，公式如下：

$$V_m^E = [x_1 M_1 + (1 - x_1) M_2] / \rho - x_1 M / \rho_1 - (1 - x_1) M_2 / \rho_2 \tag{2}$$

式中，M_1、M_2 和 ρ_1、ρ_2 分别为组分1、2的摩尔质量和密度；x_1 为组分1在混合物中的摩尔分数。离子液体的过量体积可正可负，能够反映体系中的相互作用和结构信息。

(3) 离子液体混合物的过量摩尔焓和过量摩尔自由能。与前面讲的过量体积类似，过量摩尔焓 H_m^E 和过量摩尔自由能 G_m^E 均为实际混合物与理想混合物的偏差。利用微量量热技术可以直接测定离子液体混合物的过量摩尔焓。过量摩尔自由能可以通过式(3)计算：

$$G_m^E = x_1 \mu_1^E + x_2 \mu_2^E \tag{3}$$

式中，μ_1^E 和 μ_2^E 分别为溶剂分子和离子液体的过量化学势，通过蒸气压就可以得到，如

$$\mu_1^E = RT \ln\left(\frac{p_1}{x_1 p_1^0}\right) \tag{4}$$

式中，p_1^0 为一定温度下纯分子溶剂的蒸气压。μ_2^E 可以通过吉布斯-杜安（Gibbs-Duhem）公式得到：

$$x_1 d\mu_1^E + x_2 d\mu_2^E = 0 \tag{5}$$

（4）离子液体混合物的电导。离子液体之所以能应用在电化学是由于它具有导电性。离子液体及其混合物的电导近年来也有很多数据报道。了解这种混合物的电导率及组成变化关系可以解释电解质的电化学行为。相对于有机物来说，离子液体的电导率高了几个数量级。这与阴、阳离子间的缔合作用和离子间的偶极作用密切相关。

3. 离子液体的物化性质与缔合关系

物质的性质主要与其结构及相互作用有关，离子液体也不例外。缔合作用作为一种分子间相互作用，可以用于研究离子液体的性质。

三、仪器与试剂

1. 仪器

四口烧瓶，恒压滴液漏斗，冷凝管，温度计（0.1℃），搅拌装置，减压装置，冷冻干燥机，电导率仪，黏度计，恒温槽，精密低真空测压仪。

2. 试剂

正丁胺，冰醋酸，乙醚，硝酸，$BmimBF_4$，$[Omim][BF_4]$（均为分析纯）。

四、实验步骤

1. 离子液体的合成

质子型乙酸丁胺（BNAc）和硝酸丁胺（$BNNO_3$）离子液体的合成如下。

BNAc 离子液体的合成　在装有搅拌桨、温度计、冷凝管、恒压滴液漏斗的 250mL 四口烧瓶中加入 0.5mol 正丁胺，置于冰水浴中，并开始搅拌，缓慢滴加等物质的量的冰醋酸至四口烧瓶中，1～2h 滴加完毕，然后在 60℃下恒温反应 2h。反应完成并冷却至室温后，用乙醚萃取五六次，减压蒸馏除去低沸物，得到无色透明的液体。然后将合成好的离子液体放置在冷冻干燥机中，在真空度低于 30 Pa 条件下冷冻干燥 24h，除去离子液体中的水分。NMR 表征：^{1}H NMR（500MHz，$CDCl_3$）δ/ppm：7.77（s，3H），2.67（t，2H），1.70（s，3H），1.48（m，2H），1.31（m，2H），0.87（t，3H）。

$BNNO_3$ 离子液体的合成　在装有搅拌桨、温度计、冷凝管、恒压滴液漏斗的 250mL 四口烧瓶中加入 0.5mol 正丁胺，置于冰水浴中，控制温度在 10℃以下，并开始搅拌，缓慢滴加等物质的量的硝酸至四口烧瓶中，1～2h 滴加完毕，然后在 40℃下恒温反应 2h。反应完成并冷却至室温后，用乙醚萃取五六次，减压蒸馏除去低沸物，然后将合成好的离子液体放置在冷冻干燥机中，在真空度低于 30 Pa 条件下冷冻干燥 24h，除去离子液体中的水分，得到无色固体。NMR 表征：^{1}H NMR（500MHz，D_2O）δ/ppm：8.69（s，3H），3.12（d，2H），1.73（q，2H），1.42（q，2H），0.96（t，3H）。

2. 自行设计

自行设计电导率、黏度、表面张力的测定方案，并进行密度（过量体积）的测量（选做）。

五、结果与讨论

通过对两种胺型和两种咪唑型离子液体（硝酸丁胺 $BNNO_3$、乙酸丁胺 BNAc 和 1-丁基-3-甲基咪唑四氟硼酸盐 $BmimBF_4$、1-辛基-3-甲基咪唑四氟硼酸盐 $[Omim][BF_4]$）的研究，从以下几个方面进行讨论。

（1）离子液体水溶液的电导率：离子液体水溶液的电导率与其在有机溶剂和无机盐溶液

的比较，离子液体水溶液的电导率与阴、阳离子间的缔合关系。

（2）离子液体水溶液的黏度：离子液体水溶液的黏度与其在有机溶剂和无机盐溶液的比较，离子液体水溶液的黏度与阴、阳离子间的缔合关系。

（3）离子液体水溶液的表面张力：离子液体水溶液的表面张力与其在有机溶剂和无机盐溶液的比较，离子液体水溶液的表面张力与阴、阳离子间的缔合关系。

（4）离子液体水溶液的过量体积（选做）：离子液体水溶液的过量体积与其在有机溶剂和无机盐溶液的比较，离子液体水溶液的过量体积与阴、阳离子间的缔合关系。

六、思考题

离子液体的通性是什么？离子液体有哪些优势？

实验 43
苯甲酸、苯甲醇和苯甲醛红外光谱的密度泛函理论研究

一、实验目的

1. 掌握 ChemOffice 化学工具软件包、Gaussian 和 GaussView 软件的基本使用方法。
2. 熟悉密度泛函理论优化分子构型的方法。
3. 初步掌握红外光谱和热力学性质的理论计算方法。
4. 了解结构化学中分子轨道的基本概念。

二、实验原理

量子力学的五个基本假设分别为状态波函数和概率、力学量与线性自共轭算符、薛定谔（Schrödinger）方程、态叠加原理和泡利（Pauli）不相容原理，像几何学中的公理一样，虽不能被直接证明，但也并非科学家主观想象出来的，它来自实验，并不断被实验证实。将非相对论近似、玻恩-奥本海默（Born-Oppenheimer）近似和单电子近似引入薛定谔方程，通过变分法导出 HFR（Hartree-Fock-Roothan）方程。从头计算法（$ab\ initio$）求解 HFR 方程是基于复杂的多电子波函数，需引进新的简化和近似，斯莱特（Slater）提出 X_a 近似方法，用一个密度泛函代替 HF 方程中的交换势，减小了计算量；Hohenberg 和 Kohn 曾证明，体系的基态能量仅是电子密度的泛函，并以基态密度为变量，将体系能量最小化之后就得到了基态能量。从此，人们致力于寻找电子密度和能量之间的数学关系，得到了密度泛函理论（density functional theory，DFT），Kohn-Sham 借鉴了 HF 方法和 X_a 近似的成功经验，优先分离出能量的泛函的主要部分（独立粒子的动能和库仑能），再采取对剩余部分做近似的方法，在 Kohn-Sham DFT 框架中，复杂的多体问题被简化成一个没有相互作用的电子在有效势场中运动的问题。

依照量子力学理论，通过计算机模拟求解薛定谔偏微分方程可获得一个分子或原子体系的能量和相关的电子结构性质，从而实现不需传统的化学实验就能较好地理解和预测化学实验现象。

在从头计算法中，分子轨道（MO）表示为原子轨道（AO）基函数的线性组合（LCAO），称原子轨道基函数的集合为基组（basis-set）。常用的理论或方法有 HF、

B3LYP、MP2、CCSD（T）、PM7；常用基组有 STO-3G、3-21G、6-31G、6-31＋G*、cc-pVDZ、def2-TZVP 等。通常大基组给出相对较好的计算结果，但需要相对较高的计算成本。

本实验中所使用的计算化学程序是 Gaussian 软件，它可以进行从头算、半经验和密度泛函的量子化学计算，计算分子和化学反应的许多其他性质，如分子轨道、电子密度分布、极化率与超极化率、静电势、热化学性质、旋光性、电多极矩、核磁共振屏蔽和磁化系数、核磁共振自旋-自旋耦合常数、超精细耦合常数、超精细光谱张量、过渡态的能量和结构、成键和化学反应能量及化学反应路径等。本实验使用的是 Gaussian 软件中的 DFT-B3LYP 方法和 3-21G 基组。在 B3LYP 方法中，交换项势能写成

$$E_{XC}^{B3LYP}=E_X^{GGA}+a_0(E_X^{HF}-E_X^{LDA})+a_X(E_X^{GGA}-E_X^{LDA})+E_C^{LDA}+a_C(E_C^{GGA}-E_C^{LDA})$$

其中，$a_0=0.20$，$a_X=0.72$，$a_C=0.81$，GGA 是广义梯度近似（generalized gradient approximations），LDA 是局域密度近似（local density approximations）。

Gaussian 软件首先利用分子总能量对坐标的一阶导数获得分子势能面上的极低点（stationary point），极低点对应的分子构型称为平衡几何构型，也称优化构型，该软件可通过关键词"Opt"实现基态、中间体、过渡态及激发态的构形优化；其次，利用分子能量对坐标的二价导数计算得到分子的振动频率，得到各种振动光谱及振动零点能、焓、吉布斯自由能和熵等热力学参数。

本实验将计算苯甲酸的红外振动光谱，它是红外光与分子振动的量子化能级共振产生吸收而产生的特征吸收光谱曲线。红外光谱分析可用于研究分子的化学键和结构，也是表征和鉴别化学物种的方法。依据红外吸收谱带的位置、强度、形状、个数，可以推测分子中某种官能团存在与否，推测官能团的邻近基团，确定化合物结构。

红外吸收峰的振动模式一般分为对称伸缩振动、反对称伸缩振动、剪式弯曲振动、面内摇摆振动、面外摇摆振动和扭曲振动六大种。Gaussian 软件不但可以预测出红外振动光谱的光谱图，还可以根据计算结果判断出红外振动的振动模式的跃迁类型。

三、仪器与软件

计算机（普通配置），ChemOffice 化学工具软件包，Gaussian 和 GaussView。

四、实验步骤

1. 构建分子的初始构型

利用 GaussView 软件或 ChemOffice 软件均可构建分子的初始构型。

（1）利用 ChemOffice 化学工具软件包中的 ChemDraw 程序构建初始构型：在 View 菜单下，点击 Show main tool，利用显示出的分子结构绘制工具绘制苯甲酸的结构，并将结构保存为 benzoicacid. cdx。然后用 Chem 3D Ultra 程序打开该文件，选择 MOPAC 菜单下点击 MinimizeEnergy，对结构进行预优化，再将文件保存为 benzoicacid. mol。

（2）利用 GaussView 软件构建分子的初始构型：双击 GaussView 图标打开 GaussView 软件，依次单击 File→New→Create Molecule Group，得到一个新的结构式窗口，单击 ⬡ 按钮，得到 RingFragments 窗口，单击 ⌬ 图标，然后在结构式窗口中单击，画出苯环；同样通过单击 ^{6}C 按钮，画出其他官能团，得到苯甲酸的构型，并存为 benzoicacid. gjf 文件（Windows 系统上该文件后缀为 *. gjf），观察苯甲酸分子的初始构型。

2. 构形优化

（1）计算参数设置：在 GaussView 软件中选择 Calculate 菜单，点击 Gaussian，打开 Gaussian Calculation Setup 界面：Job Type 选 Opt＋Freq；Method 选 DFT-B3LYP 方法和 3-21G 基组，其他为默认设置；Title 改为 benzoicacid；Link0 设置％chk＝benzoicacid.chk。关闭该界面，并将文件保存为 benzoicacid.gif。点击 Results-View File 或用记事本打开 gif 文件阅览 benzoicacid.gif 文件的内容。

（2）双击 Gaussian 软件图标，打开 Gaussian 软件，然后用 Gaussian 打开文件 benzoicacid.gif，Gaussian 软件将自动识别 benzoicacid.gif 文件中的各个项目。点击运行按钮，然后点击保存，Gaussian 开始计算 benzoicacid.gif 这个文件，计算结果将输出到 benzoicacid.out 和 benzoicacid.chk 中。计算完毕后，把二进制检查点文件 benzoicacid.chk 转化为 ASCII 码格式化检查点文件 benzoicacid.fch。用 GaussView 打开 benzoicacid.out，可以看到优化后的分子结构。

3. 查看苯甲酸的红外振动光谱

在 GaussView 软件上点击 Results-Vibrations，打开振动光谱 Display Vibrations 对话框，点击 Spectrum，得到模拟的红外振动光谱（图 1）。在振动光谱图上用鼠标可以放大谱图，用鼠标左键点击谱图中某个振动峰，就可以显示该峰的频率和强度，还可以点击 Display Vibration 中的 Start Animation，则可查看当前振动模式的动画。

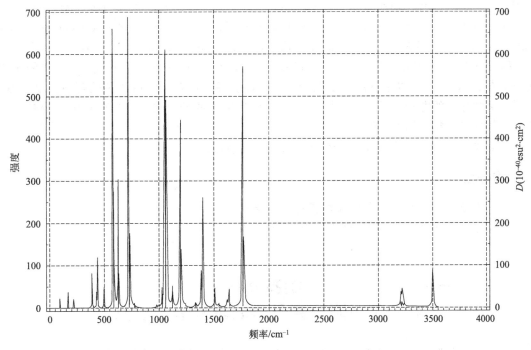

图 1　Gaussian 模拟苯甲酸红外光谱图

4. 查看苯甲酸的分子轨道

用 GaussView 软件打开 benzoicacid.chk 文件，在 Results 菜单下点击 Surfaces... 然后在打开的 Surfaces and Cubes 对话框中点击 Cube Actions。Kind 中选择 Molecular Orbital，选择 HOMO、LUMO 或其他轨道，点击 OK。接着在 Surfaces and Cubes 对话框中点击 Surface Actions... 中的 New Surface，即可显示指定的输出的轨道图（图 2）。

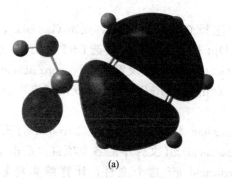
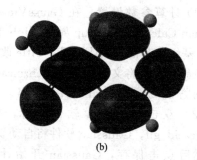

(a)   (b)

图 2　苯甲酸分子的 HOMO 轨道（a）和 LUMO 轨道（b）

五、结果与讨论

1. 优化构型、电荷分布。用记事本打开 benzoicacid. out 文件，搜索到 "Modify Bond" "Modify Angle" 和 "Modify Dihedral"，记录苯甲酸分子中相关的键长、键角和二面角。

2. 红外光谱。绘制苯甲酸的模拟红外振动光谱，并标注若干比较强烈的振动峰的振动模式，将所得图谱与实验图谱进行对比，对其中的异同点进行解释。

3. 热化学性质。用记事本打开 benzoicacid. out 文件，搜索到 SCF Done：E（UB＋HF-LYP）＝；Zero-point correction＝；Thermal correction to Energy ＝；Thermal correction to Enthalpy ＝；Thermal correction to Gibbs Free Energy ＝；Sum of electronic and zero-point Energies ＝；Sum of electronic and thermal Energies ＝；Sum of electronic and thermal Enthalpies ＝；Sum of electronic and thermal Fee Energies ＝；Entropy(S) 得到苯甲酸分子在 BLYP3-21G 水平下的电子能量、零点能、焓、吉布斯自由能和熵等热力学参数。找到苯甲酸分子的电子能量、零点振动能和 298.15K 下的熵、焓、吉布斯自由能等热力学参数，并试着寻找它们之间的关系。

4. 绘制并分析苯甲酸分子的 HOMO 和 LUMO 轨道图像。

六、思考题

1. 为什么理论红外谱图与实验图谱存在差异？
2. 各热力学参数、HOMO 和 LUMO 的能量单位是什么？

实验 44
分子筛吸附分离气体的蒙特卡罗模拟

分子模拟是除实验与理论研究外，了解、认识微观世界的"第三种手段"，是化学、物理、生物、材料研究中的有力工具。常用的分子模拟方法有两大类：蒙特卡罗方法和分子动力学方法。蒙特卡罗方法通常用来模拟系统的吸附、结构、压力-体积-温度关系等平衡性质；分子动力学方法不仅适用于模拟平衡性质，也适用于模拟非平衡性质，如扩散、黏滞性等行为。蒙特卡罗模拟是通过计算机对分子系统随机地改变分子的位置和取向，产生大量的微观状态（位形），再根据统计力学求取系统性质的系综平均，从而得到系统的宏观性质。

气体的吸附在混合气体分离、气体吸附存储、化学反应催化、大气污染治理等许多方面具有广泛的应用。气体的吸附材料（吸附剂）主要是具有高比表面积的多孔性介质，如沸石分子筛、活性炭、炭黑、活性氧化铝、硅藻土、硅胶等。这些材料具有的微孔为纳米尺度，且具有一定的结构，是典型的纳米微孔材料。吸附过程不可避免地涉及扩散、吸附、脱附等过程。有关分子筛等吸附材料中流体的扩散、吸附等行为的研究具有重要的理论意义和应用价值。本实验主要通过蒙特卡罗模拟，研究、了解分子筛对乙烷-丙烷混合气体的吸附与分离性能。

一、实验目的

1. 加深理解统计力学中系综、系综平均、分子力场等基本概念。

2. 学习蒙特卡罗模拟方法，掌握蒙特卡罗模拟的必要条件和模拟的启动，学会蒙特卡罗模拟的实现和应用。

3. 测定分子筛对乙烷-丙烷混合气体的吸附平衡和吸附选择性，理解吸附量与吸附选择性的统计计算方法和编程。

4. 学会分子构型（微观状态）的分析。

二、实验原理

根据统计力学原理，系统的宏观性质是相应微观物理量的统计平均（系综平均）值。只要微观状态取得足够多，进行系综平均后，就可以得到系统宏观性质（包括平衡性质、结构性质、输运性质等）的"机器实验"数据。作为统计力学实验的分子模拟，其目的就是利用计算机产生大量的微观状态，求取系综平均，以获取系统的宏观性质。蒙特卡罗方法按照一定的统计分布产生不同的分子位形，求取系统物理量的系综平均值。

1. 蒙特卡罗方法基本原理

在统计力学中，任一物理量 F 的平均值为

$$\bar{F} = \frac{\int \cdots \int F(r_1, r_2, \cdots, r_N) \exp\left[-\dfrac{U(r_1, r_2, \cdots, r_N)}{kT}\right] dr_1 dr_2 \cdots dr_N}{\int \cdots \int \exp\left[-\dfrac{U(r_1, r_2, \cdots, r_N)}{kT}\right] dr_1 dr_2 \cdots dr_N} \tag{1}$$

其中 $p(r_1, r_2, \cdots, r_N) = \dfrac{\exp\left[-\dfrac{U(r_1, r_2, \cdots, r_N)}{kT}\right]}{\int \cdots \int \exp\left[-\dfrac{U(r_1, r_2, \cdots, r_N)}{kT}\right] dr_1 dr_2 \cdots dr_N}$ 为系统在 $(r_1, r_2, \cdots,$

$r_N)$ 位形的概率。显然，式（1）是一个对粒子坐标的高维积分，这在绝大多数情况下都无法得到其解析结果，必须采用数值方法。最直接的途径是数值面积积分，如辛普森法等。然而很容易看出，即使是粒子数很少的系统，这种算法也是不适用的。

2. 重要性取样

虽然理论上可以用上述蒙特卡罗方法计算任一物理量的统计平均值，但实际上要用该方法计算液体的热力学性质却很不现实。其原因是积分时必须选取大量的样本，而这些样本所对应的位形多数因为能量太高，出现的概率太低而无法取到。另外，更严重的问题是，根据式（1），若需计算概率，则必须先计算式中的位形积分，计算此积分十分困难。因此，需要

採取重要性取样。

3. Metropolis 取样法

Metropolis 取样法是在每次取样（产生随机数）时考虑其是否满足所设定的条件，避免一些"不重要"的取样，以提高计算效率。具体做法是在位形空间中构作系统的马尔可夫链，使样本点出现的概率随着马尔可夫链的增长逐步趋于平衡时的玻尔兹曼分布。整个取样过程（马尔可夫过程）犹如盲人爬山，每爬一步就与前一步比较一下高度上的改变情况，然后根据一定的判断准则，决定继续爬下一步还是退回到前一步，随机地换个方向爬，或是随机地改变跨距去爬。

Metropolis 取样中的马尔可夫链由大量的位形构成，系统由前一个位形到后一个位形的转移概率只依赖于前后两个状态（位形）的位形能之差，与位形积分无关。实际上就是在求取系综平均值时不是取 $p(r_1, r_2, \cdots, r_N)$ 值，而是取每一步和前一步 $p(r_1, r_2, \cdots, r_N)$ 值之比，这样位形积分就自行消去而不必计算了。

4. 巨正则系综方法

为了模拟吸附、相平衡等行为，模拟过程中需要改变系统的粒子数，这就需要用到巨正则系综。即 μVT 系综，是化学势 μ、体积 V、温度 T 为定值的统计系综，系统的粒子数可以改变，对应于开放系统。在恒温下，系统的总能量不是一个定值，系统要与环境进行能量交换；要保持系统的化学势不变，需要在系统中增加或删除粒子，即系统可与环境进行物质的交换。

5. 链状分子吸附的蒙特卡罗模拟

吸附等相平衡行为的模拟需要用到巨正则系综蒙特卡罗（GCMC）方法，要在系统中插入或删除分子，这在模拟液体或高密度气体时会遇到困难，主要是插入/删除分子的成功率非常低。因为密度大，插入一个分子会引起很大的能量变化，尤其是链状分子，很难获得被接受的插入；而从系统中拿掉一个分子也不容易，因为高密度系统中分子的引力是使系统稳定的保障，去除一个引力中心，系统能量有时也会急剧升高。为了解决这个问题，本实验将构型偏向蒙特卡罗（CBMC）技术用于在 GCMC 模拟中插入链状分子，使得链状分子插入的效率大为提高。CBMC 方法的核心就是在构建链状分子时优先偏向可被接受的构型。因此，模拟时应包括以下几种扰动：①平移一个分子；②旋转一个分子；③部分重生长；④插入/删除一个分子；⑤随机删除一个分子；⑥改变粒子属性。上述几种扰动产生的可能性控制如表 1 所示。

表 1　各种扰动的分布

平移	旋转	部分重生长	插入	删除	改变属性
0.15	0.15	0.15	0.25	0.25	0.05

6. 势能函数（力场）

在分子筛吸附烷烃系统中，存在两种分子间相互作用势，一种是烷烃分子间的相互作用，另一种是分子筛与烷烃分子间的相互作用。对于烷烃分子间的相互作用，采用基团贡献法，即将 CH_4、CH_3 和 CH_2 基团当作单独的相互作用中心，它们之间的相互作用用 Lennard-Jones 势能表示

$$u(r_{si}) = 4\varepsilon_{si} \left[\left(\frac{\sigma_{si}}{r_{si}} \right)^{12} - \left(\frac{\sigma_{si}}{r_{si}} \right)^6 \right] \tag{2}$$

式中：r_{si} 为基团 i 和分子筛氧之间的距离；ε_{si} 为相互作用能量参数；σ_{si} 为碰撞直径。分子筛被认为是刚性的，并只考虑各分子基团与分子筛氧原子的相互作用，而分子筛硅原子的贡献已综合加到分子筛氧原子的有关参数中，见表 2。

表 2   本实验采用的 Lennard-Jones 势能参数

基团-基团	$(\varepsilon/k_B)/K$	λ/nm
CH_4-CH_4	148.0	0.373
CH_3-CH_3	98.1	0.377
CH_2-CH_2	47.0	0.393
O-CH_4	101.8	0.360
O-CH_3	80.0	0.360
O-CH_2	58.0	0.360

7. 边界条件

与分子动力学模拟类似，采用周期性边界条件。

8. 位形能的计算

在分子间势能函数（力场）的基础上，可以计算系统的位形能。

$$U_{vdw} = u_{12} + u_{13} + \cdots + u_{1n} + u_{23} + u_{24} + \cdots = \sum_{i=1}^{n-1} \sum_{j=i+1}^{n} u_{ij}(r_{ij})$$

在周期性边界条件下，不同盒子（中心盒子和像盒子）中的分子之间允许存在相互作用，这样每个分子（与其他分子）的相互作用将延至很远，但分子对势能随分子间距离的衰减很快（与距离的 6 次方成反比），所以在计算位形能时可近似地截断到适当的距离。常用的方法有最近映像法和截断球法（割去法）。

9. 初始位形

为了进行蒙特卡罗模拟，在开始马尔可夫链之前，需要将粒子放在模拟盒子中，建立系统的初始位形，也就是要赋予系统中各粒子的初始位置，这种初始位形是多种多样而不受限制的。一般来说，系统初始位形常采取面心立方格子分布，也可采取随机分布，起始取向为随机取向。为了消除初始位形对模拟结果的影响，一般要预先经过数十万、近百万次的"移动"，使系统达到平衡后，才能统计系统的性质。

10. 随机数

蒙特卡罗方法实际上是一种随机取样技术，在模拟过程中用随机数控制粒子在系统中的运动，所以随机数的性质对模拟的结果有较大的影响。蒙特卡罗模拟中常采用由某种可行的递推公式产生的伪随机数，常用的有乘同余法和平方取中法，可参阅有关资料。递推公式需要初始值（称为种子），可以取定值（为了便于重复模拟结果），也可以取随机值，如取计算机时钟秒数的百分位值。

11. 位形分析与吸附性质计算

分子筛的选择性：在吸附分离过程中，测定某特定吸附剂对进料中各组分分离能力的指标是该吸附剂对某一种组分的相对选择性（α），其值越大，分离效果越好。

$$\alpha_{A/B} = (x_{SA}/x_{SB})(y_{GA}/y_{GB})$$

式中，x_{SA} 和 x_{SB} 分别为吸附相中组分 A 和组分 B 的摩尔分数；y_{GA} 和 y_{GB} 分别为与吸附相平衡的气相组分 A 和组分 B 的摩尔分数。

乙烷-丙烷系统（乙烷气相摩尔分数为 0.5 时）在 MFI 分子筛上的吸附概率分布如图 1 所示，图中白色的点是乙烷的质心，灰色的点是丙烷的质心，图中同时显示出分子筛的骨架结构。

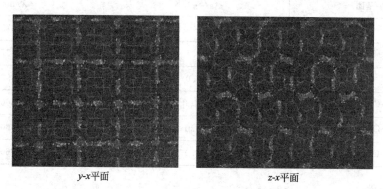

y-x平面   z-x平面

图 1　乙烷-丙烷系统在 MFI 分子筛上的吸附概率分布

三、仪器与软件

高配置（或高性能）计算机，蒙特卡罗模拟软件（含吸附性质统计），分子图形显示软件。

四、实验步骤

1. 程序头、参数定义、变量说明，数据结构与物理常数定义等。

2. 初始化：①定义气相总压、气相组成、温度、模拟盒子边长等状态参数；②设定各分子的初始位置（初始构型）；③设定力场及力场参数；④计算初始系统总能量。

3. 蒙特卡罗模拟（马尔可夫过程）：①随机"移动""转动"分子；②分子键长、键角修正；③计算两分子间的距离；④计算各分子间势能及系统总能量；⑤与分子"移动"或"转动"前比较，按照 Metropolis 取样法决定该步骤是否被接受；⑥为保持系统的化学势与气相相等，按巨正则分布函数的要求"添加或删除"分子：采用 CB-MC 方法随机插入一个新的链状分子，或随机删除系统中的一个分子，按照 Metropolis 取样法决定该步骤是否被接受；⑦如被接受，接受新位形。否则，退回原位形，回到步骤①。

4. 存储各粒子的位置（如直接计算统计性质也可不保存，直接到下一步）。

5. 判断是否达到平衡步数。如"否"则重复马尔可夫过程，回到步骤3。

6. 物理量的统计：被吸附分子数的统计。

7. 输出模拟结果。

以上是程序中蒙特卡罗模拟的步骤。实际操作中，进行蒙特卡罗吸附模拟实验步骤如下。

（1）准备作为吸附剂的分子筛坐标文件 zeocoord，可从有关程序包、数据库、文献或结构测定实验数据获得。格式一定，需按照要求制作，也可用其他软件转换得到。

（2）准备数据输入文件 input，需包含基本信息（吸附质分子、气相总压、气相组成、温度、力场参数、模拟盒子边长等）和控制参数（计算步数、截断距离等）。格式一定，按如下模板制作。

Nstep（计算步数）	Nsamp（取样步数）	Iprint（屏幕打印间隔）			
15000	5000	1000			
Temp（温度）	Pressure（气相总压）				
300.0d0	345.0d0				
Linit					
.True.					
Lgibbs	Lexzeo	Lmix			
.False.	.True.	.True.			
Pmvol	Pmswap	Pmcb	Pmregrow	Pmtra	Mixrate（气相摩尔分数）
0.05d0	0.4d0	0.2d0	0.15d0	0.2d0	0.5d0
Box1x1	Box1y1	Box1z1（模拟盒子边长）			
38.0d0	38.0d0	38.0d0			
Box1x2	Box1y2	Box1z2（模拟盒子边长）			
38.0d0	38.0d0	38.0d0			
Rmtrax	Rmtray	Rmtraz	Rmvol		
0.5d0	0.5d0	0.5d0	0.05d0		
Rcut	Nuall1（乙烷）	Nuall2（丙烷）(Nuall1＜Nuall2)		Nb1	Nb2
13.0d0	2	3		0	0
Zsig	Epsch4		Epsch3		Epsch2（分子筛与气体分子间力场参数）
3.60d0	101.8d0		80.0d0		58.0d0
Sigma	Epsilon（气体分子间力场参数）				
3.73d0	148.0d0				
3.77d0	98.1d0				
3.93d0	47.0d0				
Bondl	Bben	Bbenk			
1.53d0	1.972d0	62500.0d0			
A0	A1	A2	A3	A4	A5
1204.654d0	1947.740d0	−357.845d0	−1944.666d0	715.690d0	−1565.572d0
Lnewtab	Ltesttab	Nchoi			
.False.	.True.	6			

（3）准备分子筛格点文件 zeogrid，由实验室提供。

（4）将 MC.exe、input、zeocoord、zeogrid 文件放在同一目录下。

（5）MC 模拟：运行 MC 程序。可双击 MC.exe，或在 DOS 下运行 MC.exe。

（6）运行结束后，输出 coordnewe、finalbox.pdb、movie.pdb、output 文件。

（7）吸附数据分析（从 output 文件分析）。

学生可根据需要选择模拟纯气体（乙烷或丙烷）的吸附等温线（吸附量-压力曲线），或乙烷-丙烷混合气体的吸附平衡线（气相组成-吸附相组成曲线，或吸附选择性-气相组成曲线）。

吸附等温线：可选择压力 10^{-3} kPa、10^{-2} kPa、10^{-1} kPa、10^{0} kPa、10 kPa、10^{1} kPa、10^{2} kPa、10^{3} kPa，将计算结果填入表 3。

吸附平衡线：可选择气相组成（摩尔分数）0.1、0.2、0.3、0.4、0.5、0.6、0.7、0.8、0.9，将计算结果填入表 4。

五、结果与讨论

对蒙特卡罗模拟得到的大量系统位形实验数据进行分析、统计，计算出被吸附分子的个数，进而计算出吸附量或摩尔分数、相对选择性，画出吸附等温线（吸附量-压力曲线）或吸附平衡线 [气相组成-吸附相组成曲线，或吸附选择性（$\alpha_{1/2}$）-气相组成曲线]，对分子筛吸附、分离乙烷-丙烷气体混合物的行为进行分析、讨论，见表 3 和表 4。

表 3　吸附等温线

p/kPa	10^{-3}	10^{-2}	10^{-1}	10^{0}	10^{1}	10^{2}	10^{3}
吸附量							

表 4　吸附平衡线

气相组成 y_1	组分1分子数	组分2分子数	总分子数	吸附项组成 x_1	$\alpha_{1/2}$
0.1					
0.2					
0.3					
0.4					
0.5					
0.6					
0.7					
0.8					
0.9					

六、思考题

1. 仔细思考本实验的细节，用自己的话说明蒙特卡罗模拟的基本原理与技巧。

2. 蒙特卡罗模拟中为什么要用 Metropolis 取样？模拟真实系统时是否可以不采用 Metropolis 取样？为什么？

3. 举例说明哪些性质的模拟需要用到巨正则系综。

4. 有什么方法能改善向高密度流体中插入分子的接受率（成功率）？

5. 什么是最近映像法和截断球法？

6. 什么是涨落？举例说明。为什么说涨落现象是统计热力学中特有的现象，宏观热力学中无法对之作出解释？

7. 为什么说通过分子筛吸附可以分离气体混合物，得到某种纯净的气体？

8. 画出位形分析与宏观性质计算的程序框图。

9. 比较蒙特卡罗模拟和分子动力学模拟有什么异同。

10. 通过分子动力学模拟和本实验，谈谈对分子模拟的认识。

第三章

设计性实验

实验 45
测定苯分子的共振能

一、实验目的

1. 加深对热化学基本知识的理解，进一步掌握环境恒温氧弹式量热计测定可燃液体样品燃烧热的方法。

2. 明确共振能的概念，了解怎样用燃烧热法测定苯分子的共振能。

3. 学会利用测定苯、环己烯、环己烷的等容燃烧热数据计算苯分子的共振能。

4. 通过热化学实验，将热力学数据与一定的结构化学概念联系起来。

二、设计提示

燃烧热的测定，除了有其实际应用价值外，还可以用于求算化合物的生成热、键能等。若通过实验测出苯、环己烷和环己烯的燃烧热，则可求算出苯的共振能。

通常使用氧弹式量热计测定物质的燃烧热，其测量的基本原理是使待测物质样品在氧弹中完全燃烧，燃烧时所释放的热量使得氧弹式量热计本身及其和热量计有关的附近的温度升高。通过测定燃烧前后整个量热计（包括氧弹周围的介质）温度的变化值，就可以求算出该样品的等容燃烧热。

一般燃烧焓是指等压燃烧焓 $\Delta H(Q_p)$，若反应系统中的气体物质均可视为理想气体，则 $\Delta H = Q_p = Q_V + \Delta nRT$。测得 Q_V 后，再由反应前后气态物质的物质的量的变化，就可计算等压燃烧焓 Q_p。

苯是最简单、最有代表性的芳香化合物，苯分子是一个典型的共轭分子，其 p 电子轨道相互平行重叠，形成离域大 π 键。共振能（或称离域能）E 可以用来衡量共轭分子的稳定性。通过量子化学计算或实验方法，可求得苯的共振能。

苯的真实结构是由苯共振于两个凯库勒结构式 ⬡（Ⅰ）式和 ⬡（Ⅱ）式之间产生的共振杂化体：⬡ ⟷ ⬡。（Ⅰ）式和（Ⅱ）式是两个能量很低、稳定性等同的极限结构式，它们之间共振产生的杂化体引起的稳定作用是很大的，因此杂化体的能量比极限结构低得多，共振论将极限结构的能量与杂化体的能量之差称为共振能，计算公式为共振能＝极限结构的能量－杂化体的能量。

苯的共振能可以通过燃烧热实验测量。

苯、环己烯和环己烷的燃烧反应方程式分别为

$$C_6H_6(苯,l)+7.5O_2(g)\longrightarrow 6CO_2(g)+3H_2O(l) \qquad (\Delta n=-1.5)$$

$$C_6H_{10}(环己烯,l)+8.5O_2(g)\longrightarrow 6CO_2(g)+5H_2O(l) \qquad (\Delta n=-2.5)$$

$$C_6H_{12}(环己烷,l)+9O_2(g)\longrightarrow 6CO_2(g)+6H_2O(l) \qquad (\Delta n=-3)$$

环己烯和环己烷的燃烧热 ΔH 的差值 ΔE 与环己烯上的孤立双键结构有关，它们之间存在下述关系：

$$|\Delta E|=|\Delta H_{环己烷}|-|\Delta H_{环己烯}|$$

如将环己烷与苯的极限结构式相比较，两者燃烧热的差值应等于 $3\Delta E$，而事实证明：

$$|\Delta H_{环己烷}|-|\Delta H_{苯}|>3|\Delta E|$$

显然，这是因为产生了共振杂化体，导致苯分子的能量降低，其差值正是苯分子的共振能 E，所以：

$$|\Delta H_{环己烷}|-|\Delta H_{苯}|-3|\Delta E|=E$$

三、实验要求

1. 参照燃烧热实验的内容，写出用氧弹式量热计测定苯、环己烯、环己烷的恒容燃烧热的实验原理。

2. 写出本实验所需的仪器与药品，实验的具体实验步骤（注意：本实验是燃烧液体，且液体的量不能超过 1mL，否则燃烧不充分）。

3. 根据原理和实验自行设计数据处理方法，并提出实验中的注意事项。

4. 根据上述设计的实验方案进行实验。

5. 按要求写实验报告，并对所得结果进行讨论。

四、思考题

1. 测定固体物质和液体物质燃烧热的方法有什么不同？

2. 实验中如何使液体物质燃烧完全？

实验 46
用电位跟踪法研究丙酮碘化反应动力学

一、实验目的

学习电位跟踪法研究化学反应动力学的。

二、设计提示

丙酮碘化反应动力学实验原理、电位跟踪法原理请查阅有关文献。

三、实验要求

1. 通过对丙酮碘化反应过程中的电势变化来追踪测量 $[I_2]$ 的变化，确定反应的级数及反应的速率常数。

2. 用铂电极和甘汞电极组成原电池，用对消法测量反应过程中的电池电动势的变化。

3. 分别测量并计算出丙酮、碘及氢离子的级数，计算反应的速率常数。

四、思考题

丙酮碘化与甲酸氧化的机理有什么不同？

实验 47
聚丙烯催化裂解的动力学方法研究

一、实验目的

了解固体废弃物裂解模型的建立方法。

二、设计提示

聚丙烯在废塑料垃圾中所占的比例在 25% 以上。粉煤灰是火力发电厂排放的固体废物，它的物理化学性质一般取决于燃煤的品质、煤粉细度、燃烧方式、燃烧温度以及粉煤灰的收集和排放方式。

对固体废弃物热解模型研究的方法一般有两种，一种是程序升温的热重分析（TG），另一种是固定温度的恒温法。本实验要求用这两种方法对聚丙烯催化裂解进行研究，并确定其动力学参数。

三、实验要求

在聚丙烯裂解过程中有着很复杂的聚合、裂解化学反应，其反应的级数也是不确定的。在本实验的研究中，为了得到聚丙烯催化裂解的动力学参数，先设定催化反应的级数（n），然后比较不同 n 条件下得到的相关系数，以及反应活化能、频率因子等，最后确定最佳的聚丙烯催化裂解的反应级数（n），比较计算的反应曲线与实验曲线拟合情况。

（1）通过 TG 和恒温法两种模型研究聚丙烯催化裂解。

（2）比较实验曲线和模型计算曲线的拟合情况，判断哪一种方法能更准确地体现反应过程中催化剂降解的情况。

四、思考题

了解固体废弃物催化裂解机理有什么重要作用？

实验 48
固体酸催化甲酯化反应及动力学研究

一、实验目的

1. 加深理解催化酯化反应的基本原理和方法。
2. 测定酯化反应的速率常数及反应活化能。
3. 掌握固体酸催化剂的制备技术。

二、设计提示

古龙酸甲酯化反应是生产纤维素 C 的重要中间过程，工业生产中一直沿用浓硫酸催化酯化反应。由于浓硫酸的酯化、氧化作用，酯化反应中易有副反应发生，酯的色泽较深，酯化反应后需要用碱进行中和、过滤除盐，操作复杂，步骤繁多，设备腐蚀严重。因此探索适宜的催化剂代替浓硫酸，具有实际意义。

近年来，国内外对酯化反应的新型催化剂进行大量研究，固体酸显示出许多优越性，其中强酸性阳离子交换树脂是一种较为理想的新型的酯化反应固体酸催化剂，除具有一般固体酸催化剂的优点外，同时具有酸性高、孔径大、催化活性好、制备过程简单等特点，得到广泛应用。本文使用国产阳离子交换树脂作为催化剂进行古龙酸甲酯化反应，效果良好。

古龙酸甲酯化反应是一个二级反应，其反应式为

$$\text{RCOOH} + \text{CH}_3\text{OH} \rightleftharpoons \text{RCOOCH}_3 + \text{H}_2\text{O}$$

一般情况下，逆反应不能忽略。研究表明，其正反应活化能为 $66.7 \text{kJ} \cdot \text{mol}^{-1}$，逆反应活化能为 $75.9 \text{kJ} \cdot \text{mol}^{-1}$，而且在实际生产过程中，采用了甲醇过量的投料方式，因此特别是在半小时转化率不高的情况下，可以忽略逆反应，对实验数据进行近似处理。

古龙酸浓度的变化，可经定时取样，用标准碱进行滴定求得。则转化率 y_A 为

$$y_A = 1 - \frac{H_t}{H_0} \tag{1}$$

式中，H_0、H_t 分别为反应开始以及反应进行到某时刻 t 时的酸值。

设 $c_{0,A}$、$c_{0,B}$ 分别为古龙酸和甲醇的起始浓度，x 为某时刻 t 已转化的古龙酸浓度，则 $x = c_{0,A} y_A$，而

$$f(x) = \frac{1}{c_{0,A} - c_{0,B}} \ln \frac{c_{0,B}(c_{0,A} - x)}{c_{0,A}(c_{0,B} - x)} = kt \tag{2}$$

在一定温度下，$f(x)$ 与反应时间 t 呈线性关系，从其斜率即可求得速率常数 k 值。

在实验室进行研究时，也可参考实验"乙酸乙酯皂化反应速率常数的测定"，采用电导仪测定反应体系的电导值 G 随时间的变化关系，可以监测反应的进程，进而求算反应的速率常数。

三、实验要求

1. 拟出采用标准碱滴定酸测定皂化反应速率常数的原理。
2. 拟出实验仪器和试剂。

3. 拟出实验步骤，画出实验装置图。

4. 提交教师审查评定。

5. 独立动手完成实验。

6. 写出实验报告，总结所设计实验的优缺点，提出修改意见。

四、思考题

1. 当逆反应不能忽略时，如何进行实验并求正、逆反应的速率常数值？

2. 比较化学法和物理法测定反应速率常数的优缺点。

实验 49
振荡反应热谱曲线的测定

一、实验目的

1. 进一步了解振荡反应。

2. 学习通过热效应研究振荡反应的方法。

二、设计提示

Belousov-Zhabotion（BZ）反应是非平衡态理论中典型的化学振荡反应。体系中作为氧化剂的溴酸根离子在金属离子的催化下，与还原剂丙二酸进行的自催化反应能呈现出丰富多彩的时空有序现象。在这个过程中同样伴随着吸热和放热的振荡，记录过程中的热谱（图1），也能研究各种条件对化学振荡的有关参数（诱导期、周期等）的影响。

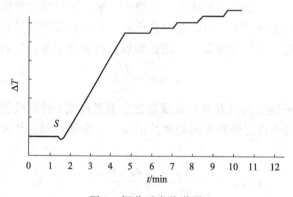

图 1　振荡反应热谱图

三、实验要求

1. 设计自动记录振荡反应热谱图的实验装置。

2. 设计研究物质浓度对振荡周期和振幅的影响的实验，并通过实验得出结论。

四、思考题

振荡反应过程是复杂的，因此体系各种性质都随振荡而变化，还可以用什么方法来跟踪振荡过程？

实验 50
生物质废弃物热解特性的热重分析

一、实验目的

1. 了解生物质废弃物在热解过程中的基本变化规律。
2. 利用热重（TG）微分曲线确定热解反应动力学模型。
3. 写出符合相关科技期刊格式的小论文。

二、设计提示

生物质是一种清洁的可再生能源，它的硫、氮含量均较低，灰分也很少，所以燃烧后 SO_2、NO_x 和灰尘的排放量比化石燃料小得多，生物质在能源结构中占有越来越重要的地位，研究和开发生物质对缓解日益严重的能源供需紧张问题和环境污染问题有着特殊的意义。热化学转化是一种高效的生物质能转化途径。其中热解动力学对研究生物质热化学转化过程是一种非常重要的手段。

生物质主要由纤维素、半纤维素和木质素构成，生物质热解过程可以看作这三种主要化学成分的热解过程的叠加。热解是生物质汽化、燃烧等热化学过程的初始步骤，是在无氧或缺氧环境中进行的释放气相、固相和液相产物的复杂热化学过程。仪器自动绘制的热解过程的失重微分曲线图，可以反映生物质的热解特性，以及初步确定生物质热分解的动力学参数。

采用 Doyle 法求解热解反应动力学参数，该方法计算简单，应用较多，公式为

$$\ln[-\ln(1-\alpha)] = \ln\frac{AE_a}{\beta R} - 0.4567\frac{E_a}{RT} - 2.315 \tag{1}$$

式中，A 为指前因子；R 为摩尔气体常数；T 为热力学温度，K；E_a 为反应活化能，$J \cdot mol^{-1}$；α 为失重率；β 为升温速率，$K \cdot min^{-1}$。

选取不同升温速率下、不同温度的失重率代入方程可得到热分解动力学参数 E_a、A，将 E_a、A、β 值代入如下一级速率方程：

$$\frac{d\alpha}{dT} = \frac{A}{\beta}\exp\left(-\frac{E_a}{RT}\right)(1-\alpha) \tag{2}$$

即可得到不同升温速率下的生物质热解反应动力学模型。

1. 以本实验提供的文献为基础，查阅相关文献资料，总结该领域的研究进展。
2. 提出研究的具体目标，选择合适的研究路线，拟定出详细的实验步骤，提交指导教师审阅，同意后按方案进行实验。
3. 根据初步实验结果优化研究方案，完成实验。
4. 总结实验研究结果，撰写科技小论文。

三、实验要求

1. 实验数据的处理。

2. 实验结果的分析，包括反应条件对实验结果的影响规律。

3. 研究内容或研究结果的潜在的创新性。

四、思考题

1. 能否通过热重分析得到废弃稻秆中的纤维素、半纤维素和木质素的大致含量？

2. 为何废弃稻壳的热解反应动力学参数及模型计算中，可以采用 Doyle 法求解，有何理论依据？

实验 51
配合物的磁性及光谱化学序列的研究

配合物的磁性是配合物的重要性质之一，它对配合物的中心原子的氧化态及电子构型、配合物的价键本性和空间构型的研究提供了重要的实验依据。

自由的中心离子在形成配合物以后，由于配位场的作用，五重简并的 d 轨道要发生分裂，若在八面体场中，d 轨道分裂为 t_{2g} 轨道和 e_g 轨道，如图 1 所示。配合物中心离子最终采取怎样的电子构型，则取决于 d 轨道的分裂能，即 Δ_0。d 轨道的分裂能除了与中心离子的本性有关外，还与中心离子的电荷、d 轨道的主量子数 n、价层电子构型以及配体的结构和性质等因素有关。在配合物构型相同的条件下，对于相同的中心离子，不同的配体的分裂能的大小顺序为 $I^- < Br^- < Cl^- \text{-} SCN^- < F^- < OH^- < C_2O_2^{2-} < H_2O < NCS^- < DTA < NH_3 < en < SO^{2-} < NO_2 < CO, CN^-$，这一顺序叫作光谱化学序列。该序列可通过测定配合物的电子光谱，由一定的吸收峰所对应的波长（λ）计算 Δ_0 值而得到，计算公式为：

$$\Delta_0 = \frac{1}{\lambda}(nm^{-1}) = \frac{1}{\lambda} \times 10^7 (cm^{-1})$$

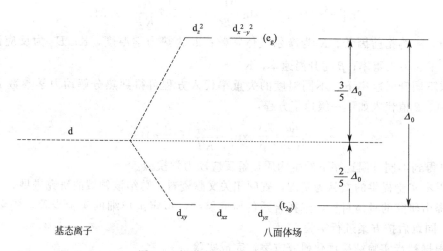

图 1 d 轨道在八面体场中的分裂

d 电子数不同，配合物的电子吸收光谱中吸收峰的数目也不同；因此，不同 d 电子配合物中 Δ_0 值的计算方法也不同。在八面体场中 d^1、d^4、d^6、d^9 电子的吸收光谱只有 1 个简单吸收峰，可用此吸收峰的波长计算 Δ_0 值；d^1、d^8 电子的吸收峰有 3 个，应由吸收光谱中最大波长吸收峰的波长值计算 Δ_0 值；d^2、d^7 电子的吸收峰也有 3 个，此时则由最大波长吸收峰和最小波长吸收峰之间的波长差来计算 Δ_0 值。

光谱化学序列对研究配合物的性质有重要的意义，利用它可以判断配合物中配位场的强弱。若 $\Delta_0 > P$（电子成对能），配位场属于强场，中心离子的 d 电子采取低自旋排布，若 $\Delta_0 < P$，配位场属于弱场，中心离子的 d 电子采取高自旋排布。对于 d 电子数为 $d^4 \sim d^7$ 的中心离子来说，不同的自旋方式直接影响配合物内部的未成对电子数，见表 1。

表 1   不同自旋方式对配合物内部的未成对电子数的影响

d 电子数	未成对电子数		d 电子数	未成对电子数	
	强场(低自旋)	弱场(高自旋)		强场(低自旋)	弱场(高自旋)
d^4	2	4	d^6	0	4
d^5	1	5	d^7	1	3

当物质中含有不同数目的未成对电子时，它们在磁场中产生的磁效应也不同，这种磁效应可由实验测出，通常用磁矩（μ）这一物理量来表示，它与分子中未成对电子数（n）的近似关系为：$\mu = \sqrt{n(n+2)}$

在实际测定中，利用 Gouy 磁天平测出物质的摩尔磁化率 χ_M，再根据 χ_M 与 μ 的关系，推导出 μ，从而确定物质分子中的未成对电子数（n）。采用 Gouy 磁天平测定物质的磁化率，要求样品量大，或样品为粉末时应尽量填充均匀，否则会引起较大的测量误差。装置示意图如图 2 所示。

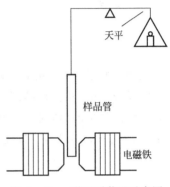

图 2   Gouy 磁天平装置示意图

将圆柱形样品管中的物质悬挂在天平的一个臂上，使样品的底部正处于电磁铁两极的中心，即磁场强度最大处。样品应该足够长（一般 15cm 以上），使其上端所在磁场强度可忽略不计，样品的一个小体积 dV 沿着磁场强度 dh/dZ 的方向所受的作用力为：

$$dF = \kappa H \frac{dH}{dZ} dV$$

式中，H 为磁场强度；κ 为物质的体积磁化率，它是一个无量纲的数值，与摩尔磁化率（$\chi_M / m^3 \cdot mol^{-1}$）和质量磁化率（$\chi_M / m^3 \cdot kg^{-1}$）的关系为：

$$\chi_M = \kappa V_M = \kappa M / \rho = \chi_M M$$

式中，V_M 为摩尔体积，$m^3 \cdot mol^{-1}$；M 为摩尔质量，$kg \cdot mol^{-1}$；ρ 为密度，$kg \cdot m^{-3}$。

因为 $dV = AdZ$（A 为样品的截面积）

$$dF = \kappa H \frac{dH}{dZ} AdZ = \kappa AH dH$$

$$F = \int_H^{H_0} \kappa AH dH = \frac{1}{2} \kappa A (H^2 - H_0^2) = \frac{1}{2} \kappa AH^2$$

F 可由磁天平直接测出，即

$$F = \Delta mg$$

式中，Δm 为加磁场前后装有被测样的样品管的质量差；g 为重力加速度。

$$\Delta mg = \frac{1}{2} \kappa AH^2$$

$$\kappa = 2\Delta mg / AH^2$$

$$\chi_M = \kappa M/\rho = 2\Delta m g M/\rho A H^2$$

用天平称量样品质量 m，若样品高度为 h，则

$$\rho = m/(hA)$$

$$\chi_M = 2gh\Delta m M/(\mu H^2)$$

在实际测量时，还须扣除玻璃样品管在磁场作用下产生的反磁磁化率所导致的质量变化 δ，故计算的校正式为：

$$\chi_M = 2gh(\Delta m - \delta)M/(mH^2)$$

实际上物质的摩尔磁化率 χ_M 是摩尔顺磁磁化率 χ_P 和摩尔反磁磁化率 χ_D 之和，即

$$\chi_M = \chi_P + \chi_D$$

对于分子具有永久磁矩的顺磁性物质，因为 $|\chi_P| \gg |\chi_D|$，所以可用 χ_P 近似代替 χ_M。假定分子之间无相互作用，可以从统计热力学推导出摩尔顺磁磁化率 χ_P 同分子永久磁矩 μ 之间的关系为：

$$\chi_P = \frac{N\mu^2}{3kT}$$

式中，N 为 Avogadro 常数；k 为 Boltzmann 常数；T 为热力学温度。

磁场两极中心处的磁场强度 H 可由仪器的高斯计直接测量，或用已知质量磁化率的标定物标定。常用的标定物有 $Hg[Co(NCS)_4]$、$[Ni(en)_3]S_2O_3$、$CuSO_4 \cdot 5H_2O$、$FeSO_4 \cdot (NH_4)_2SO_4 \cdot 6H_2O$ 等。以莫尔盐作为标定物时，χ_M 与温度的关系为：

$$\chi_M = \frac{9500}{T+1} \times 10^{-9} \, (m^3/kg)$$

式中，T 为绝对温度。

一、实验目的

1. 培养学生查阅资料、独立学习、利用基础知识分析问题、解决问题的能力。

2. 练习有关化合物制备、合成的基本操作。

3. 了解磁化率的意义及其与物质结构的关系，学会用 Gouy 磁天平法测定物质的磁化率，并推算物质分子内的未成对电子数。

4. 测定配合物中某些配体的光谱化学序列，了解不同配体对配合物中心离子 d 轨道分裂能的影响。

二、设计提示

1. 根据实验原理设计合成配合物系列，并提出所用仪器、药品计划，建议合成钴的配合物或铬的配合物。

钴系列如：$[Co(en)_3]Cl_3$，$[Co(NH_3)_6]Cl_3$，$[CO(NH_3)_5(H_2O)](NO_3)_3$，$[Co(NH_3)_5OCO_2]NO_3$，$[Co(NH_3)_6Cl]Cl_2$；

铬系列如：$K_3[Cr(C_2O_4)_3] \cdot 3H_2O$，$[Cr(en)_3]_2(SO_4)_3$，$K_3[Cr(NCS)_6] \cdot 4H_2O$，$[CrEDTA]^-$，$[Cr(H_2O)_5Cl]Cl_2 \cdot H_2O$，$[Cr(H_2O)_6]Cl_3$，$[Cr(H_2O)_5Cl]Cl_2 \cdot H_2O$。

2. 根据自己的设计方案分期分批合成所需的配合物。

3. 利用所合成的配合物，研究某些配体的光谱化学系列，探讨中心离子的磁化率有何异同，并讨论中心离子的磁性与其电子构型的关系。

三、实验要求

掌握配位体的磁性和光谱化学系列，明确中心离子的磁性与其电子构型的关系。

四、思考题

1. 如何解释配位体场强度对分裂能 Δ_0 值的影响？

2. 为何不同构型的 d 电子的配合物要以不同的吸收峰来计算它的 Δ_0 值？

3. 本实验的磁矩计算是在忽略了轨道贡献的前提下讨论的，如果轨道贡献较大，实验结果将如何处理？

4. 试比较高斯计和莫尔盐标定的相应励磁电流下的磁场强度数值，并分析造成两者测定结果差异的原因。

参 考 文 献

[1] 宋华，石洋，宋华林等．高等学校化学学报，2012，33（9）：2061-2066．

[2] Li R. C.，Sun K. Y.，Hua Y. S，et al. Intern. J. Thermod.，2017，20（2）：153-157．

[3] 王尊本．综合化学实验．北京：科学出版社，2003．

[4] 章慧，李丽，陈贵等．大学化学，2005，20（2）：39-43．

[5] Kawasaki T.，Nakaoda M.，Kaito N.，et al. Orig Life Evol Biosph，2010，40：65-78．

[6] Mineki H.，Hanasaki T.，Matsumoto A.，et al. Chem. Commun.，2012，85（48）：10538-10540．

[7] Wu T.，You X. Z.，Bouř P. Coord. Chem. Reviews，2015，284：1-18．

[8] 巴伐特．完美的对称：富勒烯的意外发现．上海：上海科技出版社，1999．

[9] 游效曾．配位化合物的结构和性质．第2版．北京：科学出版社，2012．

[10] 陈诵英，王琴．固体催化剂制备原理与技术．北京：化学工业出版社，2012．

[11] 史泰尔斯（Stiles A B）等．催化剂载体与负载型催化剂．李大东，钟孝湘译．北京：中国石化出版社，1992．

[12] 闵恩泽．工业催化剂的研制与开发——我的实践与探索．北京：中国石化出版社，1997．

[13] 李岳群，余立辉．炼油催化剂生产技术．北京：中国石化出版社，2007．

[14] 杨锡尧，候镜德．物理化学的气相色谱研究法．北京：北京大学出版社，1989．

[15] 黄允中，张元勤，刘凡．计算机辅助物理化学实验．北京：化学工业出版社，2003．

[16] 复旦大学．物理化学实验．3版．北京：高等教育出版社，2004．

[17] 傅献彩，沈文霞，姚天扬等．物理化学．5版．北京：高等教育出版社，2006．

[18] 盖燕青，刘小斐，王慧．电镀与环保，2019，39（4）：1-3．

[19] 崔开放，钟良．电镀与环保，2019，39（5）：39-41．

[20] 比亚迪股份有限公司．一种活化液及其制备方法和极性塑料表面直接电镀的方法．中国：CN201110099262.4.2011-04-20．

[21] 袁誉洪．物理化学实验．北京：科学出版社，2008．

[22] 陈平，王晨，王瑶．硅酸盐通报，2017，36（9）：3024-3029，3035．

[23] 成珍，李敬荣，杨鹏等．催化学报，2018，39（4）：849-856．

[24] 胡荣祖，史启祯．热分析动力学．北京：科学出版社，2001．

[25] 北京大学．物理化学实验．北京：北京大学出版社，2002．

[26] 苏文静，张思玉，陈戈萍等．西北林学院学报，2018，33（6）：159-163．

[27] 吴方辉，李晓柠，赵自豪等．分析科学学报，2019，35（1）：19-24．

[28] 邹从阳，孟则达，纪文超等．催化学报，2018，39（6）：1051-1059．

[29] 曾宪诚，张元勤．化学反应动力学理论与方法．北京：化学工业出版社，2003．

[30] 田昭武．电化学研究方法．北京：科学出版社，1984．

[31] 陈声培，陈燕鑫，黄桃等．电化学，2007，13（1）：77-81．

[32] 刘润哲，冯其明，张国范．非金属矿，2018，41（1）：67-69．

[33] 林霖．计算数学，2019，41（2）：113-125．

[34] 温勇，周晓梅，王衡等．混凝土，2016，（5）：13-16，25．

[35] 胡二峰，吴娟，赵立欣等．农业工程学报．2019，35（11）：233-238．

[36] 胡荣祖，史启祯．热分析动力学．北京：科学出版社，2001．

[37] 张旭，孙姣，范赢等．生物质化学工程，2019，53（4）：9-18．

[38] 范星河，李国宝．综合化学实验．北京：北京大学出版社，2009．

[39] 许新华，王晓岗，王国平．物理化学实验．北京：化学工业出版社，2017．

[40] 王国平，张培敏，王永尧．中级化学实验．北京：科学出版社，2017．

[41] 司云森．高等物理化学．北京：科学出版社，2015．

[42] Schobert H. H. and Song C.. Fuel，2002，81（1）：15-32．

[43] Yue X. M.，Wei X. Y.，Sun B. et al. Intern. J. Mining Sci. Technol.，2012，22：251-254．

[44] 雷智平，张素芳，张艳秋等．燃料化学学报，2013，41（7）：814-818．

[45] Jafari A. A.，Amini S.，Tamaddon F.. J Iran Chem Soc，2013，10（4）：677-684．

[46] Despras G.，Urban D.，Vauzeilles B.，et al. Chem Commun，2014，50（9）：1067-1069．

［47］ Farhadi S., Zaidi M.. J Molec. Catal. , 2009, 299：18-25.

［48］ Yang X. F., Wang A. Q., Qiao B. T., et al. Acc. Chem. Res. , 2013, 46（8）：1740-1748.

［49］ Lu L. H., Wang Q., Liu Y. C.. Langmuir, 2003, 19（25）：10617-10623.

［50］ Gorsd M., Pizzio L., Blanco M.. Appl Catal A - Gen, 2011, 400（1）：91-98.

［51］ Bennardi D. O., Romanelli G. P., Autino J C, et al. Catal Commun, 2009, 10（5）：576-581.

［52］ Pizzio L. R.. Mater Lett, 2006, 60（29-30）：3931-3935.

［53］ 朱振华. 石墨烯传感性能理论计算. 上海：华中师范大学, 2014.

［54］ 孙进, 梁万珍. 物理化学学报, 2014, 30（3）：439-445.

［55］ 赵磊, 孙伟峰, 杨佳明. 原子与分子物理学报, 2018, 35（06）：79-88.